河南主要外来植物识别与评价

主　编　王齐瑞
副主编　林春阳　乔建伟
　　　　赵　辉　刘艳萍

黄河水利出版社
·郑州·

内 容 提 要

本书基于多种文献报道和学名考证,结合河南外来植物野外调查,以植物起源为依据,选择河南省主要外来植物,对每种植物的别名、学名、科属、识别特征进行介绍与描述,方便读者识别外来植物。从利用价值及入侵性两方面,分别对外来木本植物和草本植物进行评价,以便更好地利用外来植物,正确评估外来物种对河南本土生物多样性造成的威胁,以加强防范。

本书可供从事农业、林业、园林和园艺生产管理的工程技术人员以及相关领域的研究人员参考。

图书在版编目(CIP)数据

河南主要外来植物识别与评价/王齐瑞主编 . —郑州:黄河水利出版社,2019.7
ISBN 978 - 7 - 5509 - 2176 - 4

Ⅰ.①河…　Ⅱ.①王…　Ⅲ.①外来入侵植物 - 识别 - 河南　②外来入侵植物 - 评价 - 河南　Ⅳ.①S45

中国版本图书馆 CIP 数据核字(2019)第 158486 号

组稿编辑:王路平　　电话:0371-66022212　　E-mail:hhslwlp@ 126. com

出 版 社:黄河水利出版社　　　　　　　　　　　网址:www.yrcp.com
　　　　　地址:河南省郑州市顺河路黄委会综合楼 14 层　邮政编码:450003
发行单位:黄河水利出版社
　　　　　发行部电话:0371 - 66026940、66020550、66028024、66022620(传真)
　　　　　E-mail:hhslcbs@ 126. com
承印单位:河南新华印刷集团有限公司
开本:787 mm×1 092 mm　1/16
印张:16. 75
字数:390 千字
版次:2019 年 7 月第 1 版　　　　　　　　　　印次:2019 年 7 月第 1 次印刷
定价:85. 00 元

《河南主要外来植物识别与评价》
编委会

主　　编　王齐瑞

副 主 编　林春阳　乔建伟　赵　辉　刘艳萍

编　　委　李生隆　杨淑红　杨海青　侯志华　张艺凡

　　　　　张玉君　曾　辉　王景玉　邓大军　胡京枝

主编单位　河南省林业科学研究院

　　　　　郑州市市政工程勘测设计研究院

参编单位　河南省绿洲园林有限公司

　　　　　三门峡市林业工作总站

前言 PREFACE

　　河南省位于我国中东部、黄河中下游、黄淮海大平原的西南部,介于北纬 31°23′~ 36°22′,东经 110°21′~116°39′,南北纵跨 550 余 km,东西横亘 580 余 km,周边与山东、安徽、湖北、陕西、山西和河北 6 省毗邻,总面积近 16.6 万 km²。

　　境内地表形态复杂,山地、丘陵、平原、盆地等地貌类型都具备。基本地形可分为豫东平原、南阳盆地、豫北山地、豫西山地和豫南山地五大区,地势基本呈西高东低。西部的伏牛山地、西北部的太行山地主要山峰海拔都在 1 000 m 以上;东部平原海拔大都在 100 m 以下,最低处在固始县境内,海拔仅 20 余 m。境内南北向的京广铁路和东西向的信(阳)—合(肥)公路大致为省内山丘区与平原区的分界线。河南山地大体由四个山系组成,即豫北太行山地、豫西伏牛山地和豫南桐柏—大别山地。太行山地因断层作用在境内形成海拔 1 500 m 左右的单面山体,险峻的东南坡陡落于华北大平原,呈现弧形带状山体。其最高峰为济源的斗顶,海拔 1 995 m;而山前的丘陵平原海拔仅 300~400 m,丘陵间多小盆地分布,较大的有林县盆地、临淇盆地、沁阳盆地等。豫西山地为秦岭山脉的余脉,在境内呈扇形向东南展开,绵延数百千米,众多的高峰都在海拔 2 000 m 以上。它由 5 条支脉组成:最北的一支为灵宝境内的小秦岭,主峰为海拔 2 413.8 m 的老鸦岔垴,是省内第一高峰;第二支为崤山,主峰海拔 1 902.6 m,其一支余脉沿黄河南岸向东延伸至郑州西部,这就是被深厚黄土覆盖的邙山岭;第三支为熊耳山,主峰海拔 2 094.2 m,介于伊河、洛河之间直至洛阳龙门;第四支为外方山,主峰海拔 2 153.1 m,其东北端有著名的嵩山,主峰海拔 1 440 m;最南的一支,也是最大的一支为伏牛山,最高峰海拔 2 219.6 m,东部有著名的风景山地嵖岈山。伏牛山是黄河、淮河、长江三大水系的分水岭,也是南阳盆地的三面屏障,因其为最大的一支山地,所以豫西山地也被统称为伏牛山地。豫南山地指鄂、豫、皖三省交界的桐柏—大别山,两个山系首尾相接,习惯上以武胜关为界。东是大别山地,境内最高峰金刚台海拔 1 584 m;西为桐柏山系,境内主峰太白顶海拔 1 140 m,为淮河干流发源地。这两个山系又是江、淮两大水系的分水岭,属于河南唯一的北亚热带山地。河南境内除上述山地外,在东部平原还有一些著名的小山丘,如安阳市北的七里岗、汤阴和浚县间的火龙岗、浚县城东的大伾山、永城的芒砀山、固始的白大山等。南阳盆地位于境内西南部,是全省最大的山间盆地,属南襄盆地的一部分;豫东平原为华北平原的组成部分,也称为黄淮海平原。

　　境内水系分属黄河、淮河、长江、海河等四大水系。黄河横贯中北部,境内干流长约 711 km,流域面积约 3.6 万 km²,占全省总面积的 21.7%;境内主要支流有伊洛河、沁河、天然文岩渠等,三门峡水库和小浪底水利枢纽工程就在其干流上。黄河东出郑州邙山渐成地上悬河。淮河水系主要分布在东南部,其干流源于桐柏山主峰太白顶下,境内流长约340 km;其众多支流在境内广布且流长,如洪汝河、沙颍河、涡河等,其流域面积在境内达8.8 万 km²,占全省总面积的53%。西南部的唐河、白河、老灌河、丹江等为长江水系的汉水支流,境内流域面积2.7 万 km²,占全省总面积的16.3%。境内流域面积最小的是北部的海河水系(包括马颊河和徒骇河水系),流域面积只有1.5 万余 km²,占全省总面积的9%,境内支流有漳河、卫河等。

由于河南省处于暖温带和亚热带气候交错的边缘地区,气候具有明显的过渡性特征。我国暖温带和亚热带的分界线——秦岭—淮河正好贯穿境内的伏牛山脊和淮河沿岸,此线以南的信阳、南阳及驻马店部分地区属亚热带湿润半湿润气候区,该区域1月平均气温在1 ℃以上,年均降水量在1 000 mm 以上。全省多年平均气温为12.8 ~ 15.5 ℃。7月最热,平均气温为27 ~ 28 ℃;1月最冷,平均气温为 -2 ~ 2 ℃。全年无霜期在190 ~ 230 d,一般可满足农作物一年两熟。年降水量从北到南大致在600 ~ 1 200 mm。河南地处中原,冷暖空气交会频繁,季风气候特别明显,虽然四季分明,但也容易造成旱、涝和干热风、大风、沙尘暴、冰雹以及霜冻等多种自然灾害。河南的生物资源,仅高等植物就有197 科、3 830 余种。在全国占有重要地位的有小麦、玉米、棉花、烟叶和油料等。动物418 种,已知陆生脊椎野生动物520 种,占全国总数的23.9%,国家重点保护野生动物90 种。

外来植物是指那些出现在过去或现在的自然分布范围及扩散潜力以外的植物种、亚种或以下的分类单元,包括其所有可能存活、继而繁殖的部分、配子或繁殖体。是通过自然和人类活动等无意或有意地传播或引入的异域植物。有意引入主要是农业、林业、园林等部门,以提高经济收益、观赏等为目的,如作为牧草或饲料引进的紫花苜蓿、空心莲子草、黄竹草等,作为观赏植物引进的加拿大一枝黄花、马缨丹、熊耳草、牵牛等,作为药用植物引进的玛咖、决明、土人参等,作为食品及麻类引进的多种果树及大麻、大麻槿(洋麻)等;无意引进则主要通过风、水等自然传播和人为传播,其中人为传播是重要渠道,如进口粮食夹带的杂草种子、进口货物包装品夹带的有害种子,通过飞机、轮船、火车、汽车及其他交通工具搭便车偷渡的种子等。近年来,随着我国改革开放的不断深入,国际贸易的不断增加,对外交流的逐渐扩大,中国旅游市场的迅速升温,外来入侵植物借助这些途径越来越多地传入我国。此外,军队转移、快递业务、游客夹带也会无意引进外来植物。外来植物具有两面性,一方面是对人们生活有利的方面,比如食物中的玉米、小麦、马铃薯、甘薯、辣椒、番茄、速生杨、刺槐、悬铃木等,都是从国外引进的,这些外来植物与人们衣食住行息息相关。另一方面是外来植物非常险恶的一面,就是生物入侵,外来植物在自然分布区以外的自然、半自然生态系统或生境中建立种群,并对引入地的生物多样性造成威胁,影响或破坏物种。外来入侵植物或者本身形成优势种群,使本地植物的生存受到影响并最终导致本地植物种的灭绝,破坏了植物多样性,使物种单一;或者通过压迫和排斥本地植物导致生态系统的植物组成和结构发生改变,最终导致生态系统受到破坏。外来入侵植物对乡土植物的多样性及可持续发展所带来的生态灾难和经济损失,无论是现实的还是潜在的,国内的还是国际的,都不容低估。国际上已经把外来入侵物种列为除栖息地破坏外,生物多样性缺失的第二大因素。凤眼莲、紫茎泽兰、飞机草已经对我国生态及经济造成重大危害。

　　河南省是我国人口第一大省,也是粮食生产和消费第一大省,每年都从国外进口大量的粮食,同时与国外同行种子交流也很频繁。外来物种通过这一渠道进入河南的概率大大增加。河南地处中原,交通发达,米字形高铁、两纵两横国家高速公路、黄淮两大河流,便捷的现代交通及物流在带来经济繁荣的同时也加速了物种的交流。"森林河南"的建设提出"五年增绿山川平原,十年建成森林河南",要求调整林种结构,实现绿化、美化、花化、彩化、果化"五化"协调统一,廊道绿化向美化、彩化升级,丰富绿化层次,在这种大背景下,一批代表国际最新育种水平的彩叶树种及品种,毋庸置疑将会在河南国土绿化中得到应用。目前甚至一些偏远山区绿化中已经采用了美国红枫、北美枫香、复叶槭、红叶石楠等外来种或品种,这将是河南外来植物有意引入的主要渠道。针对这些实际情况,河南急需建立外来植物风险评估机制,外来植物只有通过风险评估才能确认其推广的合法性。目前,国内已经有部门制定了外来植物引入的参考评估体系,可以用于外来植物引入许可证体系过程的评估,也可以用于管理部门管理当地外来植物,进行早期预警,确定监测重点对象,制定控制对策等。

　　在本书编写过程中,得到国家林业和草原局科技发展中心、河南黄河湿地国家级自然保护区三门峡管理处、三门峡市林业工作站等单位的资助或帮助。在野外调查工作中,得到多地林业部门的大力支持,在此一并表示感谢!

　　本书外来植物的界定,以马金双老师主编的《中国入侵植物名录》和李振宇、解焱主编的《中国外来入侵种》为准,同时参考多种文献。植物入选标准以露地栽培或逸生、野生种为主,极少涉及园艺种和室内植物。对于综合性大种或类群,选择其代表种进行描述及评价。

　　由于时间紧迫,加之作者水平有限,书中难免有谬误之处,恳请读者批评指正!

作者

2019 年 5 月

目 录 CONTENTS

木本植物

木本植物

001　日本落叶松

学名: *Larix kaempferi* (Lamb.) Carr.　　**科名:** 松科　　**属名:** 落叶松属

· 识别特征

落叶乔木;树皮暗褐色,纵裂粗糙,成鳞片状脱落;枝平展,树冠塔形;幼枝有淡褐色柔毛,后渐脱落,一年生长枝淡黄色或淡红褐色,有白粉,二、三年生枝灰褐色或黑褐色;短枝上历年叶枕形成的环痕特别明显,顶端叶枕之间有疏生柔毛;冬芽紫褐色,顶芽近球形,基部芽鳞三角形,先端具长尖头,边缘有睫毛。叶倒披针状条形,先端微尖或钝,上面稍平,下面中脉隆起,两面均有气孔线,尤以下面多而明显,通常5~8条。雄球花淡褐黄色,卵圆形;雌球花紫红色,苞鳞反曲,有白粉,先端三裂,中裂急尖。球果卵圆形或圆柱状卵形,熟时黄褐色,上部边缘波状,显著地向外反曲,背面具褐色瘤状突起和短粗毛;中部种鳞卵状矩圆形或卵方形,基部较宽,先端平截微凹;苞鳞紫红色,窄矩圆形,基部稍宽,上部微窄,先端三裂,中肋延长成尾状长尖,不露出;种子倒卵圆形,种翅上部三角状,中部较宽。花期4~5月,球果10月成熟。

· 分布区域

原产日本。卢氏淇河林场、栾川龙浴湾等地有栽培。

· 评价

以其适应性强、早期速生、成材快、用途广、材质优良的优势,成为营造短周期工业用材林不可替代的树种。可作枕木、桥梁,车辆用材,又可作矿柱、电杆;从木材中可提取松节油、酒精、纤维素等化学物质,树皮可提取单宁;也是良好的园林绿化点缀树种,园林配置应用广泛。豫西是较早引种栽培日本落叶松的地区,尤其以卢氏大块地、龙浴湾林场早期营造的人工林,取得了很好的效果,可以在相似区域大量推广应用。

002　北美短叶松

别名: 短叶松、班克松　　**学名:** *Pinus banksiana* Lamb.　　**科名:** 松科　　**属名:** 松属

· 识别特征

常绿乔木,有时为灌木状;树皮暗褐色,裂成不规则的鳞状薄片脱落;枝近平展,树冠塔形;每年生长2~3轮枝条,小枝淡紫褐色或棕褐色;冬芽褐色,矩圆状卵圆形,被树脂。针叶2针一束,粗短,通常扭曲,先端钝尖,两面有气孔线,边缘全缘;横切面扁半圆形,皮下层细胞二层,连续排列,树脂道通常2个,中生;叶鞘褐色,宿存2~3年后脱落或与叶同

时脱落。球果直立或向下弯垂,近无梗,窄圆锥状椭圆形,不对称,通常向内侧弯曲,成熟时淡绿黄色或淡褐黄色,宿存树上多年;种鳞薄,张开迟缓,鳞盾平或微隆起,常成多角状斜方形,横脊明显,鳞脐平或微凹,无刺;种子翅较长,长约为种子的3倍。

· **分布区域**

原产北美东北部。河南鸡公山有栽培。

· **评价**

具有耐寒、喜光、适应性强的特点,该树种树干通直,材质优良,生长迅速,颜色翠绿,是营造生态公益林和经济林的优良树种,也是庭院、城镇绿化的上好品种。

003 黑松

别名:日本黑松、白芽松　学名:*Pinus thunbergii* Parl.　科名:松科　属名:松属

· **识别特征**

落叶乔木;幼树树皮暗灰色,老则灰黑色,粗厚,裂成块片脱落;枝条开展,树冠宽圆锥状或伞形;一年生枝淡褐黄色,无毛;冬芽银白色,圆柱状椭圆形或圆柱形,顶端尖,芽鳞披针形或条状披针形,边缘白色丝状。针叶2针一束,深绿色,有光泽,粗硬,边缘有细锯齿,背腹面均有气孔线;横切面皮下层细胞一或二层、连续排列,两角上2~4层,树脂道6~11个,中生。雄球花淡红褐色,圆柱形,聚生于新枝下部;雌球花单生或2~3个聚生于新枝近顶端,直立,有梗,卵圆形,淡紫红色或淡褐红色。球果成熟前绿色,熟时褐色,圆锥状卵圆形或卵圆形,有短梗,向下弯垂;中部种鳞卵状椭圆形,鳞盾微肥厚,横脊显著,鳞脐微凹,有短刺;种子倒卵状椭圆形,种翅灰褐色,有深色条纹;子叶5~10枚(多为7~8枚),初生叶条形,叶缘具疏生短刺毛,或近全缘。花期4~5月,种子第二年10月成熟。

· **分布区域**

原产日本及朝鲜南部海岸地区。豫西及豫南地区有栽培。

· **评价**

木材富树脂,较坚韧,结构较细,纹理直,耐久用;可作建筑、矿柱、器具、板料及薪炭等用材;亦可提取树脂。多作庭园观赏树种,亦可作造林树种。黑松树形美观,适于造型。适用于街头绿地。目前河南大多城市绿化都有应用,主要采用的是造型树,用在道路中央分隔带、园林小品及关键节点。作为常绿针叶树是豫西地区主要造林树种。

004　火炬松

学名:*Pinus taeda* L.　科名:松科　属名:松属

・识别特征

　　乔木;树皮鳞片状开裂,近黑色、暗灰褐色或淡褐色;枝条每年生长数轮;小枝黄褐色或淡红褐色;冬芽褐色,矩圆状卵圆形或短圆柱形,顶端尖,无树脂。针叶3针一束,稀2针一束,硬直,蓝绿色;横切面三角形,二型皮下层细胞,3~4层在表皮层下呈倒三角状断续分布,树脂道通常2个,中生。球果卵状圆锥形或窄圆锥形,基部对称,无梗或几无梗,熟时暗红褐色;种鳞的鳞盾横脊显著隆起,鳞脐隆起延长成尖刺;种子卵圆形,栗褐色。

・分布区域

　　原产北美东南部。信阳、南阳、驻马店等地有栽培。

・评价

　　以其速生丰产、适应性强、树干通直圆满、病虫害较少、含脂量高的特点,作为建筑材、纸浆材及生产用材成为我国广大地区的重要工业用材造林树种。同时,其耐干旱、耐瘠薄等特点,使其可在立地条件差的山脊、山顶等部分生长良好,减轻地表径流,避免水土流失。该树种现已成为河南省南部山区的主要造林树种。火炬松亦可作园林绿化观赏树种。其中驻马店泌阳铜山湖水库营造的纯林,生长表现良好,是河南省火炬松采种母树园。

005　湿地松

学名:*Pinus elliottii* Engelm.　科名:松科　属名:松属

・识别特征

　　常绿乔木;树皮灰褐色或暗红褐色,纵裂成鳞状块片剥落;枝条每年生长3~4轮,春季生长的节间较长,夏秋生长的节间较短,小枝粗壮,橙褐色,后变为褐色至灰褐色,鳞叶上部披针形,淡褐色,边缘有睫毛,干枯后宿存数年不落,因此小枝粗糙;冬芽圆柱形,上部渐窄,无树脂,芽鳞淡灰色。针叶2~3针一束并存,长18~25 cm,稀达30 cm,径约2 mm,刚硬,深绿色,有气孔线,边缘有锯齿;树脂道2~9(11)个,多内生;叶鞘长约1.2 cm。球果圆锥形或窄卵圆形,有梗,种鳞张开后径5~7 cm,成熟后至第二年夏季脱落;种鳞的鳞盾近斜方形,肥厚,有锐横脊,鳞脐瘤状,宽5~6 mm,先端急尖,长不及1 mm,直伸或微向上弯;种子卵圆形,微具3棱,长6 mm,黑色,有灰色斑点,种翅长0.8~3.3 cm,易脱落。

· 分布区域

原产美国东南部暖带潮湿的低海拔地区。信阳、南阳、驻马店等地有栽培。

· 评价

湿地松适应性较强,对低温、干旱具有一定的适应能力。湿地松是一种速生树种,其生长速度在栽植10年后更为显著。在立地条件较好的地方,14年生的材积生长,与同地同龄的马尾松和黑松相比几乎快1倍。湿地松是一种喜光性树种,造林密度不宜过大。湿地松抗病虫能力较强。湿地松育苗、造林都很容易,特别是移植容易成活,十多年生的大树也能栽活,这一特性有利于大量繁殖推广。是我国长江以南广大地区很有发展前途的造林树种。

006 日本柳杉

别名:孔雀松　学名:*Cryptomeria japonica*(Linn. f.) D. Don　科名:杉科　属名:柳杉属

· 识别特征

常绿乔木;树皮红褐色,纤维状,裂成条片状落脱;大枝常轮状着生,水平开展或微下垂,树冠尖塔形;小枝下垂,当年生枝绿色。叶钻形,直伸,先端通常不内曲,锐尖或尖,基部背腹宽约2 mm,四面有气孔线。雄球花长椭圆形或圆柱形,雄蕊有4~5枚花药,药隔三角状;雌球花圆球形。球果近球形,稀微扁;种鳞20~30枚,上部通常4~5(7)深裂,裂齿较长,窄三角形,鳞背有一个三角状分离的苞鳞尖头,先端通常向外反曲;种子棕褐色,椭圆形或不规则多角形,边缘有窄翅。花期4月,球果10月成熟。

· 分布区域

原产日本,为日本重要的造林树种。河南大别山及桐柏山有栽培。

· 评价

该种生长快,干形直,木材品质较好,易加工,易干燥,心材淡红色,边材近白色。材质优良,可供建筑、桥梁、造船等用。同时耐寒、耐干旱、耐瘠薄,使之成为较好的一种造林、用材、园林树种。可以作为豫南山区造林重点树种,尤其是当前松树受到松材线虫病严重危害的情况下,柳杉是一个很好的替代树种。

007 落羽杉

别名:落羽松　学名:*Taxodium distichum*(L.) Rich.　科名:杉科　属名:落羽杉属

·识别特征

落叶乔木;树干尖削度大,干基通常膨大,常有屈膝状的呼吸根;树皮棕色,裂成长条片脱落;枝条水平开展,幼树树冠圆锥形,老则呈宽圆锥状;新生幼枝绿色,到冬季则变为棕色;生叶的侧生小枝排成二列。叶条形,扁平,基部扭转在小枝上排成二列,羽状,先端尖,上面中脉凹下,淡绿色,下面黄绿色或灰绿色,中脉隆起,每边有 4~8 条气孔线,凋落前变成暗红褐色。雄球花卵圆形,有短梗,在小枝顶端排列成总状花序状或圆锥花序状。球果球形或卵圆形,有短梗,向下斜垂,熟时淡褐黄色,有白粉;种鳞木质,盾形,顶部有明显或微明显的纵槽;种子为不规则三角形,有锐棱,褐色。球果 10 月成熟。

·分布区域

原产北美东南部,耐水湿,能生于排水不良的沼泽地上。河南鸡公山等地有引种栽培,生长良好。

·评价

木材重,纹理直,结构较粗,硬度适中,耐腐力强。可作建筑、电杆、家具、造船等用。我国江南低湿地区已用之造林或栽培作庭园树。落羽杉是著名的湿地景观树种,尤其片植,秋季色变好,落叶期晚,具有很强的视觉冲击效果。水湿条件下,易生气根。河南新县金兰山山脚下,一棵落羽杉周围长出数百个形状酷似"罗汉"的树根,这种"罗汉"在当地成为奇观,当地人称之为"八百罗汉",形成一处独特的景观。同时,落羽杉还是重要的育种资源,育种工作者用它作为亲本杂交出中山杉、东方杉等一批优良种质资源。

008 池杉

别名:池柏、沼落羽松　学名:*Taxodium ascendens* Brongn.　科名:杉科属名:落羽杉属

·识别特征

乔木;树干基部膨大,通常有屈膝状的呼吸根(低湿地生长尤为显著);树皮褐色,纵裂,成长条片脱落;枝条向上伸展,树冠较窄,呈尖塔形;当年生小枝绿色,细长,通常微向下弯垂,二年生小枝呈褐红色。叶钻形,微内曲,在枝上螺旋状伸展,上部微向外伸展或近直展,下部通常贴近小枝,基部下延,向上渐窄,先端有渐尖的锐尖头,下面有棱脊,上面中脉微隆起。球果圆球形或矩圆状球形,有短梗,向下斜垂,熟时褐黄色;种鳞木质,盾形;种子为不规则三角形,微扁,红褐色,边缘有锐脊。花期3~4月,球果10月成熟。

·分布区域

原产北美东南部。河南鸡公山有栽培,生长良好。

·评价

池杉为速生树种,强阳性,耐寒性较强,极耐水淹,也相当耐干旱,喜深厚、疏松、湿润的酸性土壤。树形婆娑,枝叶秀丽,秋叶棕褐色,是观赏价值很高的园林树种,适生于水滨湿地条件,特别适合水边湿地成片栽植,孤植或丛植为园景树。可在河边和低洼水网地区种植,或在园林中作孤植、丛植、片植配置,亦可列植作道路的行道树。

009 科罗拉多蓝杉

别名:蓝杉、美国蓝杉、锐光北美云杉　学名:*Picea pungens* var. *glauca*　科名:杉科属名:云杉属

·识别特征

常绿乔木,枝条轮生;小枝上有显著的叶枕,叶枕下延彼此间有凹槽,顶端凸起成木钉状,叶生于叶枕之上,脱落后枝条粗糙;冬芽卵圆形、圆锥形或近球形,芽鳞覆瓦状排列,有树脂或无,顶端芽鳞向外反曲或不反曲,小枝基部有宿存的芽鳞。叶片呈蓝色或蓝白色,叶螺旋状着生,辐射伸展或枝条上面叶片向上或向前伸展,下面及两侧叶片向上弯伸或向两侧伸展。球花单性,雌雄同株;雄球花椭圆形或圆柱形,单生叶腋,稀单生枝顶,花朵橘红色,雌蕊为黑色或紫色,球果卵状圆柱形或圆柱形,稀卵圆形,当年秋季成熟。

·分布区域

原产北美的科罗拉多州。河南驻马店及郑州地区有少量栽培。

·评价

叶片呈蓝色或蓝绿色,生长季节针叶蓝色更艳丽。树形呈柱状至金字塔等多种形状,枝叶密集、结构紧凑。树体颜色奇特、树形壮观。目前引种我国的以科罗拉多蓝杉为主,原产北美,现在北京、上海、广州、浙江、湖南等地有少量栽培。科罗拉多蓝杉引种我国后,因幼苗生长缓慢,推广、培育很大程度上受到制约,目前仅有个别企业从事苗木培育。科罗拉多蓝杉在国外园林中颇受欢迎,不仅在于引人注目的蓝色树冠,还由于病虫害少、慢生树种寿命长等优点被广泛使用。当前在我国苗木市场不景气,尤其是速生树种不受园林界欢迎的情况下,蓝杉将具有更好的市场开发前景。蓝杉以种子繁殖为主,平均高生长量30 cm/a,刚播种或移植后的3年生长缓慢,高生长量3~5 cm/a。播种出苗后至幼苗木质化前需及时预防猝倒病或立枯病的发生。蓝杉喜欢较凉爽的气候,光照充足,湿润、肥沃和微酸性的土壤有利于蓝杉健壮生长。蓝杉耐旱、耐阴性较强,在密植的情况下,树冠内腔枝叶密集,见不到枯枝落叶现象。蓝杉耐盐能力稍差,高热和污染环境表现不良。科罗拉多蓝杉有很多栽培变种,常见的有灰叶、蓝冰(蓝雾)、蓝宝宝、蓝精灵、蓝珍珠、品蓝、克斯特、胡普斯、圆球等。当前引进我国种子繁育的实生苗呈现多个变种,叶片颜色、针叶长度、冠形株形、生长速度等均有较大差异,可根据立地条件直接应用到园林绿化当中,也可选择适应性强、冠形株形优美、色彩艳丽的优良变种,进行无性繁殖定向培育。在我国极具观赏和园林应用价值。我国部分地区已经开始引种,具有较广阔的发展前景。

010　北美香柏

别名:香柏、美国侧柏、美国金钟柏、黄心柏木　　**学名**:*Thuja occidentalis* L.　　**科名**:柏科
属名:崖柏属

·识别特征

乔木;树皮红褐色或橘红色,稀呈灰褐色,纵裂成条状块片脱落;枝条开展,树冠塔形;当年生小枝扁,2～3年后逐渐变成圆柱形。叶鳞形,先端尖,小枝上面的叶绿色或深绿色,下面的叶灰绿色或淡黄绿色,中央叶楔状菱形或斜方形,尖头下方有透明隆起的圆形腺点,主枝上鳞叶的腺点较侧枝的为大,两侧的叶船形,叶缘瓦覆于中央叶的边缘,常较中央叶稍短或等长,尖头内弯。球果幼时直立,绿色,后呈黄绿色、淡黄色或黄褐色,成熟时淡红褐色,向下弯垂,长椭圆形;种鳞通常5对,稀4对,薄木质,靠近顶端有突起的尖头,下部2～3对种鳞能育,卵状椭圆形或宽椭圆形,种子常呈条形,最上一对的中下部常结合而生;种子扁,两侧具翅。

·分布区域

原产北美。河南鸡公山、商城县、新县、郑州、洛阳、开封等地有栽培。

·评价

我国引种的北美香柏,其枝叶出油率可达2.3%。组分中含有多种重要单离香料,直接和间接利用的价值高。说明北美香柏在我国引种,气候、条件适宜。它与我国其他品种精油相比,出油率高,在质量和香味上也是上品,很有开发利用价值。香柏枝叶精油持久凉爽,具有甘甜芳香气味,这是它的独特之处,可直接用于多种化妆品的香料调和。香柏枝叶精油中含有约57%的苧酮,它是合成多种香料的原料。因此,香柏精油除能直接配制香料外,还是其他名贵香料的合成原料。北美香柏的枝叶繁茂,萌生能力强,特别是从鲜叶中提取的精油,出油率高,且香味特异并持久,是难得的芳香植物。为适应我国香料工业发展的需要,建议大力引种,选育优良品种,采取必要的林木作业方式,观赏和利用并举,为我国香料工业提供广阔的原料基地。北美香柏为阳性树,有一定耐阴能力,耐寒,不

择土壤,能生长于潮湿的碱性土壤中。生长较慢,寿命长。耐修剪,抗烟尘和有毒气体的能力强,故可栽植于工矿产业区。树冠优美整齐,园林上常作园景树点缀装饰树坛,丛植草坪一角,亦适合做绿篱。材质良好,耐腐而有芳香,可用于做家具。

011 日本扁柏

别名:白柏、花柏　学名:*Chamaecyparis obtusa*(Sieb. et Zucc.)Endl.　科名:柏科
属名:扁柏属

· 识别特征

乔木;树冠尖塔形;树皮红褐色,光滑,裂成薄片脱落;生鳞叶的小枝条扁平,排成一平面。鳞叶肥厚,先端钝,小枝上面中央叶露出部分近方形,绿色,背部具纵脊,通常无腺点,侧面之叶对折呈倒卵状菱形,长约 3 mm,小枝下面叶微被白粉。雄球花椭圆形,雄蕊 6 对,花药黄色。球果圆球形,熟时红褐色;种鳞 4 对,顶部五角形,平或中央稍凹,有小尖头;种子近圆形,两侧有窄翅。花期 4 月,球果 10~11 月成熟。

· 分布区域

原产日本。河南鸡公山有引种栽培。

· 评价

日本扁柏生长快,是高级针叶用材树种和庭园绿化树种,为日本的五大主要树种之一,已有数百年栽培历史。现世界各国广为引种。1920 年开始引入我国,目前已成为长江中、下游各省中、高山地带的优良造林树种,栽培面积超过 1 万 hm²。在我国的引种区如下。

(1)最适宜区:四川盆地—贵州高原以东,南岭以北,长江流域及其以南的中亚热带地区,以降水量大、湿度大、气温高的中、低山地带最好。在中亚热带的某些边远高山,用其他树种造林易失败,而引种日本扁柏不仅保存率高,而且生长茂盛,甚至超过乡土速生树种的生长量。

(2)适宜区:北部为秦岭—淮河线以南,长江流域以北的北亚热带地区,以低山丘陵地带最好;南部为南岭以南的南亚热带和云南高原地区。由于我国引种推广的日本扁柏,其种苗大都来自庐山植物园,因而遗传基础较窄,应开展日本扁柏的种源试验。

日本扁柏边材淡红黄白色,心材淡黄褐色,有光泽,有香气,材质强韧,可供建筑、家具及木纤维工业原料等用。日本扁柏具有适应性广、生长快、抗性强、繁殖容易、病虫害少等优良性状,是高级针叶用材树种和庭院绿化树种。

012　日本花柏

别名:五彩松　学名:_Chamaecyparis pisifera_(Sieb. et Zucc.) Endl.　**科名:柏科**
属名:扁柏属

· 识别特征

常绿乔木;树皮红褐色,裂成薄皮脱落;树冠尖塔形;生鳞叶小枝条扁平,排成一平面。鳞叶先端锐尖,侧面叶较中间叶稍长,小枝上面中央叶深绿色,下面叶有明显的白粉。球果圆球形,熟时暗褐色;种鳞5～6对,顶部中央稍凹,有凸起的小尖头,发育的种鳞各有1～2粒种子;种子为三角状卵圆形,有棱脊,两侧有宽翅。

· 分布区域

原产日本。河南鸡公山、黄柏山、龙浴湾及郑州、洛阳等地有栽培。

· 评价

日本花柏是极优良的观赏树种,有大量栽培变种。对气候、土壤要求不严。20 世纪20 年代引入我国,其适生区类似日本扁柏,可在淮河以南、长江中下游降水多、湿度大、气温高的中、高山或低山区推广栽培。生产上大量采用扦插繁殖,存活率高达90% 以上。树皮红褐色,树干通直,树冠尖塔形,可作园林观赏树种。木材坚韧耐用,心材褐黄色,耐朽性强,纹理美观,是制造器具、建筑、桥梁、造船、车辆枕木、家具等的理想用材。木材富有纤维素,是造纸的好原料。

013　北美圆柏

别名:铅笔柏　学名:_Sabina virginiana_(L.) Ant.　**科名:柏科　属名:圆柏属**

· 识别特征

常绿乔木;树皮红褐色,裂成长条片脱落;枝条直立或向外伸展,形成柱状圆锥形或圆锥形树冠;生鳞叶的小枝细,四棱形。鳞叶排列较疏,菱状卵形,先端急尖或渐尖,背面中下部有卵形或椭圆形下凹的腺体;刺叶出现在幼树或大树上,交互对生,斜展,先端有角质尖头,上面凹,被白粉。雌雄球花常生于不同的植株之上,雄球花通常有6 对雄蕊。球果当年成熟,近圆球形或卵圆形,蓝绿色,被白粉;种子1～2 粒,卵圆形,有树脂槽,熟时褐色。

· 分布区域

原产北美。河南洛阳、济源有栽培。

· 评价

铅笔柏又称北美圆柏,是我国从北美引进的珍贵用材和园林绿化树种,其木材细腻均匀,是高级绘图铅笔杆的优良材料。它具有生长快、干形圆满通直、材质柔软耐磨、纹理直而美观、芳香等特点,是高级家具、工艺品良材。而且树姿优美,枝叶茂盛,适应性广,是珍贵的庭院观赏树和行道树。铅笔柏适应性强、耐寒、耐旱,四季常绿,早春呈翠绿色,具有优良的观赏价值,可作庭院树栽培。

014 蓝冰柏

学名:*Cupressus glabra* 'BlueIce'   科名:柏科   属名:柏木属

· 识别特征

常绿乔木。株形垂直,枝条紧凑,整体呈圆形或圆锥形。鳞叶蓝色或蓝绿色,小枝四棱形或圆柱形,通常不排成一个平面,鳞叶小,交叉对生,雌雄同株,球花单生枝顶;球果翌年成熟,球形或近球形。种鳞4~8对,木质、盾形,熟时张开,中部发育,各对种鳞具5粒以上种子,种子长圆形或长圆状倒卵形,稍扁,有棱角,两侧具窄翅。

· 分布区域

原产欧美。河南驻马店、郑州等地有栽培。

· 评价

常绿乔木。生长迅速,全年树叶呈迷人的霜蓝色。适用于隔离树墙、绿化背景或树木样本。生长10年后高度达5~8 m。蓝冰柏树姿优美,可孤植或丛植,是欧美传统的彩叶观赏树种,极端耐寒。株形垂直,枝条紧凑且整洁,整体呈圆锥形。白天呈现高雅脱俗、迷人的霜蓝色,夜里若配上五颜六色的灯光,会显得扑朔迷离,是圣诞树首选树种,同时还可用于大型租摆和公园、广场等场所,由于东西方文化的传播交流,圣诞节在中国已经被广为接受,这对于蓝冰柏的市场推广是个很大的商机。蓝冰柏喜光,在全日照至半遮阴的光照条件下均能生长,耐寒,也耐高温,喜温暖湿润气候,适宜温度 –15~35 ℃,对土壤条件要求不严,耐酸碱性强,pH 为 5.0~8.0 时均能生长良好,耐干旱瘠薄又略耐水湿,喜疏松、湿润、排水性较好的土壤。浅根性,根系发达,萌芽力强,耐修剪。蓝冰柏适应性强,具有较强的抗寒、抗旱能力,全国各地均可栽培观赏,生长迅速,寿命长。

015　欧洲刺柏

别名:樱珞柏、普通柏、欧桧　**学名:*Juniperus communis* L.**　**科名:柏科**
属名:刺柏属

· 识别特征

乔木,高达 12 m,或为直立灌木,高 1~3 m;树皮灰褐色;枝条直展或斜展。叶三叶轮生,全为刺形,宿存树上约 3 年,通常与小枝成钝角开展,直,条状披针形,先端渐窄成锐尖头,上面稍凹,具 1 条较绿色边带为宽的白粉带,白粉带的基部常被绿色中脉分为两条,下面有钝纵脊,常沿脊具细纵槽。球果球形或宽卵圆形,成熟时蓝黑色,种子卵圆形,具三棱,顶端尖。

· 分布区域

原产欧洲、中亚和俄罗斯西伯利亚及北非、北美。河南郑州、信阳、开封等地有栽培。

· 评价

分布非常广,对气候和土壤有很强的适应能力,是园林中最常用的树种之一,有大量栽培品种。球果用于调制杜松子酒。从未成熟球果中提取的芳香油用于医药和调味。此外,球果还用于熏制味道特别的火腿。我国北方有零星引种,生长表现好。木材坚硬,边材黄白色,心材淡褐色,纹理致密,耐腐力强,可作工艺品、雕刻品、家具、器具及农具等用材。

016　曼地亚红豆杉

学名:*Taxus Media* cv. Hicksii　**科名:红豆杉科**　**属名:红豆杉属**

· 识别特征

曼地亚红豆杉为常绿灌木,具有抗寒、喜阴、喜湿、喜肥、怕旱、怕水淹、怕高温、对土壤适应范围较广的特性。休眠期能耐受 -42 ℃ 的低温,无冻害,被大雪埋上也不落叶。夏季气温超过 30 ℃ 生长转缓,随着气温继续升高,生长停止。曼地亚红豆杉生长缓慢,14年生的株高 2 m 左右,主干直径年均增长 0.2 cm。在较好的栽培条件下,2 年生扦插苗定植 5 年,株高达 1 m 以上。曼地亚红豆杉雌雄异株,红果绿叶,四季常青,生长季节碧绿青翠,休眠期呈深绿色。一般情况下,2 年生扦插苗定植 4 年始见花果,花期 4 月,果实成熟期 8 月中旬至 9 月初,不采自落。

· 分布区域

原产于美国、加拿大。河南多地有栽培。

· 评价

从曼地亚红豆杉的枝、叶、茎、根中提取的具有较高抗癌活性的二萜类化合物——紫杉醇,其结构独特,性能安全,用于治疗乳腺癌、卵巢癌、肺癌等多种癌症,是继阿霉素和顺铂之后,目前国际市场上最热门的新型天然植物抗癌药物。中国医学科学院药物研究所和有关制药厂合作,已从红豆杉树皮中分离得到紫杉醇,并制成药剂"紫杉醇"用于癌症的治疗,上海医药工业研究院等单位最近对其通过了鉴定,并以"紫杉醇"商品名进行生产。我国生产的紫杉醇针剂被卫生部评为"国家级新药",是"晚期癌症患者的最后一道防线"。紫杉醇神奇的疗效给癌症患者及其家属带来了福音。曼地亚红豆杉根系发达,生长速度快,适应性强。其枝叶茎根富含紫杉醇,是集药用、生态、绿化为一体的良好树种。我国山多地少,绿化覆盖率低。若充分利用曼地亚红豆杉的特殊生物学特性,以及适生地区的自然资源和区位优势,发展曼地亚红豆杉经济林生产,不仅可以绿化荒山,保持水土,具有良好的生态环境效益,而且可以通过提取紫杉醇,带动地方经济可持续发展,产生巨大的经济效益。近年来,在商业炒作下,红豆杉栽培面积急剧扩大,尤其是大量社会资本介入,成百上千亩地种植。在国内加工技术及后续产业不成熟的情况下贸然发展,必将带来不小的隐患。

017 欧美杨107杨

拉丁名:_Populus × canadensis_ **Moench   科名:**杨柳科   **属名:**杨属

· 识别特征

大乔木,干直,树皮粗厚,深沟裂,下部暗灰色,上部褐灰色,大枝微向上斜伸,树冠卵形;萌枝及苗茎棱角明显,小枝圆柱形,稍有棱角,无毛,稀微被短柔毛。芽大,先端反曲,初为绿色,后变为褐绿色,富黏质。叶三角形或三角状卵形,一般长大于宽,先端渐尖,基部截形或宽楔形,无或有1~2腺体,边缘半透明,有圆锯齿,近基部较疏,具短缘毛,上面暗绿色,下面淡绿色;叶柄侧扁而长,带红色(苗期特明显)。雄花序长7~15 cm,花序轴光滑;苞片淡绿褐色,不整齐,丝状深裂,花盘淡黄绿色,全缘,花丝细长,白色,超出花盘;柱头4裂。蒴果卵圆形,长约8 mm,先端锐尖,2~3瓣裂。雄株多,雌株少。花期4月,果期5~6月。

· 分布区域

原产美洲、欧洲。目前全省各地广泛栽培。

·评价

欧美杨是北方平原绿化主栽树种。在豫东平原地区,通道、林网、村庄绿化90%以上的都属欧美杨。主栽品种有沙兰杨、72杨、69杨、中林46、107杨、108杨、2001、2025等。其中107杨占六成以上。欧美杨适应性强:适应河南的多种土质种植,耐瘠薄、耐肥、耐低温、耐水渍、抗风、抗干旱、抗病虫能力强,发芽力强;易繁殖:采取一般育苗措施育苗成活率超过90%;苗木价格低:由于它繁殖技术含量低,成本低廉,所以苗木价格远低于同规格的其他树种,对贫穷落后地区及投资较低的部门造林很有吸引力;造林成活率高,"三当苗"保证水分供应,造林成活率在90%以上;生长快:胸径年平均增长量为3.0 cm,年平均增长率200%,树高年均增长量3.0 m;用途广:欧美杨树体高大,树冠宽阔,叶片大而具有光泽,夏季绿荫浓密,秋季树叶金黄。木质好,木材纤维细,质地白,是理想的胶合板材和纸浆用材;不仅是林业部门重点推广的绿化、造林树种,亦是城市道路、公路、铁路绿化、美化的优良品种。近20年来,欧美杨在河南飞速发展,几乎占到河南造林面积的80%,片林、村镇、通道随处可见。随着树木的生理成熟,大量进入结实期,其雌花发育后长成小蒴果,里面有白色絮状的茸毛,中间藏着一些芝麻粒大小的种子。随着不断成熟,小蒴果逐渐裂开,那些白色絮状的茸毛便携着种子漫天飞散,以风为媒,传播繁衍下一代。河南4月中旬左右迎来杨絮,会持续两周左右,飞絮本身并不构成问题,但集中、过量就会成灾,若空气中杨柳絮的浓度太高,就会影响到人们的日常生活。一是不利于人体健康,飞絮如果进入眼睛、鼻腔,容易引起不适或炎症。特别是易过敏人群,暴露在大量飞絮之下,会刺激加重哮喘、慢性支气管炎等呼吸道疾病。二是会影响交通和公共安全。絮状物会堵塞汽车水箱散热片,导致熄火,还会遮挡行人和车辆视线,影响交通安全。其"见火就着"的特性也给公共安全带来隐患。"飞絮周期与北方地区春天的干旱时期基本相同。若清理不及时,一旦接触明火,就会给火灾'助攻'"。此外,飞絮还会干扰正常的工业生产和科研活动,对设备的运转构成一定威胁,影响精密仪器的测量准确性。目前,河南豫东部分县市已经开始大规模砍伐杨树成林。总体来说,欧美杨是个优良树种,对河南省国土绿化及木材市场做出过重要贡献,但无序的野蛮式发展,产生了负面影响。以后应该更加理性地发展和利用好该树种。

018 竹柳

学名:*Salix matsudana Koidz cv. zhuliu*　　科名:杨柳科　　属名:柳属

·识别特征

竹柳为乔木,高度可达20 m以上。树干通直,树冠窄,尖削度小,侧枝较细,深绿色,皮孔很小、光滑。顶端优势明显,腋芽萌发力强,分枝较早,侧枝与主干夹角30°~45°。树冠塔形,分枝均匀。叶披针形,单叶互生,叶片长达15~22 cm、宽3.5~6.2 cm,先端长渐尖,基部楔形,边缘有明显的细锯齿,叶片正面绿色,背面灰白色,叶柄微红、较短。

· 分布区域

来源不详,一说美国。河南各地有栽培。

· 评价

竹柳适合高密度种植,也适合高密度栽培。作为成材林,竹柳的栽植密度和速生杨相比,其密植的程度高几十倍。若纯做为育苗基地,每亩可达 5 000～6 000 棵,土地利用率非常高。竹柳生长速度是杨树的 3～8 倍。因此,所具有的比其他树种轮伐期短的特性,可以极大地缩短栽植者的投资回收期,提高经济效益。竹柳抗病性强、耐盐碱、抗旱涝,在低温 -37 ℃、高温 40 ℃、海拔 4 000 m 以下,亦能生长良好。竹柳对土壤适应性强,插苗即可成活,且成活率高,可达到 95% 以上。竹柳在土壤含盐 8‰、pH = 8.5 的条件下均可生长。竹柳作为园林景观树种、行道树等具有较高的观赏价值。竹柳树冠呈塔形,枝干笔直且分枝均匀,优美的树姿和变化多样的颜色,使其可以作为园林、道路等的美化树种。竹柳的须根系极其发达,且耐贫瘠,这些特性赋予其具有防止水土流失、防风固沙固土的功能,是防风固沙、建设速生林产业的优选树种之一。竹柳木质细密、结实均匀,材质纤维柔软,木材得浆率高达 90%～95%,不空心、不黑心,从边到心色度洁白,自然白度高达50%～60%。速生竹柳不但可以改善生态环境,还可以提供优质的木材。随着人们生活水平的逐步提高,对环境的保护意识也日益增强,需要大力发展对生态环境有改善的树种种植。我国可把发展能源林和能源农业作为将来生物质能的基础,进一步拓展碳汇交易市场,走能源林和产品多元化道路,利用不适宜农耕的宜林荒山荒地、盐碱沙地、滩涂湖泊、矿山等地,因地制宜、统筹规划,大力发展丰产速生见效快的生物质能源林,是解决当今世界生物质能源的重要途径之一。建议不断地研发新的竹柳加工产品投放市场,不断地开发竹柳的应用新领域——生物质能和碳汇交易,努力调整产业结构,尽快形成"种植—加工—销售"一条龙产业链,竹柳的发展前景将十分广阔,可带动当地林业经济的快速发展。

019 长山核桃

别名:美国山核桃、薄壳山核桃   学名:*Carya illinoensis*   科名:胡桃科   属名:山核桃属

· 识别特征

落叶乔木,高可达 50 m,胸径可达 2 m,树皮粗糙,深纵裂。芽黄褐色,被柔毛,芽鳞镶合状排列。小枝被柔毛,后来变无毛,灰褐色,具稀疏皮孔。奇数羽状复叶,叶柄及叶轴初被柔毛,后来几乎无毛;小叶具极短的小叶柄,卵状披针形至长椭圆状披针形,有时呈长椭圆形,通常稍成镰状弯曲,基部歪斜阔楔形或近圆形,顶端渐尖,边缘呈单锯齿或重锯齿,初被腺体及柔毛,后来毛脱落而常在脉上有疏毛。雄性葇荑花序 3 条 1 束,几乎无总梗,自去年生小枝顶端或当年生小枝基部的叶痕腋内生出。雄蕊的花药有毛。雌性穗状花序直立,花序轴密被柔毛,具 3 ~ 10 雌花。雌花子房长卵形,总苞的裂片有毛。果实矩圆状或长椭圆形,有 4 条纵棱,外果皮 4 瓣裂,革质,内果皮平滑,灰褐色,有暗褐色斑点,顶端有黑色条纹;基部不完全 2 室。5 月开花,9 ~ 11 月果成熟。

· 分布区域

原产北美洲。河南洛宁、郑州、信阳等地有栽培。

· 评价

长山核桃是世界上著名的干果树种之一。其坚果个大、壳薄,出仁率高,取仁容易,产量高;其果仁色美味香、无涩味、营养丰富,是理想的保健食品或面包、糖果等食品的添加材料。长山核桃亦是重要的木本油料植物,种仁油脂含量高,在 70% 以上,其中不饱和脂肪酸含量高达 97%,有很好的储藏性,是上等的烹调用油和色拉油。长山核桃还是优良的材用和庭园绿化树种。长山核桃是集果用、材用、观赏于一体的多用途树种。因此,在长山核桃产业化发展过程中必须实行多用途开发。作为果用林,收获的主要是果实,配套栽培技术的关键是控制营养生长,促进生殖生长,重点要研究不同品种配置、栽培密度、立地条件、施肥技术、整形修剪技术对树体生长、果实产量、果实品质等指标的影响效果,形成长山核桃果用园配套栽培技术体系。作为珍贵用材林培育,收获的主要是木材,需要系统研究品种选择、立地条件、造林密度、造林模式、肥水管理措施等对单位面积木材产量和质量的影响。目前对长山核桃珍贵用材的品种选择和配套栽培技术还未引起足够重视。南京绿宙薄壳山核桃有限公司每年从大量实生容器苗的培育中,按照 1/5 000 的比例,选出遗传性状好的特级苗,其生物量是平均值的 4 ~ 5 倍,初选出作为长山核桃材用候选苗,按照良种选育的程序进行长期跟踪,目前进展顺利,前景看好,有望选育出具有自主知识产权的速生丰产的材用长山核桃优良品种;如作为观赏树木培育,则重点选择树冠开阔、树干通直的特级苗,力争培育大苗,满足城市绿化的景观需求。长山核桃的资源培育应根据不同的培育目标,筛选出适宜的品种和优化的定向培育模式,形成与之相配套的栽培技术体系。

020 美国黑核桃

别名:黑核桃　学名:*Juglans nigra*　科名:胡桃科　属名:胡桃属

· 识别特征

落叶乔木。树体高大挺直,树高可达 30 m。树皮暗灰色或棕色,沟纹状深纵裂,树形美观,树冠多圆形,树冠庞大,枝叶茂密,奇数羽状复叶互生,有小叶 15 ~ 23 片,小叶卵披针形。雌雄异花同株,花期 4 ~ 5 月,果实成熟期 8 ~ 9 月。果实圆球形或近圆球形。

· 分布区域

原产北美洲。河南省各地广泛栽培。

· 评价

美国黑核桃在美国分布很广,其耐寒程度高,抗寒类型可耐 - 43 ℃的低温,适生范围广,在美国无论是生长季长达 280 d 的南方,还是生长季短到 140 d 的北方,年降水量从北部地区的 635 mm,到南部地区的 1 778 mm 均能正常生长,适生范围远远超过了其他核桃。黑核桃对土壤的适应性也较强,可以在 pH 为 4.6 ~ 8.2 的各种土壤上生长。美国黑核桃还是世界上公认的最佳硬阔材树种之一,在美国被认为是经济价值最高的林果兼优树种,在优质木材生产中也占有重要地位。我国与美国都处于北半球相近的纬度带,植物起源和种类也有许多相近之处,良种交换有较大的互补性,我国地形复杂,微域气候较多,适宜栽培黑核桃的地区也较广。我国黄河流域上、中游的黄土区和下游的冲积平原,年降水量 600 mm 以上的地区,是发展栽植黑核桃的好地方。黑核桃很早就被引进我国,但只在植物园或公园内少量栽植。为了能使黑核桃在我国得到广泛引种栽培,丰富我国林木品种资源,提高林业的综合效益,自 1984 年开始,中国林科院在河南省洛宁县长水核桃试验站进行美国黑核桃引种试验,并于 1990 年、1994 年和 1996 年先后 3 次组织专业小组赴美国进行考察引种,目前已从美国引进东部黑核桃优良品种 30 种,优良家系 50 多种,建立了良种基因库、采穗圃、种子园、试验林和种源试验区,繁育良种苗木达数十万株,并开始在河南、北京、陕西、山西等 10 多个省(市)引种试验,取得了一定效果。"美国黑核桃良种及栽培技术引进"被列入林业部 1996 ~ 1999 年"948"重点项目。黑核桃为旱生植物,主根特别发达,具有较强的耐干旱能力,在"三北"地区有广阔的发展前景。

021 欧洲榛子

学名:*Corylus avcllana* L.   **科名:桦木科**   **属名:榛属**

· 识别特征

大灌木,其长势远强于平榛或毛榛。主根不明显,须根发达,根系集中分布在 10 ~ 40 cm 土层内,其根蘖不如中国平榛发达。枝条直立或开张,壮枝年生长量可达 80 cm,平均生长量为 35 cm。枝条完全木质化之前皮青色,鲜有红晕,后期呈现浅灰色,密被腺状毛,毛粗硬。大枝皮光滑,棕灰色,多有灰色皮孔和斑点。叶片圆形或卵圆形,一年生枝顶端嫩叶有时呈现红色,先端突尖,基部心形,叶缘锯齿。成熟叶平均长、宽为 8 ~ 10 cm。芽绿色或褐色,鳞片 3 ~ 5 个。欧洲榛子在河南 3 月初树液开始流动,这时日平均气温 5 ℃左右。榛子属于先花后叶的树种,在郑州地区一般 3 月上、中旬即可开花,花期持续 1 ~ 2 周。花后即进入萌芽期,当气温稳定在 9 ℃左右时,芽开始膨大,萌芽后新梢开始生长,这一时期多在 3 月下旬至 4 月上旬。5 月下旬进入果实膨大期。8 月下旬坚果成熟。进入 11 月中旬,开始落叶,植株进入休眠期。

· 分布区域

原产地中海沿岸及中亚地区。在河南省平顶山、郑州等地有栽培。

·评价

引种品种主要有连丰、意丰、意连、大薄壳等。榛子是世界著名的四大干果之一,是我国北方重要的干果,以其风味独特、营养丰富而深受人们的喜爱。我国食用榛子以毛榛和平榛为主,坚果小、产量低、品质差。欧洲榛子是榛属的一个大种,主要生长在欧洲尤其是地中海沿岸,是世界主要商用榛子,已经有700多年的栽培历史。欧洲榛子坚果大、丰产性好、品质优良。河南省在地理纬度上与欧洲榛子主产区几乎处于同一纬度,生态因子相似。河南省大别山区、桐柏山区、太行山区、伏牛山区都有原生榛子的分布。但长期以来,河南省没有榛子栽培。为此,于1999年引进欧洲榛子进行栽培试验,经过几年的试验,发现欧洲榛子在河南省生长结果表现良好。此外,欧洲榛子具有个大、丰产、皮薄的特点,克服了中国野生榛子个小、皮厚、产量低、虫口多的弱点。且欧洲榛子营养丰富,榛仁含脂肪、蛋白质、碳水化合物,还有维生素 C、E 等,风味佳。其特有的风味及储运性是鲜果无法比拟的。榛子也是多种高档食品的辅料,随着人们生活水平的提高,消费结构的多元化,榛子存在非常大的市场容量,具有广阔的推广前景。欧洲榛子平均单果重是中国野生榛子的1.5～2倍,单位面积产量是野生榛子的6～7倍。欧洲榛子的产量,以5年进入大量结实期计算,平均每公顷产量可达 1 500～1 875 kg,每公顷纯收入可达 37 500～45 000元,经济效益相当可观,且技术管理简单,操作容易,是农民调整产业结构、脱贫致富的好项目。同时,欧洲榛子是大灌木,具有较好的防风固沙效能,可产生良好的生态效益。

022　柳叶栎

学名:*Quercus phellos*　科名:壳斗科　属名:栎属

·识别特征

落叶乔木,树高可达24～37 m,树冠呈圆锥形或球状,叶狭披针形或线状披针形,似柳叶,长4～9 cm、宽0.8～2 cm,先端渐长尖,缘有细锯齿。夏季亮浅绿色,秋季转黄再变棕红色,能持续2个月左右。果实形似板栗,外壳坚硬。

·分布区域

原产美国东南部低海拔地区。河南驻马店、信阳有栽培。

·评价

柳叶栎耐干燥、瘠土,多为荒山、石质山地造林树种。喜光,耐干旱,亦耐湿热,适宜酸性土,亦适宜石质石灰岩土,为荒山瘠地先锋树种或形成次生林。萌芽力强,深根性,抗风,生长快、材质好,生态景观效益高,抗病虫。木材强度大,有弹性,耐腐,为优等家具、车辆、工具柄、乐器、仪器箱、运动器械等用材。树皮和壳斗为鞣质原料,劣材可供薪炭用。

为了尽快选育出生长较快的优良树种,东海县、宜兴、苏州等地都于1998年至2000年引进了柳叶栎。幼树萌芽力强,随年龄增长萌芽力下降;喜水温,适于水源防护林及水库四周种植;优良荫木,城市园林普遍种植为观赏树;果实产量大,为野生动物重要食料来源。河南省遂平县是国内较早引种栽培柳叶栎的地区之一,首批引进的柳叶栎,生长健壮,开花结实良好。

023 弗吉尼亚栎

别名:强生栎　学名:*Quercus virginiana*　科名:壳斗科　属名:栎属

· 识别特征

常绿乔木,株高15~20 m;嫩枝树皮由黄绿转暗红,老枝灰白,当年枝较纤细,柔韧性佳。单叶互生,叶片长4~10 cm,最宽处为叶子的中部或中部偏上,叶形多变,全缘或边缘具不规则刺状,略外卷;表面有光泽,新叶黄绿渐转略带红色,老叶暗绿,背面无毛,灰绿;春季新叶出现后老叶逐渐凋落;芽鳞深棕色,叶痕半圆形。树皮厚,黑褐色,粗糙,深纵裂,鳞脊状。栎实直径约0.6 cm,壳斗包坚果1/4的面积,单生或者双生,种子含水量高,不耐储运,易霉变。

· 分布区域

原产美国东南部。信阳、驻马店、郑州有栽培。

· 评价

春季新叶出现后老叶逐渐凋落,一年四季浓绿、茂盛。种子成熟后,极易萌发,甚至在枝条上就出现萌发现象,种子收集后应随即播种。弗吉尼亚栎多采用播种繁殖,实生苗性状差异大。据资料,弗吉尼亚栎按叶片大小与壳斗形状不同被分为2个变种,即典型的得克萨斯弗吉尼亚栎与非典型的弗吉尼亚栎;又因立地而异,具有不同的形态型,如矮化型、灌木型和宽冠乔木型。弗吉尼亚栎无性繁殖成活率低,如扦插、组培、压条等都较困难。弗吉尼亚栎适应多种土壤,偏酸偏碱、干燥湿润皆可,最适宜深厚肥沃、排水良好的壤土,极耐海滨盐、雾及海水短期浸泡,抗风能力强。在浙江、上海、江苏三省(市)海涂与内陆多个地点试种3~4年均能正常生长,在杭州湾滨海盐土上生长良好。其优良的适应性及低管护等优点,使其在沿海地区较其他树种具有绝对的生长优势,加上四季常青,是不可多得的盐碱地阔叶常绿树种,又是沿海防护林和城市园林的优良树种。有一定抗寒性,在郑州部分地区表现良好,是北方城市绿化的一种珍贵常绿阔叶树资源。

024　沼生栎

学名:*Quercus palustris* Muench.　科名:壳斗科　属名:栎属

· 识别特征

　　落叶乔木,高达 25 m。树皮暗灰褐色,略平滑。小枝褐色,无毛。冬芽长卵形,无毛,芽鳞暗褐色,多数,覆瓦状排列。叶片卵形或椭圆形,顶端渐尖,基部楔形,叶缘每边 5~7 羽状深裂,裂片具细裂齿,叶面深绿色,叶背淡绿色,无毛或脉腋有簇毛;叶柄长 2.5~5 cm,老时无毛。雄花序与叶同时开放,数个簇生;雌花单生或 2~3 朵生于长约 1 cm 的总柄上。壳斗杯形,包着坚果 1/4~1/3;小苞片三角形,紧密覆瓦状排列,无毛而有光泽。坚果长椭圆形,淡褐色,被薄茸毛,后渐脱落;顶端圆形,有小柱座;果脐平或微内凹。花期 4~5 月,果期翌年 9 月。

· 分布区域

　　原产美洲。信阳、驻马店有少量引种。

· 评价

　　沼生栎耐干燥、耐高温,喜光照,抗霜冻、抗风、抗空气污染,喜排水良好的土壤,但也适应黏重土壤,为栎树中适生范围最广的树种之一。树干光洁,叶片宽大,叶缘齿裂,叶面亮丽,9 月变成橙红色或铜红色,是优美的彩色观叶树种。沼生栎树形挺拔,姿态优美,色彩丰富,色相变化无穷,秋季色彩美丽迷人,在美国原产地常作行道树或庭园观赏树木而广泛栽植,也作为造林树种而大量栽种。其材质硬、重,强度大,可用作护墙板,也可作为室内装修建筑用材等,是一种不可多得的优良行道树树种。

025　北美红栎

别名:北方红栎、美国红栎、美国红橡树、红槲栎　学名:*Quercus rubra*　科名:壳斗科属名:栎属

· 识别特征

　　落叶乔木,树形高大,高 27~30 m,幼树卵圆形,随着树龄的增加逐渐变为圆形,树冠匀称。叶片互生,7~11 裂,具波状锯齿或羽状深裂,一般叶子中部为最宽处,基部楔形;叶面光滑,脉腋生有细毛,秋季叶色逐渐变为红色,充足的光照可以使秋季叶色更加鲜艳。嫩枝呈绿色或红棕色,光滑。顶芽约 0.6 cm 长,基部圆形。叶痕半圆形。树皮暗灰色至黑色,纵沟浅裂,窄鳞板。树干上部浅灰色纵沟。坚果棕色,椭圆形,长多大于 2.5 cm,壳斗仅包坚果底部,单生或双生,翌年成熟。

· **分布区域**

原产美国东部及加拿大南部。郑州、驻马店有少量栽培。

· **评价**

北美红栎喜光、耐半阴,其在生长过程中,主根较为发达,耐瘠薄,萌蘖力强。同时,其抗风沙、抗病虫能力较强,对土壤的要求不高,能够在水、肥较为充足的地方生长,并且具有良好的生态效益和经济效益。北美红栎比大多数树种更容易移栽成活,并且对周围环境适应力很强的特点,使其可被广泛地应用于城市园林绿化。通过观察,在郑州地区生长不良,不耐干热,夏季容易造成叶边干枯,严重时整叶枯落,且易受食叶害虫为害。可以少量试种,大面积种植需慎重。

026 猩红栎

别名:鲜红栎 学名:*Quercus coccinea* 科名:壳斗科 属名:栎属

· **识别特征**

落叶乔木,高 21 ~ 22.5 m,冠幅达 12 ~ 15 m,幼树树形呈金字塔形,渐渐变成竖立扩展形。叶片长 7 ~ 17 cm,宽 8 ~ 13 cm;深裂,一般 7 个裂片,每个裂片 3 ~ 7 个锯齿;叶片呈墨绿色,有光泽,秋季变成红色或猩红色。树皮浅灰或深灰色,树干上部长有浅条纹;成树的基部暗棕近黑色,不规则浅裂。枝条细软,顶芽 1/8 ~ 1/4 长,芽鳞棕灰色,顶端附有白毛。栎实椭圆形,宽 0.7 ~ 1.3 cm、长 1.7 ~ 3.1 cm;浅棕色,壳斗包坚果 1/3 ~ 1/2 的面积,单生或双生,授粉后 18 个月成熟。

· **分布区域**

原产美国。郑州、驻马店有少量栽培。

· **评价**

树冠开展,秋叶光彩夺目,欧美各地广泛种植为观赏树。适于气候潮湿、年降水量 760 ~ 1 400 mm、年平均温度 10 ~ 18 ℃、生长季节 120 ~ 240 d 的地方。耐极端高温 41 ℃、极端低温 -33 ℃。适应性强,几乎不择土而生,在美国北部,它生长的土壤多属灰褐灰化土,在南部为红黄灰化土,耐干旱瘠薄,在阿帕拉契山常占据南坡中上部,可生长于碎石山脊和山坡,属于干旱土壤顶级树种,但在北坡土壤深厚的立地生长更宜,以俄亥俄河盆地生长尤佳。喜光,速生,萌芽力强,一般 50 年生树高 11 ~ 30 m,胸径 30 ~ 70 cm。人工种植 35 ~ 40 年可达经济成熟标准。花期 4 ~ 5 月,果实翌年秋季成熟,每 3 ~ 5 年出现一丰产年。木材属红栎类,为建筑、薪炭材。可以在河南不同生态类型区推广试种。

027　娜塔栎

别名:纳塔栎、德州红栎　学名:*Quercus nuttallii Palmer*　科名:壳斗科　属名:栎属

· 识别特征

高大落叶乔木,树冠广圆形。主干直立,主要枝干平展略有下垂,树冠呈塔状。其叶长 0.1~0.2 m,宽度在 0.05~0.13 m 不等,具有 5~7 个深的裂片,叶顶部呈硬齿状,叶面正面呈深绿色、背面呈暗绿色,有丛生毛;在秋季其叶呈红色或红棕色,树干表皮呈灰色或棕色且表面光滑,颜色在每年的 11 月开始变红,次年 2 月开始落叶。种实硕大,长 2~3 cm,卵形,带有深的被鳞壳斗。

· 分布区域

原产美国南部。河南信阳、驻马店、郑州有引种。

· 评价

树干通直,生长较快,适应性强,为世界公认的珍贵用材树种,是中国近年来引种成功的优良树种之一,主要用作高档家具、装饰、雕刻等。娜塔栎枝叶繁茂,树形高大,叶形奇特,秋色叶亮红色或红棕色,且色叶在树上保留时间长,是良好的景观树种。娜塔栎在城市绿化工程的应用过程中,具有显著的优势,具体表现有:第一,其树干高且直,能够给人以挺拔矗立之感;第二,其生长外形规则整齐,能够较好地体现城市绿化的规整性;第三,娜塔栎生长成熟后,具有较高的高度且呈塔状,在北方沙尘天气能够起到很好的防风止沙效果;第四,其生长会随着季节的变化呈现不同的色彩,能够丰富城市绿化景观的色彩;第五,其落叶时间较晚,翌年 2 月方才落叶,能够有效减少北方冬季城市绿化"光秃秃"的现象;第六,娜塔栎生长环境允许温度、湿度范围较广,具有较高成活率和对环境的适应性。生产中只有很好地掌握娜塔栎繁育以及栽培技术要点,才能够在种植过程中,提供其所适应的生长环境,出现任何病症之后采取有效的技术措施,保证生长与成活,更好地为我国城市绿化建设工程增添色彩,发挥其真正的价值。

028　水栎

学名:*Quercus nigra*　科名:壳斗科　属名:栎属

· 识别特征

半常绿乔木,树高 18~22 m。树干通直,树冠多呈椭圆形。树皮青灰色或黑灰色,时有脊状突起,小枝黄绿色,细弱。叶互生,叶形多变,通常为倒圆锥形或斧形,叶缘平滑或具浅的波状裂片,叶长 5 ~ 10 cm、宽 3 ~ 5 cm,簇生于小枝顶端。种实小而呈球形或橘形,黑褐色,着生于浅的被鳞壳斗内。

· **分布区域**

分布于美国沿海平原和密西西比河谷地区。河南信阳、驻马店、郑州有栽培。

· **评价**

水枥适于无霜期 200 ~ 250 d,无霜期内年降雨量 1 270 ~ 1 520 mm,降雪量 0 ~ 50 cm。7 月高温 21 ~ 46 ℃,1 月低温 -29 ~ 2 ℃。通常生长于低湿地,小河沿岸或湿润的高地土壤生长良好,是采伐迹地上自然更新植被中的常见树种。水枥主干通直,枝叶浓密,适于作街道遮阴树。通过在河南近几年的观察,在信阳、驻马店、郑州三个引种地生长正常,其中信阳光山县引种地,植于水塘边。冬季落叶率超过 90%,仅有少数叶片可以保持到来年春季。郑州市河南省林业科学研究院小区,受小环境影响,整个冬季叶片可以保留70% 以上不落,但有部分小枝枯死现象,原因需进一步研究。

029 欧洲白榆

学名:*Ulmus laevis*　科名:榆科　属名:榆属

· **识别特征**

落叶乔木,在原产地高达 30 m。树皮淡褐灰色,幼时平滑,后呈鳞状,老则不规则纵裂;当年生枝被毛或几无毛;冬芽纺锤形。叶倒卵状宽椭圆形或椭圆形,通常长 8 ~ 15 cm,中、上部较宽,先端凸尖,基部明显地偏斜,一边楔形,另一边半心脏形,边缘具重锯齿,齿端内曲,叶面无毛或叶脉凹陷处有疏毛,叶背有毛或近基部的主脉及侧脉上有疏毛,叶柄长 6 ~ 13 mm,全被毛或仅上面有毛。花常自花芽抽出,稀由混合芽抽出,20 余花至30 余花排成密集的短聚伞花序,花梗纤细,不等长,长 6 ~ 20 mm,花被上部 6 ~ 9 浅裂,裂片不等长。翅果卵形或卵状椭圆形,长约 15 mm,边缘具睫毛,两面无毛,顶端缺口常微封闭,果核部分位于翅果近中部,上端微接近缺口,果梗长 1 ~ 3 cm。花果期 4 ~ 5 月。

· **分布区域**

原产欧洲。驻马店、郑州等地有栽培。

· **评价**

欧洲白榆翅果脱落集中,落叶早,污染小,抗病虫害能力强,冠大荫浓,树体高大,适应性强,是城市绿化的优良树种,是世界著名的四大行道树之一。列植于公路及人行道。群植于草坪、山坡。常密植作树篱。是北方农村"四旁"绿化的主要树种,也是防风固沙、水土保持和盐碱地造林的重要树种。材质坚重,硬度中等,易加工,可塑性高,机械性能良好,可用于建筑、车辆制造、家具生产等。枝条柔美,可编制筐、篮及工艺品。翅果含油,是重要的工业原料。枝、叶、树皮中含单宁,可提取入药。

030　洋铁线莲

别名:大花铁线莲　**学名:***Clematis patens* Morr. et Decne.　**科名:**毛茛科
属名:铁线莲属

· 识别特征

多年生草质藤本。枝蔓长达 4~6 m,表面暗红色;小枝、叶柄被密集短柔毛,羽状复叶,对生,叶片卵形,叶缘锯齿状小叶片常 3 枚,稀 5 枚,卵圆形或卵状披针形;单花顶生,花大,直径 8~14 cm,萼片 8 枚,聚伞花序腋生,花色有玫瑰红、粉红、蓝紫、白色等品种。瘦果卵形,宿存花柱长 3~3.5 cm,被金黄色长柔毛。花期 4~7 月,果期 7~9 月。

· 分布区域

欧洲园艺品种。河南有少量引种。

· 评价

大花铁线莲是毛茛科铁线莲属的园艺杂交品种。它们色彩鲜艳的花朵实际上是由花瓣状的萼片组成的,其花形又似精美的风车,与所攀缘的栏杆完美地搭配成一体,显得优雅别致。在一个世纪前铁线莲就已被西方人广泛喜爱并大量使用,而它的育种工作则更早。我国是铁线莲属植物资源最丰富的国家之一,有许多观赏价值很高的野生原种,已经为现代园艺种群的形成做出了巨大贡献。目前,铁线莲的园艺品系已日趋丰富和完善。不仅花色丰富,花形多变,花径也可从小到数厘米大到 25 cm,而且花期有春、夏和春秋两季开花的多种类型。铁线莲属大多数种类为 2 倍体,因此通过种间杂交和品种间杂交培育新品种的工作仍前景广阔。今后的育种方向可加强纯黄色及香味和抗逆性(如抗暑热、耐水涝等)基因的导入,并可考虑利用 2 倍体种类和少数 4 倍体种类杂交产生 3 倍体的方式进行多倍体育种。在栽培上主要应注意栽培地环境的选择与改良,最好在夏季通风凉爽并有散射光的地方种植,栽培土壤要深厚肥沃、排水良好。在生长期,枝条要经常修整和引导。应用除作垂直绿化外,还可将其修剪盘扎后盆栽和剪下插花。如果让它在花园中自然匍匐生长,也较有意境。随着我国丰富垂直绿化、美化植物种类的呼声渐高,大花铁线莲将以它不可替代的优势日益受到人们的青睐。

031 星花玉兰

别名:重华辛夷、日本毛玉兰   学名:*Magnolia stellata*   科名:木兰科   属名:木兰属

·识别特征

落叶小乔木。枝繁密,灌木状;树皮灰褐色,当年生小枝绿色,密被白色绢状毛,二年生枝褐色;冬芽密被平伏长柔毛。叶倒卵状长圆形,有时倒披针形,长 4 ~ 10 cm、宽 3.7 cm,顶端钝圆、急尖或短渐尖;基部渐狭窄楔形,上面常绿色,无毛,下面浅绿色;中脉及叶柄被柔毛;叶柄长 3 ~ 10 mm,托叶痕约为叶柄长之半。花蕾卵圆形,密被淡黄色长毛;花先叶开放,直立,芳香,盛开时直径 7 ~ 8.8 cm;外软萼状花被片披针形,长 15 ~ 20 mm、宽 2 ~ 3 mm,早落;内数轮瓣状花被片 12 ~ 45,狭长圆状倒卵形,长 4 ~ 5 cm、宽 0.8 ~ 1.2 cm,花色多变,白色至紫红色。聚合果长约 5 cm,仅部分心皮发育而扭转。花期 3 ~ 4 月。

·分布区域

原产日本。河南省南阳等地有栽培。

·评价

星花玉兰株姿优美,小枝曲折,先花后叶,花朵色彩丰富,又带芳香,为早春少见的观赏花木,宜在窗前、假山石边、池畔和水旁栽植,盆栽时特别适宜点缀古典式庭院和加工成盆景观赏。用作庭院与居住区绿化,既可以配置于园门入口、园路一侧、山丘一隅、小品四周,也可数株集中种植于一园落内,营造小园春色无限;还可与其他花木,如茶花、茶梅、杜鹃等春花植物组景,可造成一种群芳吐艳、百花争春的喜庆场景;与秋桂种植一园,可收到春赏玉兰秋赏桂的两季赏景效果,还可作花坛、花境、花篱、花墙布置。近年来,国内外培育了一系列星花玉兰园艺品种,花色、花形更具观赏性。

032 荷花玉兰

别名:广玉兰、洋玉兰   学名:*Magnolia grandiflora* L.   科名:木兰科   属名:木兰属

·识别特征

常绿乔木,在原产地高达 30 m。树皮淡褐色或灰色,薄鳞片状开裂;小枝粗壮,具横隔的髓心;小枝、芽、叶下面,叶柄均密被褐色或灰褐色短茸毛(幼树的叶下面无毛)。叶厚革质,椭圆形、长圆状椭圆形或倒卵状椭圆形,先端钝或短钝尖,基部楔形,叶面深绿色,有光泽;侧脉每边 8 ~ 10 条;叶柄长 1.5 ~ 4 cm,无托叶痕,具深沟。花白色,有芳香;花被片 9 ~ 12,厚肉质,倒卵形;雄蕊长约 2 cm,花丝扁平,紫色,花药内向,药隔伸出成短尖;雌蕊群椭圆体形,密被长茸毛;心皮卵形,花柱呈卷曲状。聚合果圆柱状长圆形或卵圆形,密被褐色或淡灰黄色茸毛;蓇葖背裂,背面圆,顶端外侧具长喙;种子近卵圆形或卵形,外种皮红色,除去外种皮的种子,顶端延长成短颈。花期5~6月,果期9~10月。

· 分布区域

原产北美洲东南部。河南境内均有栽培。

· 评价

荷花玉兰耐寒性强,是北方地区重要的常绿阔叶树资源,叶厚而有光泽,花大而香,树姿雄伟壮丽,其聚合果成熟后,蓇葖开裂露出鲜红色的种子,也颇美观。最宜单植在宽广开阔的草坪上或配植成观赏的树丛。由于其树冠庞大,花开于枝顶,花大且香,可孤植、对植或丛植、群植配置,也可作行道树。荷花玉兰四季常青,病虫害少,因而是优良的行道树种,不仅可以在夏日为行人提供必要的庇荫,还能很好地美化街景。道路绿化时,荷花玉兰与色叶树种配植,能产生显著的色相对比,从而使街景的色彩更显鲜艳和丰富。在绿化带应用中,将荷花玉兰与红叶李间植,并配以桂花、海桐球等,不仅在空间上有层次感,而且色相上又有很大的变化,打破了序列空间的单调,产生一种和谐的韵律感,取得了很好的效果。荷花玉兰在庭园、公园、游乐园、墓地均可采用。大树可孤植于草坪中,或列植于通道两旁;中小型者,可群植于花台上。木材黄白色,材质坚重,可作装饰用材。叶、幼枝和花可提取芳香油;花制浸膏用;叶入药治高血压;种子榨油,含油率42.5%。

033　北美鹅掌楸

学名: *Liriodendron tulipifera*　　**科名:** 木兰科　　**属名:** 鹅掌楸属

· 识别特征

乔木,原产地高可达60 m,胸径3.5 m,南京栽植高达20 m,胸径50 cm。树皮深纵裂,小枝褐色或紫褐色,常带白粉。叶片长7~12 cm,近基部每边具2侧裂片,先端2浅裂,幼叶背被白色细毛,后脱落无毛,叶柄长5~10 cm。花杯状,花被片9,外轮3片绿色,萼片状,向外弯垂,内两轮6片,灰绿色,直立,花瓣状、卵形,长4~6 cm,近基部有一不规则的黄色带;花药长15~25 mm,花丝长10~15 mm,雌蕊群黄绿色,花期时不超出花被片之上。聚合果长约7 cm,具翅的小坚果淡褐色,长约5 mm,顶端急尖,下部的小坚果常宿存过冬。花期5月,果期9~10月。

· 分布区域

原产北美东南部。郑州、信阳等地有栽培。

· 评价

北美鹅掌楸树形雄伟,叶形奇特古雅,花大而美丽,为世界珍贵树种之一,17世纪从北美引种到英国,其黄色花朵形似杯状的郁金香,故欧洲人称之为"郁金香树",是城市中极佳的行道树、庭荫树种,无论丛植、列植或片植于草坪、公园入口处,均有独特的景观效果,对有害气体的抵抗性较强,也是工矿区绿化的优良树种之一。木材淡红褐色、纹理直、结构细、质轻软、易加工,少变形,干燥后少开裂,无虫蛀。供建筑、造船、家具、细木工的优良用材,亦可制胶合板;树干挺直,树冠伞形,叶形奇特、古雅,为世界最珍贵的树种。同时也是重要的育种资源,南京林业大学通过北美鹅掌楸与中国马褂木杂交获得杂种马褂木,具有更强的速生性及抗逆性,在国内多个省市推广,获得很好的效果。

034 栎叶绣球

学名:*Hydrangea quercifolia* 科名:虎耳草科 属名:绣球属

·识别特征

落叶灌木或小乔木,高 3 m。枝条开展,冬芽裸露。叶对生,卵形至卵状椭圆形,表面暗绿色,背面被有星状短柔毛,叶缘有锯齿。夏季开花,花于枝顶集成大球状聚伞花序,边缘具白色中性花。花期 6 ~ 7 月,花径 18 ~ 20 cm。花初开带绿色,后转为白色,带红晕,具清香。因其形态像绣球,故名绣球花。叶具短柄,对生,叶片肥厚,光滑,椭圆形或宽卵形,先端锐尖,长 10 ~ 25 cm、宽 5 ~ 10 cm,边缘有粗锯齿。伞房花序,球形,密花,花白色、蓝色或粉红色,几乎全为无性花,每一朵花有瓣状萼 4 ~ 5 片;花瓣 4 ~ 5 片,小形,雄蕊在 10 枚以内,雌蕊极度退化,花柱 2 ~ 3 枚。

·分布区域

原产美国东南部。河南境内少有引种栽培。

·评价

栎叶绣球可用于园林观赏、环境绿化。花球大而美丽,耐阴性较强,是极好的观赏花木。作为一种庭院花卉,其伞形花序如雪球累累,簇拥在椭圆形的绿叶中,显得美丽雍贵。是夏季的重要花木。繁茂者,雪花压树,清香满院。园林中常植于疏林树下,游路边缘,建筑物入口处,或丛植几株于草坪一角,或散植于常绿树之前,都很美观。小型庭院中,可对植,也可孤植。盆栽绣球花则常作室内布置用,是窗台绿化和家庭养花的好材料。

035 美国蜡梅

学名:*Calycanthus floridus* 科名:蜡梅科 属名:夏蜡梅属

·识别特征

高 1 ~ 4 m;幼枝、叶两面和叶柄均密被短柔毛;木材有香气。叶椭圆形、宽楔圆形、长圆形或卵圆形,长 5 ~ 15 cm、宽 2 ~ 6 cm,叶面粗糙,叶背苍绿色;中脉和侧脉在叶面扁平,在叶背凸起;叶柄长 3 ~ 10 mm。花红褐色,直径 4 ~ 7 cm,有香气;花被片线形至长圆状线形、线状倒卵形至椭圆形,长 2 ~ 4 cm、宽 3 ~ 8 mm,两面被短柔毛,内面的花被片通常较短小;雄蕊 10 ~ 15 枚,有时达 20 枚,通常为 12 枚或 13 枚,花药长圆形至线状长圆形;退化雄蕊 15 ~ 25 枚,线状披针形;心皮长圆形,被短柔毛,花柱丝状伸出。果托长圆状圆筒形至梨形,椭圆状或圆球状,长 2 ~ 6 cm,直径 1 ~ 3 cm,被短柔毛,老渐无毛,顶口收缩,内有瘦果 5 ~ 35 个。花期 5 ~ 7 月。

· 分布区域

原产美国东南部。河南鄢陵、郑州等地有栽培。

· 评价

美国蜡梅树姿优雅,枝条平展,初夏开出红褐色花朵,清香扑面。也是新颖花灌木。喜温暖湿润的环境,在充足而柔和的阳光下生长良好,但怕烈日暴晒,耐寒冷。对土壤要求不严,但在疏松肥沃、排水良好的土壤中生长更好。生长期可充分浇水,以保持土壤湿润,但连阴雨天要注意排水。可作园林观赏树种,用于公共绿地栽植、住宅区环境美化、园林景观布置等。还可盆栽观赏,布置于阳台、庭院等处,效果都很好。

036 悬铃木

别名:法桐、美国梧桐、英国梧桐　　学名:*Platanus* L.　　科名:悬铃木科　　属名:悬铃木属

· 识别特征

落叶乔木。枝叶被树枝状及星状茸毛,树皮苍白色,薄片状剥落,表面平滑;侧芽卵圆形,先端稍尖,由单独一块鳞片包着,包藏于膨大叶柄的基部,不具顶芽。叶互生,大形单叶,有长柄,具掌状脉,掌状分裂,偶有羽状脉而全缘,具短柄,边缘有裂片状粗齿;托叶明显,边缘开张,基部鞘状,早落。花单性,雌雄同株,排成紧密球形的头状花序,雌雄花序同形,生于不同的花枝上,雄花头状花序无苞片,雌花头状花序有苞片;萼片 3 ~ 8 枚,三角形,有短柔毛;花瓣与萼片同数,倒披针形;雄花有雄蕊 3 ~ 8 枚,花丝短,药隔顶端增大成圆盾状鳞片;雌花有 3 ~ 8 个离生心皮,子房长卵形,1 室,有 1 ~ 2 个垂生胚珠,花柱伸长,突出头状花序外,柱头位于内面。果为聚合果,由多数狭长倒锥形的小坚果组成,基部围以长毛,每个坚果有种子 1 个;种子线形,胚乳薄,胚有不等形的线形子叶。

· 分布区域

原产北美洲。河南各地均有栽培。

· 评价

人们习惯所说的"法国梧桐"只是悬铃木的一种。悬铃木一属有 8 种,原产北美洲、墨西哥、地中海和印度一带。引入我国栽植的有 3 种。悬铃木果序柄的果实,有的 1 个果球,有的 2 个果球,有的 3 个以上果球,因此名称就不同,分别叫作一球悬铃木、二球悬铃木和三球悬铃木,这种树木,初无名,叶子似梧桐,人们就叫它"法国梧桐"。17 世纪,在英国的牛津,人们用美洲悬铃木和东方悬铃木作亲本,杂交成二球悬铃木,取名"伦敦大叶树"。因为是杂交,没有原产地。在欧洲广泛栽培后,法国人把它带到上海,栽在霞飞路(今淮海中路一带)作为行道树。二球悬铃木的亲本三球悬铃木,又叫裂叶悬铃木、鸠摩罗什树。公元 401 年,印度高僧鸠摩罗什到中国传播佛教,携带这种树,种植于西安附近的户县古庙前,至今尚存,树干得有 4 人才能合抱。这是我国最早引种的悬铃木。悬铃木树形雄伟,枝叶茂密,是世界著名的优良庭荫树和行道树,有"行道树之王"之称。阳性速生树种,抗逆性强,不择土壤,萌芽力强,很耐重剪,抗烟尘,耐移植,大树移植成活率极高。对城市环境适应性特别强,具有超强的吸收有害气体、抵抗烟尘、隔离噪声的能力。但是城市大量应用悬铃木,造成早春果序脱落时其飘散的果毛易污染环境,并引起呼吸道疾病及眼疾。我国通过现代育种手段,培育一批少球悬铃木品种,对这一问题起到了缓解作用。

037 北美海棠

学名:_North American Begonia_ **科名:**蔷薇科 **属名:**苹果属

·识别特征

落叶小乔木,株高一般在 5～7 m,呈圆球状,或着整株直立呈垂枝状。分枝多变,互生直立、悬垂等无弯曲枝。树干颜色为新干棕红色、黄绿色,老干灰棕色,有光泽,观赏性高。花朵基部合生,花色有白色、粉色、红色,鲜红花序分伞状或着伞房花序的总状花序,多有香气。肉质梨果,带有脱落型或着不脱落型的花萼;颜色有红色、黄色或绿色。果实观赏期达 6～10 个月。

·分布区域

引自北美。目前河南广泛栽培。

·评价

目前我国从北美引种了许多品种,北美海棠因多数具有耐寒、抗病、观赏特点突出及观赏周期长等特点,正逐渐成为园林景观中的新宠。之所以通称为"北美海棠",是因为在美国、加拿大苗圃杂交选育的海棠品种很多属自交变异种,亲本无法得知。在北美园林中的海棠有 400～600 种之多,国内园林主要应用的品种有'王族'、'绚丽'、'钻石'、'印第安魔力'、'道格'、'冬红'、'高原之火'和'亚当'等。庭院、小区:北美海棠色彩艳丽、果实繁密,可以作为中心景观处理,能达到引导视线的作用。庭院空间较小,通常采用单株孤植。草坪、绿地等周围,可多株丛植,既可独立成景,又与其他树木相映,观赏效果极佳。广场、绿岛:略有起伏的绿岛地形很适合栽种北美海棠,可以选择3~5株北美海棠丛植。而大的广场能营造北美海棠丛林,栽种在有较大色差的高大背景树之前,可突出北美海棠的花、叶、果的震撼力,既丰富了景观色彩,美化环境,又活跃了园林气氛。盆景、容器或地面栽培池:北美海棠体量差异极大,适合做盆景的可定位在平枝类、垂枝类及短枝类品种上。北美海棠的观赏价值很高,其花、果、叶色彩丰富,观赏期长,在不同季节中都能够体现出不同的景观效果。北美海棠适应性强,管理简单,可在道路、小区、庭院、公园、广场、风景区中广泛应用。

038 红叶石楠

学名:*Photinnia ×frasery*　科名:蔷薇科　属名:石楠属

· 识别特征

常绿小乔木或灌木,乔木高6~15 m,灌木高1.5~2 m。株形紧凑,叶革质,长椭圆至侧卵状椭圆形,有锯齿,新叶亮红色,复伞房花序,仲夏至夏末开白色小花,浆果红色。喜温暖、湿润气候及微酸性土壤。红叶石楠有很强的生态适应性,耐低温,耐土壤瘠薄,有一定的耐盐碱性和耐干旱能力,也有很强的耐阴能力,在长江流域生长良好。按常规自然生长,红叶石楠一年中基本上萌发3~4次,春至夏,一般抽枝2次,新叶从淡象牙红至鲜亮红再至淡红,再转绿,第一次历时近月余,夏前一次历时稍短;至盛夏,叶色则转深绿;至初秋,又萌芽1~2次,至10月下旬停止发芽抽枝,叶子从11月下旬开始转绿,如果在10月中旬再修剪一次,则发出的新芽红叶期可保持整个冬天;至次年春暖花开时才逐渐转成绿色。

· 分布区域

最早在美国亚拉巴马州伯明翰的弗雷泽苗圃发现,主要分布在亚洲东南部与东部和北美洲的亚热带与温带地区。河南省内已广泛栽培。

· 评价

红叶石楠(*Photinia ×fraseri*)由石楠(*P. serru-lata*)与光叶石楠(*P. glabra*)杂交而成,因其新梢与嫩叶常年鲜红而得名。在国外,特别是欧美和日本,红叶石楠被誉为"红叶绿篱之王",园林中应用广泛。目前国内引进的有'红罗宾'、'鲁班'、'红知更鸟'、'火艳'、'罗宾斯'、'红唇'和'强健'等新品种。红叶石楠生长速度快,且萌芽力强、耐修剪,可根据园林需要栽培成不同的树形。一至二年生的红叶石楠可修剪成矮小灌木,在园林绿地中作为地被植物片植,或与其他色叶植物组合成各种图案,红叶时期,色彩对比非常显著。也可培育成独干不明显、丛生形的小乔木,群植成大型绿篱或幕墙,在居住区、厂区绿地、街道或公路绿化隔离带应用。还可培育成独干、球形树冠的乔木,在绿地中孤植,或作行道树,或盆栽后在门廊及室内布置。自20世纪90年代引入国内后,红叶石楠在园林绿化上得到快速推广，并在浙江等省区形成规模化培育。红叶石楠特有的红色叶片，大受国人的喜爱，在中国的城市园林绿化景观中被视为上品，观赏价值极高，其他的一些彩叶树种如红花檵木和红叶小檗等，无论是叶色、抗性、适应性及景观可塑性都难以与之媲美。红叶石楠较强的抗逆性、适应性和优秀的观赏性，使其在国内的园林绿化市场上还有很大的扩容空间，众多的园林设计师们亦非常看好红叶石楠这一新兴红叶常绿树种，能在众多的园林绿化中得以应用。红叶石楠对园林景观构景的极佳可塑性，在当下国家对城市人居环境越来越重视、人们对家园的绿化景观提出更高要求的大前提下，必将有更加广阔的发展前景。

039 美国黑樱桃

别名:朗姆樱桃   学名:*Prunus serotina Ehrh*   科名:蔷薇科   属名:樱属

·识别特征

落叶大乔木，树形高大美观，干形通直挺拔，在原产地树高达 30.5 m，胸径达 140 cm。幼树树皮呈光滑状，暗黑至深红，当长到成年树龄时，树皮呈易脱落的鱼鳞片状，为灰色。枝条细小，叶子排列整齐、浓密，呈狭窄的椭圆状，互生，叶边向内弯，有锯齿，新梢顶端叶色为橙黄或橙红色，底部茎干表面有小毛。春天叶子呈尖形椭圆状，为橙黄色;夏季叶子呈狭窄椭圆状，近革质，呈草绿至黑绿色。花两性，花形为长方形，花小、白色，簇生于上年小枝顶端或叶腋。

·分布区域

原产美国、加拿大。信阳光山县、郑州市等地有栽培。

·评价

该树种是通过国家林业局"948"项目引种到国内的，在河南生长表现良好。黑樱桃在国外是重要的用材树种，木边材浅黄色，心材绿褐色，暴露到空气中颜色加深，呈带有金色光泽的浅到深红棕色，有淡淡的芳香气味，中等密度，结实而坚硬，具有均一的质地，纹理直且窄，易于机械加工、锯切和成形，易于着色，刨面光滑，心材有很好的耐腐性，是上乘的古典家具用材和理想的胶合板贴面用材。黑樱桃木也被用于制作仪表盘，印刷和雕刻板，模型、玩具、首饰盒、枪托，室内装饰、胶合板装饰面、工具把柄，木制器具手工艺品，钢琴部件，科学仪器以及特殊用途。黑樱桃也可作观赏树种，用于庭园绿化。黑樱桃树皮具有药用价值，可提取止咳、滋补和镇静剂药物。果实可食用、可生食，加入果酒和果冻中，用于制作调料酒和白兰地酒，具有多方面的商业价值。可以在适宜区域作为用材树种适当推广。

040 欧洲月季

别名:欧月、现代月季   **学名:*Rosa chinensis* Jacq.**   **科名:蔷薇科**   **属名:蔷薇属**

· 识别特征

直立灌木,高1~2 m。小枝粗壮,圆柱形,近无毛,有短粗的钩状皮刺或无刺。小叶3~5,稀7,连叶柄长5~11 cm,小叶片宽卵形至卵状长圆形,长2.5~6 cm,宽1~3 cm,先端长渐尖或渐尖,基部近圆形或宽楔形,边缘有锐锯齿,两面近无毛,上面暗绿色,常带光泽,下面颜色较浅,顶生小叶片有柄,侧生小叶片近无柄,总叶柄较长,有散生皮刺和腺毛;托叶大部贴生于叶柄,仅顶端分离部分成耳状,边缘常有腺毛。花几朵集生,稀单生,直径4~5 cm;花梗长2.5~6 cm,近无毛或有腺毛,萼片卵形,先端尾状渐尖,有时呈叶状,边缘常有羽状裂片,稀全缘,外面无毛,内面密被长柔毛;花瓣重瓣至半重瓣,红色、粉红色至白色,倒卵形,先端有凹缺,基部楔形;花柱离生,伸出萼筒口外,约与雄蕊等长。果卵球形或梨形,长1~2 cm,红色,萼片脱落。花期4~9月,果期6~11月。

· 分布区域

河南各地普遍栽培。

· 评价

自1867年开始,由于中国古老月季优秀遗传基因的融合作用以及其他因素的共同影响,欧洲月季新品种就在数量上和品质上实现了一次巨大的飞跃。也正是因为这次巨大的飞跃,才使得现代月季更具观赏价值和经济价值。现代月季的花型一般分为高心翘角型、高心卷边型、翘角杯状型、翘角盘状型、卷边盘状型、荷合型、牡丹型等。而目前欧洲培育的月季新品种突破了这些传统花型,培育出花上花型、菊花型等,而且花色上出现了咖啡色、深蓝色等奇异颜色,打破了人们对月季固有的花型花色印象。现代欧洲月季品种繁多,如花瓣瓣质的加厚型的,主要是大花(庭院观赏型、切花观赏型)瓣质的加厚,自然增加了瓣脉的粗度、水分含量、质感和挺括度(物理强度),从而达到了延长露地和切花品种观赏寿命的目的。其代表品种有:1996年法国育成的粉红色品种'莫泊桑'(Guy de Maupassant)、2000年育成的黑红色品种'黑巴卡拉'(Black Baccara)等;浓香型的新品种,如1994年法国育成的黄色品种'热望'(Warm Wishes)。这些品种盛开时散发出沁人心脾的浓郁香气,花开后期甚至花瓣脱落后仍香气十足,即使制成永生花(干花),香气仍能保持很长时间。类似的品种还有很多,堪称现代月季中的绝佳品种。自20世纪50年代至今,国内已经通过各种渠道引进欧洲月季几千种。值得注意的是,某个或某一批品种引进的时间与该国育成的时间总是不对等的,引进时间比育成的时间平均晚5年以上。首先,培育一个月季新品种要经历授粉、结实、育种、测试、选育等复杂程序。这些程序要周而复始地进行,耗费大量人力、物力、财力。正式育成后还要办理知识产权保护程序,再进行扩繁、宣传等。此外,我国引进的月季品种,绝大多数还是保存在月季园或苗圃里;也正是由于这样"引而不用""育而不用",才导致越来越多的月季品种资源流失,造成了不可挽回的损失。我们不仅要"育"、要"引",更要"用"。只有在月季切花和苗木生产中,不断增加并及时更新品种,才能在花卉园林中展示丰富多彩的生物多样性。

041　倭海棠

别名:日本木瓜、圆子、楂子、东洋锦、倭海棠和日本海棠
学名:*Chaenomeles japonica*(Thunb.)Spach　　科名:蔷薇科　属名:木瓜属

·识别特征

矮灌木。枝条广开,有细刺;小枝粗糙,圆柱形,幼时具茸毛,紫红色,二年生枝条有疣状突起,黑褐色,无毛;冬芽三角卵形,先端急尖,无毛,紫褐色。叶片倒卵形、匙形至宽卵形,先端圆钝,稀微有急尖,基部楔形或宽楔形,边缘有圆钝锯齿,齿尖向内合拢,无毛;叶柄无毛;托叶肾形有圆齿。花簇生,花梗短或近于无梗,无毛;萼筒钟状,外面无毛;萼片卵形,稀半圆形,比萼筒约短一半,先端急尖或圆钝,边缘有不显明锯齿,外面无毛,内面基部有褐色短柔毛和睫毛;花瓣倒卵形或近圆形,基部延伸成短爪,砖红色;雄蕊40~60枚,长约花瓣之半;花柱基部合生,无毛,柱头头状,有不明显分裂,约与雄蕊等长。果实近球形,黄色,萼片脱落。花期3~6月,果期8~10月。

·分布区域

原产日本。河南各地普遍栽培。

·评价

倭海棠为既可观花又可赏果的优良花木,其枝节有刺,多作地被、绿篱和基础种植,亦可在草坪、庭院中孤植、丛植。倭海棠不但可以用于作公园、庭院、小区、街市等绿化美化的花灌木,而且也可作为盆栽观赏或制作盆景置阳台、房前、走廊等处进行观赏。倭海棠的果实为药材的习用品,具有化湿和胃、舒筋活络的功效。

042　欧洲花楸

学名:*Sorbus aucuparia* L.　　科名:蔷薇科　属名:花楸属

·识别特征

落叶乔木。树皮灰色,冠形宽锥形;芽圆锥形,红褐色,有光泽;枝条呈平直状;叶为羽状复叶,小叶7~15对,叶先端渐尖,边缘有锐齿,叶表面暗绿色,光滑,叶背面浅绿色,幼时有茸毛,秋季变为红色;复伞房花序达 15 cm,常形成很重的果序,白色;浆果状梨果,扁球形,果橘红色。

· 分布区域

原产欧洲和亚洲西部。目前河南省少量栽培。

· 评价

欧洲花楸是集观赏花、叶、果等价值于一身的珍贵花木。树干端直,树形魁梧,枝条伸展性好,冠幅呈卵圆形,具有四季皆宜的观赏效果。可在家庭花园作为独立木、观赏灌木或沿高速公路密集栽植、用于公园和城市美化都是非常好的。果实具有收敛、利尿和抗坏血病的药用功效,果实可用于果汁、果酱、罐头、果脯等食品和饮料的加工,叶子具有通便、祛痰功效。欧洲花楸为喜光和半耐阴先锋树种,耐旱性、适应性、耐寒力强,栽培性状优良,既可耐冷湿环境,也能耐干燥、瘠薄土壤,所以欧洲花楸亦可广泛用于绿化荒山、保持水土,在生态的恢复和重建中具有广阔的市场前景。欧洲花楸也是一个优良的园林绿化、经济林树种。

043 英国山楂

别名:红花山楂　学名:*Crataegus oxyacantha* L.　科名:蔷薇科　属名:山楂属

· 识别特征

多年生木质灌木,枝条繁茂,耐严寒,花期 5 ～6 月,花白色,红或粉红色,五瓣,虫媒花,香味浓烈怡人,种子 9 ～10 月成熟,果鲜红。

· 分布区域

原产英国。目前河南省郑州等地有引种栽培。

· 评价

英国山楂是从英国引进的蔷薇科的一个树种,种子随鸟传播,除潮湿泥炭土壤或贫瘠酸性土壤生长不良外,适宜于各种土壤生长,尤其耐黏土与贫瘠土壤,耐阴,极耐盐碱,极耐旱,抗大气污染,可作为"四旁"绿化、园林绿化栽培。树冠整齐、花繁叶茂,果实鲜红可爱,是观花、观果或秋季色叶的优良园林绿化树种。枝干多带刺,适宜用作海滨公园防护绿篱,现今在欧洲、北美等地随处可见。英国山楂的花、叶提取物可入药。中国苗木市场通常称该品种为"红云山楂",以其春季满树红花而得名,冬季红果累累,果实清甜可食。

044　东京樱花

别名: 日本樱花、樱花　　**学名:** *Cerasus yedoensis*(Matsum.)Yu et Li　　**科名:** 蔷薇科
属名: 樱属

· 识别特征

乔木。树皮灰色。小枝淡紫褐色,无毛,嫩枝绿色,被疏柔毛。冬芽卵圆形,无毛。叶片椭圆卵形或倒卵形,先端渐尖或骤尾尖,基部圆形,稀楔形,边有尖锐重锯齿,齿端渐尖,有小腺体,上面深绿色,无毛,下面淡绿色,沿脉被稀疏柔毛,有侧脉 7~10 对;叶柄密被柔毛,顶端有 1~2 个腺体或有时无腺体;托叶披针形,有羽裂腺齿,被柔毛,早落。花序伞形总状,总梗极短,先叶开放;总苞片褐色,椭圆卵形,两面被疏柔毛;苞片褐色,匙状长圆形,边有腺体;花梗被短柔毛;萼筒管状,被疏柔毛;萼片三角状长卵形,先端渐尖,边有腺齿;花瓣白色或粉红色,椭圆卵形,先端下凹,全缘二裂;雄蕊约 32 枚,短于花瓣;花柱基部有疏柔毛。核果近球形,黑色,核表面略具棱纹。花期 4 月,果期 5 月。

· 分布区域

原产日本。目前河南省广泛栽培。

· 评价

东京樱花花色幽香艳丽,但是花期很短,仅保持 1 周左右就凋谢,为园林中重要的春季观花树种,是观赏价值极高的绿色树种,可植于山坡、庭院、路边、建筑物前。该种在日本栽培广泛,也是中国引种最多的种类,可孤植或群植于庭院、公园、草坪、湖边或居住小区等处,远观似一片云霞,绚丽多彩,也可以列植或和其他花灌木合理配植于道路两旁,或片植作专类园。有的人在日本将樱花鲜花瓣磨成花蜜制作果酱和调味品。东京樱花是一种可以入药的特色植物,它的树皮和木材中都有多种药用成分存在,东京樱花的树皮可以宣肺止咳,用于治疗咳嗽、发热。东京樱花是一种天然的美容佳品,它可以收缩毛孔,也能平衡皮肤的油脂,能让皮肤变得水嫩细滑。东京樱花中有多种维生素,其中维生素 E 和维生素 C 的含量都很高,这两种维生素都可以直接作用于皮肤细胞,对美容肌肤作用特别明显,在东京当地有多种用东京樱花制成的美容用品,使用效果都是特别出色的。

045　欧洲甜樱桃

别名: 欧洲樱桃　　**学名:** *Cerasus avium*(L.)Moench.　　**科名:** 蔷薇科　　**属名:** 樱属

· 识别特征

乔木。树皮黑褐色。小枝灰棕色,嫩枝绿色,无毛,冬芽卵状椭圆形,无毛。叶片倒卵

状椭圆形或椭圆卵形,先端骤尖或短渐尖,基部圆形或楔形,叶边有缺刻状圆钝重锯齿,齿端陷入小腺体,上面绿色,无毛,下面淡绿色,被稀疏长柔毛,有侧脉 7~12 对;叶柄无毛;托叶狭带形,边有腺齿。花序伞形,有花 3~4 朵,花叶同开,花芽鳞片大形,开花期反折;总梗不明显;花梗长,无毛;萼筒钟状,无毛,萼片长椭圆形,先端圆钝,全缘,与萼筒近等长或略长于萼筒,开花后反折;花瓣白色,倒卵圆形,先端微下凹;雄蕊约 34 枚;花柱与雄蕊近等长,无毛。核果近球形或卵球形,红色至紫黑色;核表面光滑。花期 4~5 月,果期6~7月。

· 分布区域

原产欧洲及亚洲西部。目前河南省各地广泛栽培。

· 评价

由于欧洲甜樱桃果实外观美、色泽艳、风味佳,享有"春果第一枝"的美称。又因其产值高、上市早、市场需求大,各樱桃适栽地区均把欧洲甜樱桃列为果树生产的重要树种。欧洲甜樱桃营养丰富,果型大,口味独特,可生食或制罐头,樱桃汁可制糖浆、糖胶及果酒;且根、枝、叶以及果肉果核均可入药,尤其是甜樱桃的果肉,所含多种有机物质具有较高的保健价值和医疗功效;核仁可榨油,似杏仁油。有重瓣、粉花及垂枝等品种可作观赏植物。欧洲甜樱桃也可医用,其果实具有生津、开胃、利尿的功效;其樱花皮、木材内含龙胆酸的5-葡萄糖甙和5-鼠李糖葡萄糖甙、樱桃甙,木材含d-儿茶素,茎、叶含槲皮素3-半乳糖甙,嫩叶含香豆素、反式-邻羟基桂皮酸葡萄糖甙、氰甙等成分;种仁含脂肪油32%,主要含a-桐酸、谷甾醇,用于治疗咳嗽、发热等症状。

046 欧洲李

别名:酸梅、西洋李、洋李　　学名:*Prunus domestica* L.　　科名:蔷薇科　　属名:李属

· 识别特征

落叶乔木,树冠宽卵形,树干深褐灰色,开裂,枝条无刺或稍有刺;老枝红褐色,无毛,皮起伏不平,当年生小枝淡红色或灰绿色,有纵棱条,幼时微被短柔毛,以后脱落近无毛。冬芽卵圆形,红褐色,有数枚覆瓦状排列鳞片,通常无毛。叶片椭圆形或倒卵形,先端急尖或圆钝,稀短渐尖,基部楔形,偶有宽楔形,边缘有稀疏圆钝锯齿,上面暗绿色,无毛或在脉上散生柔毛,下面淡绿色,被柔毛,边有睫毛,侧脉 5~9 对,向顶端呈弧形弯曲,而不达边缘;叶柄密被柔毛,通常在叶片基部边缘两侧各有一个腺体;托叶线形,先端渐尖,幼时边缘常有腺,早落。花簇生于短枝顶端;花梗无毛或具短柔毛;萼筒钟状,萼片卵形,萼筒和萼片内外两面均被短柔毛;花瓣白色,有时带绿晕。核果通常卵球形至长圆形,稀近球形,通常有明显侧沟,红色、紫色、绿色、黄色,常被蓝色果粉,果肉离核或黏核;核广椭圆形,顶端有尖头,表面平滑,起伏不平或稍有蜂窝状隆起;果梗无毛。花期5月,果期9月。

· 分布区域

原产西亚和欧洲。在河南郑州、洛阳、济源、商丘等地有栽培。

· 评价

由于长期栽培,品种甚多。有绿李、黄李、红李、紫李及蓝李等品种群。欧洲李是一种低热量、低脂肪、低糖、低血糖生产指数的食品,富含维生素C、维生素K和维生素A,膳食纤维,以及钾、铜、硼等矿物质,还含有很高的多酚类物质,如绿原酸、花青素、原花青素等。欧洲李果实除供鲜食外,还可制作糖渍、蜜饯、果酱、果酒,含糖量高的品种作李干。欧洲李优良品种品质优、产量高、抗性强,综合性状表现突出,适逢中秋节和国庆节成熟上市,经储藏可供应元旦和春节市场,市场需求量大,售价高,适于大面积发展。欧洲李具有与蓝莓相当的抗氧化活性且含有更为丰富的植物营养素,具有保护心血管系统、抗结肠癌活性、预防老化相关的认知缺陷、缓解便秘、促进骨骼健康等营养功效。欧洲李是一种极抗旱、抗病虫的灌木树种,适应能力强,可耐 –35 ℃低温,有极强的固土保水作用,而且株丛矮小,花朵密集,十分美观。欧洲李茎叶营养价值高,可考虑与畜牧业结合进行开发,以提高种植的综合经济效益。

047 西洋梨

别名:巴梨、葫芦梨、米格阿木觉、茄梨、洋梨　　学名:*Pyrus communis* L.　　科名:蔷薇科 属名:梨属

· 识别特征

乔木。树冠广圆锥形;小枝有时具刺,无毛或嫩时微具短柔毛,二年生枝灰褐色或深褐红色;冬芽卵形,先端钝,无毛或近于无毛。叶片卵形、近圆形至椭圆形,先端急尖或短渐尖,基部宽楔形至近圆形,边缘有圆钝锯齿,稀全缘,幼嫩时有蛛丝状柔毛,不久脱落或仅下面沿中脉有柔毛;叶柄细,幼时微具柔毛,以后脱落;托叶膜质,线状披针形,微具柔毛,早落。伞形总状花序,具花6~9朵,总花梗和花梗具柔毛或无毛;苞片膜质,线状披针形,被棕色柔毛,脱落早;萼筒外被柔毛,内面无毛或近无毛;萼片三角披针形,先端渐尖,内外两面均被短柔毛;花瓣倒卵形,先端圆钝,基部具短爪,白色;雄蕊20,长约花瓣之半;花柱5,基部有柔毛。果实倒卵形或近球形,绿色、黄色,稀带红晕,具斑点,萼片宿存。花期4月,果期7~9月。

· 分布区域

原产欧洲及亚洲西部。目前河南省西部地区栽培较多。

· 评价

西洋梨是与东方梨齐名的世界两大栽培类型梨之一,以肉质细软、石细胞少、芳香多汁而闻名于世。西洋梨果属偏碱性食物,所含糖分中多果糖和葡萄糖,是强身的基本营养,另含苹果酸及柠檬酸,解渴、散热、利尿,而且其中维生素 C 含量丰富,美白肌肤,美容养颜。除可帮助体内肠胃消化,也可增加粪便体积,是一种营养价值高的水果。西洋梨为树果,采摘期到食用期有一段时间,其间须冷藏、储存、运送,因此农药也随时间的推移降到安全量下,故西洋梨的食用较安全。西洋梨未加蜡,用纸隔离及保存,感染及摩擦减少,清洗时由蒂部向下冲洗及刷去污尘,可连皮吃,蒂部不吃即可。西洋梨与大多数梨子一样具有清热去炎症的功效,因其味道有些微苦,有清肺去火的作用,对人体的血液热毒有很明显的清理效果。西洋梨还具有滋阴养肺的作用,对于咳嗽、痰多有很好的清理作用,可以分解为水分排出人体,提高人体的抵抗水平,而且西洋梨对于人体内的酒精有一定的分解作用,具有一定的解酒功效。

048 黑莓

别名:黑草莓、草莓树　　**学名:***Rubus* spp.　　**科名:**蔷薇科　　**属名:**悬钩子属

・**识别特征**

黑莓树呈灌木型,树姿半直立、无刺。萌枝由根茎基部生出,当年以营养生长为主,次年大量开花结果,4~5 年后多数枝条自然枯死,由新的萌枝所取代。枝蔓紫红色、蜡质皮层,1 年生枝条为绿色,2 年生以上枝条略带紫色。叶片卵形或心脏形,3 出复叶和 5 出复叶,叶缘呈锯齿状,叶片正、反面有茸毛。花芽为混合芽,两性花,顶生圆锥花序,5 月下旬开花,花浅粉红色,开花顺序由植株基部向上依次进行,自花结实。果实为聚合果,穗状葡萄样,呈圆柱形或长球形,6 月底成熟,果实透亮、艳紫黑色,风味独特,香气浓郁。

・**分布区域**

原产美国。目前河南省郑州、新乡等地有栽培。

・**评价**

黑莓富含原花青素、SOD、硒、鞣花酸和类黄酮等高效抗氧化活性物质,20 种氨基酸和微量元素,目前发现含营养成分 40 种以上,其中原花青素、SOD、氨基酸,以及钙、铁、锌、硒、维生素等是我们所熟知的蓝莓的几倍甚至几百倍,因此被欧美国家赞誉为"生命之果""黑钻石"。果实柔嫩多汁,口味香甜,微酸,富含糖、果酸及多种维生素,除鲜食外,可进行食品开发利用。果实因色素含量高而呈黑色,果汁则为鲜艳的紫红色,可作为酸碱度指示剂。同时,其色素耐热性强,在无直射光条件下果汁可保存 3 年不变色,是天然饮料最理想的色素添加剂。

049 刺槐

别名:洋槐　学名:*Robinia pseudoacacia*　科名:豆科　属名:刺槐属

- 识别特征

落叶乔木,树皮灰褐色至黑褐色,浅裂至深纵裂,稀光滑。小枝灰褐色,幼时有棱脊,微被毛,后无毛;具托叶刺,冬芽小,被毛。羽状复叶;叶轴上面具沟槽;小叶2~12对,常对生,椭圆形、长椭圆形或卵形,先端圆,微凹,具小尖头,基部圆至阔楔形,全缘,上面绿色,下面灰绿色,幼时被短柔毛,后变无毛;小托叶针芒状,总状花序腋生,下垂,花多数,芳香;苞片早落;花萼斜钟状,萼齿5,三角形至卵状三角形,密被柔毛;花冠白色,各瓣均具瓣柄,旗瓣近圆形,先端凹缺,基部圆,反折,内有黄斑,翼瓣斜倒卵形,与旗瓣几等长,基部一侧具圆耳,龙骨瓣镰状,三角形,与翼瓣等长或稍短,前缘合生,先端钝尖;雄蕊二体,对旗瓣的1枚分离;子房线形,无毛,花柱钻形,上弯,顶端具毛,柱头顶生。荚果褐色,或具红褐色斑纹,线状长圆形,扁平,先端上弯,具尖头,果颈短,沿腹缝线具狭翅;花萼宿存,有种子2~15粒;种子褐色至黑褐色,微具光泽,有时具斑纹,近肾形,种脐圆形,偏于一端。花期4~6月,果期8~9月。

- 分布区域

原产美国东部,17世纪传入欧洲及非洲。河南境内广泛分布。

- 评价

刺槐价值大,体现在多个方面。

园林价值:

(1)本种根系浅而发达,易风倒,适应性强,为优良固沙保土树种。华北平原的黄淮流域有较多的成片造林,其他地区多为"四旁"绿化和零星栽植,习见为行道树。

(2)刺槐树冠高大,叶色鲜绿,每当开花季节绿白相映,素雅而芳香。可作为行道树、庭荫树。

(3)对二氧化硫、氯气、光化学烟雾等的抗性都较强,是工矿区绿化及荒山荒地绿化的先锋树种。

使用价值:

(1)材质硬重,抗腐耐磨,宜作枕木、车辆、建筑、矿柱等多种用材;生长快,萌芽力强,是速生薪炭林树种;又是优良的蜜源植物。

(2)刺槐生长迅速,木材坚韧,纹理细致,有弹性,耐水湿,抗腐朽,是重要的速生用材树种。叶含粗蛋白,可做饲料;花是优良的蜜源,种子榨油供做肥皂及油漆原料。

(3)在食品工业上,槐豆胶常与其他食用胶复配用作增稠剂、持水剂、黏合剂及胶凝剂等。

药用价值:止血。主治大肠下血、咯血、吐血及妇女红崩。

050　香花槐

别名:富贵树　学名:*Robinia pseudoacacia* cv. Idaho　科名:豆科　属名:槐属

·识别特征

落叶乔木,树干褐至灰褐。树冠开阔,树干笔直,树景壮观,全株树形自然开张。叶互生,光滑有光泽。总状花序,花红色,有浓郁芳香,可同时盛开 200 ~ 500 朵小红花。东北地区每年 5 月、7 月两次花期,黄河以南、长江以北地区 3 次开花,长江以南地区春、夏、秋连续开花。花期长,花量多,花朵大,花形美,观赏性强。

·分布区域

原产西班牙,在我国南北地区各省区广泛栽培,华北和黄土高原地区尤为多见。河南境内广泛栽培。

·评价

首先,香花槐具有一定的观赏价值。香花槐自然生长树冠开张,树形优美,无须修剪。香花槐树木高大,外形优美,开花次数多且花期长,花朵外形美丽且香味浓郁,种植第三年即可进入盛花期,因此具有很高的观赏价值。最具推广价值的是耐寒抗旱,适应性强,南北皆宜。其次,香花槐有很大的经济价值。苗木市场潜力巨大,优质纯正绿化苗木将长期供不应求。叶含有丰富的营养物质,其中枝、叶、根是燃料;嫩叶也是肥料;花是上等蜜源和食品,并可入药。材质优良,可在建筑、车辆、农具、枕木、矿柱、家具等方面发挥作用,经济效益将十分可观。香花槐适应性强,无论南北方、东西部,还是山区、平原,均可栽种。是营造速生用材林、经济林、薪炭林、水土保持林、防风固沙林、风景林、饲料林的主要树种。可用于江河两岸绿化,小流域治理及荒山荒坡、平原绿化,因此香花槐具有保持水土、防风固沙、改善生态环境的独特功效。最后,香花槐的环保价值不容忽视。香花槐叶绿体厚,可抗二氧化硫、氯气、氮氧化物和化学烟雾,并可吸收、吸附空气中的铅等对人体有害的粉尘和蒸汽,起到净化空气和改善生态环境的特殊作用,所以有很高的环保价值。

051　加拿大紫荆

学名:*Cercis Canadensis* L.　科名:豆科　属名:紫荆属

·识别特征

小乔木,加拿大紫荆的花朵从粉色到紫红色都有,少有白色的。花梗数量 2 ~ 8 个。

雌雄同株,开花期 3~5 月,授粉通常借助蜜蜂来完成。叶片长出后 2~3 d 开始开花。果实红棕色,扁平。果实都含有 4~6 粒棕色坚硬的种子。

· 分布区域

原产加拿大南部、美国东部和墨西哥北部。目前河南省各地广泛栽培。

· 评价

紫荆叶大,呈心形,早春先花后叶,新枝老干上布满簇簇紫红花,似一串串花束,艳丽动人,可做小型绿地,庭院及住宅区景观树种或群植的背景树种。可孤植于庭院或大片草坪中,也可与其他绿叶色种及彩色树搭配混植,达到相互映衬、共造景观的艺术效果。由于加拿大紫荆耐暑耐寒、极易成活,有"铁娘子"的美誉。该品种喜光,对土壤要求不严,喜肥沃、疏松、排水良好的土壤,萌蘖性强,耐修剪,对氯气有一定的抗性,滞留尘埃的能力较强。为国外广泛采用的精品园林绿化树种,近年来市场前景极为火爆。加拿大紫荆包括加拿大紫荆及其变种的紫叶加拿大紫荆、加拿大红叶紫荆。加拿大紫荆是种子繁育,叶子一年三季都是绿色,生长直立较好,和国内普通紫荆非常相似。而加拿大红叶紫荆是通过嫁接繁育,一年三季都是紫红色的树叶。所以,在现今彩叶化苗木市场的进程中,加拿大红叶紫荆比加拿大紫荆的前景更加广阔。

052 苏格兰金链树

别名:金满园、黄金树、毒豆　学名:*Laburnum alpinum*　科名:蝶形花科　属名:毒豆属

· 识别特征

观花小乔木,树冠开展,树皮灰色,厚鳞片状开裂。叶对生,广卵形至卵状椭圆形,背面被白色柔毛。圆锥花序顶生,花冠白色,形稍歪斜,下唇裂片微凹,内面有 2 条黄色脉纹及淡紫褐色斑点。花色澄黄如金。春夏之交,串串花序下垂,金色小花环环相扣,犹如金链,美不胜收。荚果,成熟时 2 瓣裂;种子长圆形,扁平,两端有长毛。花期 5 月,果期9 月。

· 分布区域

原产欧洲的中部和南部地区。目前河南省郑州、驻马店等地有引种栽培。

· 评价

苏格兰金链树可用于作园林绿化,是西方相当受欢迎的庭院植物,在欧洲和美洲栽植非常广泛。春季,金链树树梢开满瀑布般黄澄澄的花,宛如一串串黄金珠链,让人精神愉悦。既可做行道树,又可做专类园、群植、独植或三五一排,开花的时候非常漂亮、壮观,整体园林景观效果奇佳。金链花还可食用,既可凉拌,也可制作面点。而且金链树材质密度高、坚硬,易于上漆,常用于制作吉他、小提琴等乐器和家具,或作为镶嵌装饰用材等。种子含有一种叫野靛碱(也叫司巴丁)的生物试剂,能反射性地兴奋呼吸,同时对大脑循环具有增压作用。主要用于治疗新生儿窒息及各种疾病引起的呼吸衰竭,医学价值还在进一步的研究之中。独特的植物特性和景观效果,既可应用于城市园林造景,又可选择林区大面积造林,在甘肃省广大地区具有很高的推广价值。

053 紫穗槐

别名:椒条、棉条、棉槐、紫槐、槐树　**学名**:*Amorpha fruticosa* L.　**科名**:豆科
属名:紫穗槐属

· 识别特征

落叶灌木,丛生。小枝灰褐色,被疏毛,后变无毛,嫩枝密被短柔毛。叶互生,奇数羽状复叶,有小叶 11～25 片,基部有线形托叶;小叶卵形或椭圆形,先端圆形,锐尖或微凹,有一短而弯曲的尖刺,基部宽楔形或圆形,上面无毛或被疏毛,下面有白色短柔毛,具黑色腺点。穗状花序常 1 至数个顶生和枝端腋生,密被短柔毛;花有短梗;花萼被疏毛或几无毛,萼齿三角形,较萼筒短;旗瓣心形,紫色,无翼瓣和龙骨瓣;雄蕊下部合生成鞘,上部分裂,包于旗瓣之中,伸出花冠外。荚果下垂,微弯曲,顶端具小尖,棕褐色,表面有凸起的疣状腺点。花、果期 5～10 月。

· 分布区域

原产美国东北部和东南部。河南境内广泛分布。

· 评价

紫穗槐实用价值非常强。药用方面,有清热、凉血、止血功效。其观赏性很强,枝叶繁密,又为蜜源植物。根部有根瘤可改良土壤,枝叶对烟尘有较强的吸附作用。又可用作水土保持、被覆地面和工业区绿化,也常作防护林带的林木用。是黄河和长江流域很好的水土保持植物。枝叶作绿肥;枝条用以编筐;果实含芳香油,种子含油10％,可作油漆、甘油和润滑油的原料。紫穗槐为高肥效,高产量的"铁杆绿肥"足够供三四亩地的肥料。多有根瘤菌,用于改良土壤又快又好。其经济价值较高,紫穗槐叶量大且营养丰富,含大量粗蛋白、维生素等,是营养丰富的饲料植物。紫穗槐枝条柔韧细长、光滑均匀,是编织筐、篓的好材料。紫穗槐虽为灌木,但枝条直立匀称,可以经整形培植为直立单株,树形美观。对城市中二氧化硫有一定的抗性,也是难得的城市绿化树种。可作为防护林,紫穗槐抗风力强,生长快,生长期长,枝叶繁密,可栽植于河岸、河堤、沙地、山坡及铁路沿线,是防风林带紧密种植结构的首选树种。紫穗槐郁闭度高,截留雨量能力强,萌蘖性强,根系广,侧根多,生长快,不易生病虫害,具有根瘤,改土作用强,耐瘠、耐水湿和轻度盐碱土,又能固氮,是保持水土的优良植物材料。

054 多花紫藤

别名:日本紫藤　学名:*Wisteria floribunda*　科名:豆科　属名:紫藤属

· 识别特征

落叶藤本。树皮赤褐色。茎右旋,枝较细柔,分枝密,叶茂盛,初时密被褐色短柔毛,后秃净。托叶线形,早落;小叶薄纸质,卵状披针形,自下而上等大或逐渐狭短,先端渐尖,基部钝或歪斜,嫩时两面被平伏毛,后渐秃净;干后变黑色,被柔毛;小托叶刺毛状,易脱落。总状花序生于当年生枝的枝梢,同一枝上的花几同时开放,下部枝的叶先开展,自下而上顺序开花;花序轴密生白色短毛;苞片披针形,早落;花梗细;花萼杯状,与花梗同被密绢毛,上方2萼齿甚钝,圆头,下方3齿锐尖,最下1齿甚长;花冠紫色至蓝紫色,旗瓣圆形,先端圆,基部略作心形,翼瓣狭长圆形,基部截平,具小尖角,龙骨瓣较阔,近镰形,先端圆钝;子房线形,密被茸毛,花柱上弯,无毛,胚珠8粒。荚果倒披针形,平坦,密被茸毛;种子紫褐色,具光泽,圆形。花期4月下旬至5月中旬,果期5~7月,荚果宿存枝端。

· 分布区域

原产日本。目前河南省公园绿地有少量应用。

· 评价

多花紫藤具有很多方面的价值:

(1)观赏价值。多花紫藤是一种木质的植物,而且整体的叶子和花卉是花紫色或者蓝紫色,颜色比较鲜艳。在以红色为主的花卉中,多花紫藤显得尤其突出。多花紫藤花序大,有极高的观赏价值,多用于大型棚架、花架、墙垣边、山石及老树干绿化,也是庭院绿化的优良材料。

(2)园艺价值。多花紫藤一般在春天到夏天的时候开放,是一种很好的园艺材料。多花紫藤的园艺品种多种多样,作为园艺艺术品来说,符合品种多样化以及姿态特殊化的要求,是一种可雕琢性很强的花卉。而且多花紫藤的生命力非常顽强,可以很快地适应新的环境,培育成本比较低。

(3)药用价值。多花紫藤以茎皮、花及种子入药。多花紫藤花可以提炼芳香油,并可以解毒、止吐泻。多花紫藤的种子有微毒,含有氰化物,可以治疗筋骨疼,还能防止酒腐变质。多花紫藤皮可以杀虫、止痛,可以治风痹痛、蛲虫病等。

055 火炬树

别名:鹿角漆、火炬漆、加拿大盐肤木　学名:*Rhus typhina Nutt*　科名:漆树科
属名:盐肤木属

· 识别特征

灌木或小乔木。树皮黑褐色,稍具不规则纵裂。枝具灰色茸毛,幼枝黄褐色,被黄色长茸毛。叶互生,奇数羽状复叶,小叶披针形至长圆形,先端渐尖,基部圆形或宽楔形,边缘具锯齿,上面深绿色,下面苍白色,幼树均被茸毛,老时脱落。雌雄异株,顶生直立圆锥花序,密被茸毛;花小,密生,淡绿色,花柱具红色刺毛。小核果扁球形,聚为紧密的火炬形果穗。种子扁球形,黑褐色,种皮坚硬。9月果实成熟;10月中旬叶变红色,11月中旬叶落尽。

· 分布区域

原产北美。河南境内均有分布。

· 评价

火炬树利用价值:

(1)生态保护。火炬树不仅不会引"火"烧身,还可做防火树种。火炬树枝、叶含水率分别为30%、62%,其含水量与木荷相差无几,火炬树经长期驯化对土壤适应性强,广泛应用于人工林营建、退化土地恢复和景观建设,是良好的护坡、固堤、固沙的水土保持和薪炭林树种。

(2)经济价值。火炬树雌花序、果序均亮红似火炬,树皮、叶含有单宁,是制取鞣酸的原料;果实含有柠檬酸和维生素C,可提取食用色做饮料;种子含油蜡,可制肥皂和蜡烛;木材黄色,纹理致密美观,可雕刻、旋制工艺品;根皮可药用。火炬树单宁含量较高,是生产栲胶的优良原料,而且这种栲胶属混合类栲胶,应用领域十分广阔。其根、叶、花、树皮、种子、木材均有十分广泛的用途。火炬树生长快,枝干含水量高,油脂少,不易被燃烧,因此不能作为优良薪材树种。

(3)其他用途。火炬树单宁含量较高,是生产栲胶的优良原料,而且这种栲胶属混合类栲胶,应用领域十分广阔。火炬树作为外来物种,繁殖能力很强,尽管火炬树是否为入侵树种尚无定论,但是,对其在小面积范围内的大量繁殖进行控制已势在必行。

056 美国红栌

别名:红叶树、烟树、北美红叶　　**学名**:*Cotinus coggyria* 'Atropurpureus'　　**科名**:漆树科
属名:黄栌属

·识别特征

落叶灌木或小乔木。树冠卵圆形至半圆形。叶片通常呈倒卵形,单叶互生,初春时树体全部叶片为鲜嫩的红色,春夏之交,叶片呈亮绿色,至盛夏时节,开始开花,杂性,圆锥花序密生,有暗紫色毛,枝条顶端花序絮状鲜红。之后整体叶色逐渐转为深红色,秋霜过后,叶片更加红艳美丽。树皮褐色或紫褐色,小枝紫红色。

·分布区域

原产美国。目前河南省各地广泛栽培。

·评价

美国红栌利用价值如下:

(1)观赏价值高。美国红栌叶色漂亮,春、夏、秋三季叶色变化,春季叶片鲜红,夏季叶片未能接受阳光照射开始渐渐转为绿色,树冠外围新生叶片始终为深红色,秋季整体叶色又逐渐转变为深红色。

(2)生长周期长。保持观景时间长,且颜色鲜艳。

(3)适应性强。美国红栌属落叶小乔木,生长速度快,耐剪,适应性强,对土壤要求不严格,耐干旱、贫瘠,盐碱性土壤都能种植,以深厚、肥沃、排水性良好的沙质土壤生长最好。抗病虫能力很强,从引种栽培以来,尚没有发现有专性寄生的病虫害。栽培简便,不仅成活率高,且树形好、生长快。

(4)用途广。美国红栌观叶时间、适应性能等各方面都明显优于现代园林常用的红叶彩色树种,可以用作绿化色块、彩色墙,也可以修剪成大小不同的彩色球植于草坪、绿带,尤其是作为高速公路两侧的防眩木,效果良好。同时,美国红栌还可以成小乔木用作行道树,用于荒山绿化。此外,也可用于庭院绿化、室内盆栽。

(5)药用价值。美国红栌枝叶可以入药,能消炎、清湿热。

(6)其他用途。红栌叶片对二氧化硫有较强吸附能力,木材可以提制黄色染料,并可做家具或雕刻用材。

057 美国皂荚

别名：三刺皂荚　学名：*Gleditsia triacanthos* L.　科名：豆科　属名：皂荚属

· 识别特征

落叶乔木或小乔木。树皮灰黑色，具深的裂缝及狭长的纵脊；小枝深褐色，粗糙，微有棱，具圆形皮孔；刺略扁，粗壮，深褐色，常分枝，少数无刺。叶为一回或二回羽状复叶（具羽片4～14对）；小叶纸质，椭圆状披针形，先端急尖，有时稍钝，基部楔形或稍圆，微偏斜，边缘疏生波状锯齿并被疏柔毛，上面暗绿色，有光泽，无毛，偶尔中脉疏被短柔毛，下面暗黄绿色，中脉被短柔毛。花黄绿色；雄花单生或数朵簇生组成总状花序；花序常数个簇生于叶腋或顶生，被短柔毛；萼片披针形；花瓣卵形或卵状披针形，与萼片两面均同被短柔毛，雄蕊6～9枚；雌花组成较纤细的总状花序，花较少，花序常单生，与雄花序近等长；子房被灰白色茸毛。荚果带形，扁平镰刀状弯曲或不规则旋扭，果瓣薄而粗糙，暗褐色，被疏柔毛；种子多数，扁，卵形或椭圆形，为较厚的果肉所分隔。花期4～6月，果期10～12月。

· 分布区域

原产美国。目前河南郑州等地有少量栽培。

· 评价

美国皂荚作为观赏树种，还具有其他用途：

（1）木材。木材坚实，纹理较粗，颇耐用。木材主要用来作柱材，少量作为建筑、车辆、支柱等用材。木材比重为0.70～0.80，也可用作薪炭材。

（2）荚果。美国皂荚结大量的荚果，荚果含有带甜味的果肉，人和动物都喜欢吃，因此常常把它种在牧场遮阴。荚果是高质量的牲畜饲料，特别是磨碎后使蛋白质含量高的种子更易消化。

（3）防止土壤侵蚀。美国皂荚具有发达的主根和大量的侧根，耐盐碱，很抗腐，耐低温、干旱，繁殖容易，因此美国皂荚成为温带和亚热带地区一个有价值的水土保持树种。

（4）观赏和遮阴。在很多温带地区的国家，例如南非、美国和澳大利亚，这种树常被栽在城市里和道路两旁，以起遮阴和美化环境的作用，也用于作绿篱（多刺的类型能作不可逾越的绿篱）和防风林带。

058 北美冬青

**别名:轮生冬青、美洲冬青　学名:*Ilex verticillata*(L.)A.Gray　科名:冬青科
属名:冬青属**

· 识别特征

落叶灌木,浅根性,主根不明显,须根发达;叶互生,单叶,长卵形,边缘硬齿状,表面无毛、绿色,嫩叶古铜色,叶背面略白且多毛;雌雄异株,花白色,着生叶腋处,雌花3~6朵丛生,雄花几十朵丛生;浆果,红色,2~3果丛生,单果种子数为4~6粒。

· 分布区域

原产美国东北部。河南境内有少量引种。

· 评价

北美冬青在园林上有着广泛的用途,既可作为切枝观赏,也可作居室盆栽,以及庭院美化。是美化冬季景色的优良树种,可列植、对植于庭前、门旁,丛植于草坪、路边、林缘等地,是一种秋冬极好的观果树种。切枝观赏:北美冬青切枝红果艳丽,水插期长达2个月,观赏价值高。市场广阔,需求量大,经济效益显著。居室盆栽:选择北美冬青矮生品种或通过生长激素矮化栽培,秋冬季果实红艳,挂果多、时间长,观赏效果好,十分适宜居室美化,富有喜庆、吉祥气氛。翌春植株萌芽、开花、结果,冬季就可作年宵花销售。环境美化:北美冬青树形美观,耐寒性强,病虫害少,是冬季庭院美化的优良树种。入冬后,叶片落尽,满枝鲜红的浆果直到春季,十分美观。

059 火焰卫矛

学名:*Euonymus alatus* cv.'Compacta'　科名:卫矛科　属名:卫矛属

· 识别特征

落叶灌木。树分枝多,长势整齐,树枝幼时绿色,无毛,老枝上生有木质栓翅。树冠圆整,顶端较平。叶椭圆形至卵圆形,有锯齿,单叶对生,春为深绿色,初秋开始变为火红色,如果天气干旱,叶片会较早出现红色,5~6月开黄花,花色浅红或浅黄色,聚伞花序。花期为5月至6月上旬,果红色,果期为9月至秋末。

· 分布区域

从欧洲引进到中国。目前河南省多地园林上有栽培应用。

· 评价

火焰卫矛的园林用途:一开始从欧洲引进到中国,凭借其秋天出色的亮红色叶片,并且持续数月,在园林行业被评为高档苗木之一。深秋叶色火红,其余季节叶片挺拔,为绿色,是非常漂亮的秋冬彩叶观赏植物。火焰卫矛作为背景植物栽种,或2~3株成堆栽植,或单株孤植,有的旁边配以绿色或金色的低矮松柏类植物,或是一些阔叶的小灌木,不同色彩、不同种类的植物相互搭配,既丰富了种类,符合生物多样性的需求,又可打破木本植物相对单调的色彩。可做树篱,也适宜群植。火焰卫矛用于花境时,花境的中间层次可种植些宿根花卉,最前面是花色艳丽的一、二年生草花,而密冠卫矛的亮丽叶色,不逊于鲜艳的草花,而其整株秋冬季的耀眼色彩,更能吸引人们的眼球,使得整个花境层次丰富、色彩明快。卫矛枝翅奇特,秋叶红艳耀目,果裂亦红,甚为美观,堪称观赏佳木。卫矛新叶亦红,夏季适当摘去老叶,施以肥水,可促使再发新叶,落叶后,枝翅如箭羽,宿存蒴果裂后亦红,冬态也颇具欣赏价值。但是火焰卫矛具有很强的入侵性,已被美国21个州列为入侵性物种。

060 北海道黄杨

别名:冬青卫矛、大叶黄杨、日本冬青、日本黄杨   学名:*Euonymus japonicus. cv. Cu zhi*
科名:卫矛科   属名:卫矛属

· 识别特征

常绿灌木,叶光亮革质,正面呈深绿色,背面为浅绿色,卵圆形或长椭圆形,叶缘呈浅波状。叶脉在主脉呈交互生长,叶背面呈突起状,手感特别明显,叶缘上反卷,叶芽饱满对生,顶芽粗壮。聚伞花序腋生,花序多着生在顶芽下第二对或第三对叶腋间,1~2回分枝,每分枝顶端有5~10个短梗小聚伞花序。花浅黄绿色,4基数,花丝细长,花盘肥大。蒴果近球形,有4浅沟,果嫩时呈浅绿色,向阳面为褐红色,成熟时果实呈黄色,每个果实内有种子一枚。种子有橙红色假种皮,种子近圆球形,11月成熟,成熟时果皮自动开裂,橙红色假种皮内的种子暴露出来,满树红果绿叶。花期6~7月,果期9~10月。

· 分布区域

原产日本。河南境内广泛栽培。

· 评价

适合我国北方寒冷、干旱地区栽培。北海道黄杨枝叶浓密,四季常青,浓绿光亮,观赏价值极高,适合于我国北方冬季寒冷、干旱的地区栽植,在城市庭院绿化中可以孤植、列植,亦可群植。由于具有一定耐阴能力,可用于营造道路混交林。其耐旱能力也优于普通的大叶黄杨;吸收有害气体的能力强,对二氧化硫、氢气、氟化氢等有害气体都有很强的抗性,可以盆栽及园林绿化,在城市、庭院绿化中可以植于花坛、建筑物、草坪四周,修剪成形,使园林整齐规则,也可剪扎成各种几何图形,还可以自然式配植于草坪、假山石畔,在城市可用于主干道绿带,是北方优良观赏树种,发展前景广阔,经济价值可观。木材细致,可以用作工艺品原料。树皮含硬橡胶,可作工业原料;其入药,有利尿、强壮之效。如今在不断加大苗木繁育的基础上,使北海道黄杨及其同类品种走出城市、集镇、园林、街道、公园、庭院,在道路、河岸、田间、地头经常有其身影。

061 美国红枫

别名:红花槭、北方红枫、北美红枫、沼泽枫、加拿大红枫　　**学名**:*Acer rubrum* 'Brandywine'　　**科名**:槭树科　　**属名**:槭属

· 识别特征

落叶大乔木。树形直立向上,树冠呈椭圆形或圆形,开张优美。单叶对生,叶片3~5裂,手掌状,叶表面亮绿色,叶背泛白,新生叶正面呈微红色,之后变成绿色,直至深绿色,叶背面是灰绿色,部分有白色茸毛。3月末至4月开花,花为红色,稠密簇生,少部分微黄色,先花后叶,叶片巨大。茎光滑,有皮孔,通常为绿色,冬季常变为红色。新树皮光滑,浅灰色。老树皮粗糙,深灰色,有鳞片或皱纹。果实为翅果,多呈微红色,成熟时变为棕色。

· 分布区域

原产美国东海岸。河南境内广泛栽培。

· 评价

适应性较强,耐寒、耐旱、耐湿。酸性至中性的土壤使秋色更艳。对有害气体抗性强,尤其对氯气的吸收力强,可作为防污染绿化树种。美国红枫是欧美经典的彩色行道树,叶色鲜红美丽,被广泛用于公园、小区、街道等绿化美化场所,既可以作为干旱地防护林树种和风景林,又可以作行道树,深受人们的喜爱,是近几年引进的美化、绿化城市园林的理想珍稀树种之一。同时,木材可制作家具、玩具、纸装等。美国红枫树通过割树皮,可以流出胶,被广泛应用于制造口香糖,这种香口胶在亚洲还被广泛应用于医药和糖果业。美国红枫树是非常重要的木材,在美国排在木材树种的第二位,产量仅次于橡树。美国红枫树苗可进行嫁接盆栽,红枫叶片增红的办法是生长期少施氮肥,多施磷钾肥,并适当多晒日光,但忌烈日暴晒。该树种生长迅速,是所有红枫品种中生长最快的品种。美国红枫有许多改良园艺品种,比较有代表性的有'秋焰槭'、'落日红枫'、'夕阳红'、'秋天烈火'和'北木'等。以美国红枫为代表的色叶植物在提升我国绿化建设水准和文化内涵方面显示出卓越的成效,还形成了经济效益和社会效益均非常可观的产业。

062 北美枫香

别名:胶皮枫香树　学名:*Liquidambar styraciflua*　科名:金缕梅科　属名:枫香树属

· 识别特征

落叶乔木。幼树塔形树冠,渐长成圆形或锥形树冠。树皮灰褐色,不规则开裂。顶芽壮,卵形。单叶互生,5~7裂,叶形似星状,长与宽几同,具细锯齿,叶搓碎后有香气。花单性同株,雌花小,头状花序,腋生,雄花圆锥花序,顶生,4~5月开放。球形蒴果,有刺,成熟期长,从11月至次年。

· 分布区域

原产北美地区。目前河南境内有引种栽培,主要集中在豫南地区。

· 评价

北美枫香最适于低山丘陵地区营造大面积风景林;在城市公园可孤植、丛植于河畔,或在山坡、建筑物前作庭荫树;可与其他高大树木群栽;也可在大型园林中作为屏障或树篱。因其生长迅速,外观有吸引力,花形独特,又具有特殊的香味,因此是常用的庭院观赏树之一。叶片春季暗绿色,夏季为亮绿色,秋季叶色变为黄色、紫色、红色及多色混合,落叶迟,部分地区叶片挂在树上不落至翌年2月,是非常好的园林观赏树种。更因生长快、生物量大、萌发力强、根深抗风,具很强的土壤适应性,水域边林地、干燥沙地都能生长,同样适合做用材林、防护林和湿地生态林。另外,北美枫香对二氧化硫、氯气有较强抗性,并具有耐火性,也很适合于厂矿区绿化。同时,北美枫香还可以用于建筑、医药、香料等行业,除了上述用途,它还可作为食用香料。

063 日本红枫

别名:日本红丝带　学名:*Acer palmatum atropurpureum*　科名:槭树科　属名:槭属

· 识别特征

落叶小乔木或灌木,枝红色横展直至下垂,主枝上伸,叶小而过密,蜡质有光泽,叶片五裂,猩红色,新叶出于农历2月,老叶落至11月,较红枫提早半个月出叶,落叶推迟1个月左右。

· 分布区域

原产日本。目前河南省各地广泛栽培。

· 评价

日本红枫树姿优美,枝叶秀丽鲜艳,春季血红,夏季新叶吐,红老叶返青,与时变幻,美轮美奂。可广泛应用于园艺小品的孤植或群栽,还可以应用于大园林、大色块中,成片的红枫林与绿色调的植物一块块组成图案,或与高大的落叶乔木组合成混合林,可令人感受层林尽染的壮丽。日本红枫是优秀的观叶园林植物新品种也很多。日本红枫可做盆景造型,广泛用于园林绿地及庭院做观赏树,以孤植、散植为主,也易于与景石相伴,观赏效果佳。日本红枫生长速度比普通国产红枫快得多,叶片颜色更鲜艳,耐寒性更强,是值得推广种植的一个理想树种。日本红枫比较适合当观赏盆景。形态优美,色彩品种也很多。日本红枫可做盆景造型,例如日本红枫赤金枫、橙之梦、红舞姬、蝴蝶枫、黄金枫皆可做盆景。红枫在高温干燥、烈日照射、盆土过干或积水、空气污染等环境中都会造成叶尖焦枯或卷叶,所以栽培时一定要注意。

064 梣叶槭

别名:复叶槭、美国槭、白蜡槭、糖槭 **学名**:*Acer negundo* L. **科名**:槭树科 **属名**:槭属

· 识别特征

落叶乔木。树皮黄褐色或灰褐色。小枝圆柱形,无毛,当年生枝绿色,多年生枝黄褐色。冬芽小,鳞片2个,镊合状排列。羽状复叶,有3~7(稀9)枚小叶;小叶纸质,卵形或椭圆状披针形,先端渐尖,基部钝一形或阔楔形,边缘常有3~5个粗锯齿,稀全缘,上面深绿色,无毛,下面淡绿色,除脉腋有丛毛外,其余部分无毛;主脉和5~7对侧脉均在下面显著;叶柄嫩时有稀疏的短柔毛,其后无毛。雄花的花序为聚伞状,雌花的花序为总状,均由无叶的小枝旁边生出,常下垂,花小,黄绿色,开于叶前,雌雄异株,无花瓣及花盘,雄蕊4~6枚,花丝很长,子房无毛。小坚果凸起,近于长圆形或长圆卵形,无毛;翅稍向内弯,张开成锐角或近于直角。花期4~5月,果期9月。

· 分布区域

原产北美洲。在河南省内广泛栽培。

· 评价

梣叶槭有三个亚种和近10个园艺品种,梣叶槭原种早在100多年前就引入我国,在东北地区广泛栽植,当地称其为糖槭或复叶槭。如今,金叶梣叶槭、花叶梣叶槭、红叶梣叶槭在国内园林中的应用也在逐年递增。早春开花,梣叶槭花蜜很丰富,是很好的蜜源植物。本种生长迅速,树冠广阔,夏季遮阴条件良好,可作行道树或庭园树,用于绿化城市或厂矿。作为多年生乔木,梣叶槭拥有极高的观赏价值,为世界著名的观赏树种。彩叶是它最大的特征,与其他槭树科植物不同之处在于,在年龄小的叶片上,春季萌发的新叶色彩

呈现夺目金色,而非红色或是绿色;"万绿丛中一点金",煞是惹人眼球。

065　栓皮槭

别名:篱槭　学名:*Acer campestre*　科名:槭树科　属名:槭属

· 识别特征

落叶乔木。树冠椭圆形或圆形。树皮灰棕色,浅裂。小枝细长,浅棕色,有皮孔。单叶对生,3～5 裂。伞房花序,花小,黄绿色。花期 5 月。翅果。

· 分布区域

原产于亚洲西部、欧洲和非洲北部。河南省郑州、驻马店有引种栽培。

· 评价

栓皮槭适应能力强,耐寒、耐干旱瘠薄,抗大气污染,能吸收醛、酮、醇、醚和致癌物质安息香吡啉等毒气,有净化空气的作用,适应偏酸性或偏碱性及沙质和黏质土壤,是优良的水土保持、防风固沙和水源涵养等防护林树种。生长慢,阳性或稍遮阴,在酸性和碱性土壤上均能生长,耐修剪,抗污染,无严重病虫害。耐寒极限 – 28 ℃。分枝低,不易自然形成良好的树形。种子或扦插繁殖,品种用嫁接法。树形紧凑,叶色深绿,秋叶可能变成黄色,可作行道树和绿地孤植树,也可做绿篱。是广泛种植在公园和大花园的观赏树种。木材坚硬,被用作木材车削和乐器。栓皮槭经济价值高,木材结构细致均匀,密度中等,材色悦目,常具美丽的花纹和光泽,是理想的室内装饰、各类高档家具用材;花香浓郁,是重要的蜜源植物;栓皮槭种子粒大,种仁含油率高达 48%,必需脂肪酸含量高,油质优良;种仁提油后,油粕是优良的食用蛋白质;种皮含优质活性单宁;同时,栓皮槭也是提取黄酮和绿原酸等医药工业的重要植物材料。

066　挪威槭

别名:紫叶挪威槭、红国王、国王枫、红帝挪威槭、大叶红枫　学名:*Acer platanoides*
科名:槭树科　属名:槭属

· 识别特征

落叶乔木。树冠卵圆形,枝条粗壮。树皮灰褐色,开裂,表面有细长的条纹。芽肥大,绛紫色。单叶对生,五裂,裂叶部分产生多个波状尖顶,折断时流白色乳汁。伞房花序,黄绿色,4 月先叶开花。翅果,双翅几乎成平角,9～10 月成熟。

· 分布区域

原产于欧洲及里海地区。目前全省各地广泛栽培。

· 评价

挪威槭家族品种众多,叶色丰富,秋叶以黄色为多,有些品种为金黄色、橘红色或红色,具有较高的观赏价值,是世界著名的行道树种。长势强,易移栽,适应各种土壤,酸性、碱性或瘠薄的土壤均可,但喜疏松肥沃、排水良好的土壤。喜充足光照,耐部分遮阴。耐干旱、盐碱能力中等,能忍受空气污染。挪威槭树形威武壮观,拥有国王般的豪迈气势,生命力非常旺盛。可用于公园点缀、街道两侧遮阴、高速公路中间隔离带和停车场绿化等,同时也是非常好的行道树种。树形美观,叶片紫红色,观赏性强,适应性强,弥补了中国红枫和日本红枫生长周期长、夏季叶片焦边、冬季不耐寒的弱点,是欧美地区非常流行的彩叶树种。挪威槭叶片硕大,叶缘带有较宽的金边,具有较高的观赏价值。挪威槭喜光照充足。在干燥地区种植,需进行深浇水。较耐寒,能忍受干燥的气候条件。喜肥沃、排水性良好的土壤。近年我国已引进栽培部分挪威槭系列优秀品种并用于园林景观营造,表现良好,应用前景广阔。

067 国王枫

学名:*Acer platanoides Crimsun King*　科名:槭树科　属名:槭属

· 识别特征

落叶乔木,树干笔直,枝叶致密。叶星形、对生、浅裂,叶缘锯齿状。春季叶片深红色,夏季变成红褐色、紫色或红色,秋天变为微红铜色或橘黄色,叶色绚丽,是少见的三季彩色树木品种,4月开花,花色浅红色、栗黄色或绿色,花茎红色。翼果绿色、红色或棕色。翼翅紫色,嫩枝棕色。

· 分布区域

原产欧洲及里海地区。目前全省各地广泛栽培。

· 评价

国王枫是挪威槭的一个变种,原产于美国北部地区,落叶乔木。是一种直立生长、树形美观的树种,因其树荫浓密、树形优美,是良好的园林美化树种。国王枫树势威武壮观,是红叶树中生命力最为旺盛的一种。可用于公园点缀、街道两侧遮阴、高速公路中央隔离带、停车场绿化等,同时也是非常好的行道树种。易移栽,对不同土壤的适应能力强,不管是黏土、沙壤土还是酸性、碱性土壤均能生长良好。耐干旱、盐碱,耐干热能力好于槭树科其他品种,喜光也耐部分遮阴。国王枫须根系较浅,树下生长的草坪会与它竞争营养,所以树根部区域一般不栽植草坪。国王枫是一年之中可以有三个季度是红色的品种,是目前园林界颜色最好、能展示红色时间最长的树种,特别有一些彩叶树种由于漫长夏季失去原有色彩,而国王枫能在整个生长期释放本来效果,是很难得的一个好品种。因彩叶树种正逐渐成为城市园林绿化的宠儿,引进培育彩叶树种的前景非常广阔,这其中槭树科槭树属的国王枫是近年来我国引种中的佼佼者,其高大通直,三季彩叶,观赏性极佳。

068 欧洲七叶树

别名:马栗树　学名:*Aesculus hippocastanum* L.　科名:七叶树科　属名:七叶树属

· 识别特征

落叶乔木。小枝淡绿色或淡紫绿色,嫩时被棕色长柔毛,其后无毛。冬芽卵圆形,有丰富的树脂。掌状复叶对生;小叶无小叶柄,倒卵形,先端短急锐尖,基部楔形,边缘有钝尖的重锯齿,上面深绿色,无毛,下面淡绿色,近基部有铁锈色茸毛,主脉凸起,侧脉约18对,在两面均显著;叶柄无毛。圆锥花序顶生,无毛或有棕色茸毛。花较大;花萼钟形,5裂,边缘纤毛状,外侧有茸毛;花瓣4或5瓣,白色,有红色斑纹,初系黄色,后变棕色,外侧有稀疏的短柔毛,边缘有长柔毛,中间的花瓣和其余4花瓣等长或不发育;雄蕊5~8,生于雄花者较长,花丝有长柔毛,花药被短柔毛;雌蕊有长柔毛,子房具有柄的腺体。果实系近于球形的蒴果,褐色;种子栗褐色,种脐淡褐色,占种子面积的1/3~1/20。花期5~6月,果期9月。

· 分布区域

原产亚洲和南欧,现已广泛分布于西欧和美洲。目前河南省郑州、驻马店等地有栽培。

· 评价

欧洲七叶树的实用性在药用、环境和经济上都有表现。在药用方面,欧洲七叶树提取液富含七叶树皂角素、类黄酮及丹宁,它具强力消浮肿的作用,对静脉曲张、红肿及发炎皮肤的治疗有奇效。一般应用于祛眼袋、抗黑眼圈及减肥产品中。它的树皮和叶可作为一种传统草药使用。浸汁内服可治疗间歇性发热,外用可治疗各种皮肤溃疡,其果实还被用于治疗胃病、神经痛和风湿病。种子典型的用途是治疗各种血管疾病,如痔疮、崩漏、骨折。在绿化方面,树体高大雄伟,树冠宽阔,绿荫浓密,花序美丽,在欧美广泛作为行道树及庭院观赏树。在经济方面,种子中的化合物有助于抑制硬化血管所造成的血栓形成,也是治疗痔疮的极好收敛剂。种子萃取物用于沐浴油,可使皮肤柔嫩。食物短缺时捣碎果实可做饲料,蛋白质丰富的种子可磨成粉做咖啡。树皮可治发烧,还可产生黄色染色剂。木材良好,可制造各种器具。

069 欧洲小叶椴

别名:心叶椴　学名:*Tilia cordata* Mill.　科名:椴树科　属名:椴树属

· 识别特征

落叶乔木。叶近圆形,基部心形,顶端骤尖,边缘有齿;叶上面为绿色,有光泽,下面为蓝绿色,光滑;脉腋内有褐色丛毛,秋叶变黄,极具观赏价值。树皮灰色,光滑,随年龄增长变灰褐色并出现裂缝。花淡黄色,有 5 片花瓣,芳香,最多每 10 朵花组成一束花序,每束花有绿色苞片,花期 6 ~ 8 月。果近球形,木质,灰绿色,具不明显棱,密被茸毛,果期 8 ~ 9 月。

· 分布区域

原产自英国西部石灰石悬崖和潮湿的林地中。目前河南省郑州、驻马店有引种栽培。

· 评价

在所有椴树品种中,欧洲小叶椴是绿化工程中应用最多、适应范围最广、性状表现最出色的。欧洲小叶椴较耐阴,喜光,耐寒,抗烟尘。生长最适宜的 pH 范围是 5.0 ~ 8.0,喜欢微湿且排水良好的土壤,但在水涝中也能生存。耐干旱的能力不强,在高盐分土壤中生长不好。耐寒性强,耐寒区为 3 ~ 7 区。耐修剪,抗病能力非常强,易于养护。不过在干旱的土壤中种植容易出现焦叶现象,但焦叶现象并不持久,一般到了秋季就会自然修复。虫害较少,可适当预防日本甲虫、蚜虫及蛾类。欧洲小叶椴树适宜做行道树、庭荫树、绿篱、园景树。花量大且花期长,是优质的蜜源树种。它们有的孤植于一大片草坪中,饱满树冠给人一种美好的感受;有的与常红树种对植,色彩呼应,景致不同;有的作为行道树大量栽植,或七八株散落栽植,各有韵味。巴黎人则把这个树种用到了极致。在巴黎,到处都是修剪整齐的成排的椴树林荫道,绿茵浓密、树形美观、巍峨壮丽的小叶椴为城市增添了一道亮丽的风景。欧洲小叶椴的栽培品种最多,约有 25 种,多为欧美苗木企业的园艺成果,比较知名的有'绿塔''新乐''山丘''橙冬'等。

070 狗木

别名:多花梾木、多花狗木、大花四照花　学名:*Cornus florida*　科名:山茱萸科属名:山茱萸属

· 识别特征

落叶小乔木。株高可达 10 m,成熟株的树冠通常会比植株的高度还要宽阔,树干直径可达 30 cm。树龄 10 年的狗木大约可以长到 5 m 高。叶子为单叶,对生。叶卵形,叶尖锐尖。叶长 6～13 cm、宽 4～6 cm。叶缘具有非常细的锯齿。花小,不明显,花为两性花。花瓣 4 片,黄绿色,花瓣长 4 mm。花序为伞形花序,由大约 20 朵花密集生长而成,花序呈圆形,宽 1～2 cm。花序周围有 4 片大型的白色苞片,苞片很明显,常被误认为是"花瓣"。苞片圆形,长 3 cm、宽 2.5 cm,在苞片顶端通常带有明显的凹痕。果实为核果,2～10 个果实聚生成一簇。果实长 10～15 mm,宽约 8 mm。

·分布区域

原产加拿大南部及美国东南部。目前河南省内有少量引种栽培。

·评价

狗木花形奇特,花色艳丽,观赏价值非常高。花枝条疏散,树姿秀丽,树形美观、整齐。叶片光亮,入秋后转为褐红色,随着气温的降低,叶色逐渐转红,直到春芽萌发,十分艳丽,是优良的景观绿化彩叶树种及著名的秋色树种。初夏盛开的花朵清雅素洁,彩色苞片覆盖全树,微风吹动如同群蝶翩翩起舞,妩媚动人,让人赏心悦目;秋季红果满树、玲珑剔透,十分别致,能使人感受到硕果累累、丰收喜悦的气氛,是一种美丽的观花、观果、观叶树种,被称为园林绿化中彩叶树种的佳品。肉质球形聚合果,初为青绿色,成熟后变为紫红色,核果酸甜,不仅人能食,也是鸟类喜爱的食料,是当前以吸引鸟类,真正达到鸟语花香,实现人鸟和谐共处,维护生态平衡为目的的城市生态园林建设的首选树种。狗木以优美奇特的树姿、繁茂的绿叶,花朵素雅,紫红色的枝条,惟妙惟肖的组合,独具特色,具有很高的观赏价值,十分适宜公园、庭院绿化,在以常绿树种为背景的草坪、路边、林缘、池畔等地孤植、丛植或列植,观赏其秀丽的叶形、艳丽的秋叶、奇异的花朵和红灿灿的果实,秋季红绿相衬,显得分外妖娆,格外美丽;也可丛植于花坛或花境中,作为独立景观,美化环境;更适于森林公园和自然风景区作秋色叶树种片植营造风景林和荒山绿化造林。除园林应用外,木材坚硬、纹理通直而细腻、易于加工,是良好的用材树种。果实可食用,营养丰富,各部分可入药,果实可鲜食、酿酒和制醋。不耐干热,在引种时要充分考虑环境条件。

071　日本女贞

学名:_Ligustrum japonicum_ Thunb.　　**科名:木樨科**　　**属名:女贞属**

·识别特征

大型常绿灌木,无毛。小枝灰褐色或淡灰色,圆柱形,疏生圆形或长圆形皮孔,幼枝圆柱形,稍具棱,节处稍压扁。叶片厚革质,椭圆形或宽卵状椭圆形,稀卵形,先端锐尖或渐尖,基部楔形、宽楔形至圆形,叶缘平或微反卷,上面深绿色,光亮,下面黄绿色,具不明显腺点,两面无毛,中脉在上面凹入,下面凸起,呈红褐色,侧脉 4～7 对,两面凸起;叶柄上面具深而窄的沟,无毛。圆锥花序塔形,无毛,宽几与长相等或略短;花序轴和分枝轴具棱;

花梗极短;小苞片披针形;花萼先端近截形或具不规则齿裂;裂片与花冠管近等长或稍短,先端稍内折,盔状;雄蕊伸出花冠管外,花丝几与花冠裂片等长,花药长圆形;花柱稍伸出花冠管外,柱头棒状,先端浅2裂。果长圆形或椭圆形,直立,呈紫黑色,外被白粉。花期6月,果期11月。

· 分布区域

原产日本。郑州公园绿地有栽培。

· 评价

具有良好的观赏价值,可作为绿篱应用于园林绿化中,且具有药用价值。目前我国一些地区已大面积引种,作为观赏用庭园树、绿篱、盆栽等。同时,日本女贞叶具有清肝火、解热毒的功效,主治头晕目眩、火眼、无名肿毒、水火烫伤等症。日本女贞有降血糖、降血脂及抗动脉硬化、抗癌、抗突变等作用,是一种兼有营养和药理作用的值得开发利用的植物资源。种子为强壮剂;叶捣烂可敷肿毒。性甘、苦,凉。归肝、肾经,强壮补虚,补肝益肾,乌须明目,养阴生津。用于体虚、肝肾阴亏、肝火目疾。

072 柊树

别名:刺桂、日本桂花　学名:*Osmanthus heterophyllus*　科名:木樨科　属名:木樨属

· 识别特征

常绿灌木或小乔木。树皮光滑,灰白色。幼枝被柔毛。叶片革质,长圆状椭圆形或椭圆形,先端渐尖,具针状尖头,基部楔形或宽楔形,叶缘具3~4对刺状牙齿或全缘,先端具锐尖的刺,上面腺点呈细小水泡状突起,下面不明显,中脉在两面明显凸起,上面被柔毛,近叶柄处毛尤密,幼叶更密,羽状网脉在上面明显凸起,下面不明显;叶柄幼时常被柔毛。花序簇生于叶腋,每腋内有花5~8朵;苞片被柔毛;花梗无毛;花略具芳香;花萼裂片大小不等;花冠白色,花冠管极短;雄蕊着生于花冠管基部,与裂片几等长,先端有一不明显的小尖头;雌蕊柱头头状,明显2裂;雄花内的不育雌蕊呈圆锥状。果卵圆形,呈暗紫色。花期11~12月,果期翌年5~6月。

· 分布区域

产于我国台湾和日本。河南省境内有引种栽培。

· 评价

柊树喜阳光充足的环境,也耐阴,在稀疏大树下生长良好。喜温暖,有一定抗寒性和耐旱性,在排水良好、湿润、肥沃的沙壤土上生长最佳。柊树抗污染性强,对二氧化硫、氯气的抗性和吸收能力均较强,对汞蒸气的吸收能力也较强;具有较强的杀菌能力,在9 min

内能杀死原生动物，还具有减弱噪声和吸滞粉尘的功能。另外，柊树萌蘖性强，分枝短密，极耐修剪，是优良的盆栽造型材料。柊树株形丰满秀丽，叶色丰富（新叶粉紫至古铜色，成叶黄绿色，并有灰绿、金黄、乳白和紫色品种），叶形奇特，全缘或有刺齿，花色洁白、甜香，冬春挂果，果色由绿转呈蓝黑色，斑斓可爱，具有极高的观赏价值。另外，柊树还有较好的药用价值，如树皮及枝叶有补肝肾、健腰膝之效，可用于治疗腰膝疼痛、风湿性关节炎及百日咳等；花可提取香料、制蜜饯，入药有清火、化痰等功能。由于其特有的观赏价值和药用价值，越来越受到世界各地人们的喜爱，目前在英国和欧洲其他国家以及北美普遍栽培，我国江苏、浙江、广东、广西、云南、贵州等省区均有少量栽培。

073　美国白蜡

别名：白桦、加拿大白蜡　学名：*Fraxinus americana* L.　科名：木樨科　属名：白蜡树属

·识别特征

多年生高大落叶乔木。树皮浅灰色，或灰褐色，幼时暗绿色，皮孔褐色，叶痕近三角形，维管束痕多数。冬芽宽三角状或卵形，先端钝，顶芽宽大于长，侧芽小，对生，芽鳞褐紫色。小叶长椭圆状披针形或卵形，先端渐尖，基部楔形，或近圆形，近全缘，顶端稍具微钝齿，上面暗绿色，有光泽，下面浅绿带白色，有乳突，平滑无毛，仅沿中脉下部疏生短柔毛；雄花药矩圆形，有乳突；雌花序圆锥状，花梗无毛；萼宿存。果体长圆柱形，果翅条形、矩圆形至匙形，较窄狭，比果体稍宽，先端微凹或钝，果翅稍下。花两性、单性或杂性异株。圆锥花序或呈总状或近簇生，花序顶生或腋生于当年生枝上，或侧生于上年生枝上。花小，双被、单被或无被，基数4。花萼钟状或杯状。花冠白色。雄蕊2，稀较多，子房上位。翅果，顶端具条形或匙形扁平翅，果突出或稍扁。种子长圆柱形，两端略尖，种皮栗褐色，具胚乳，子叶扁平。翅果幼时绿色，成熟时黄绿色，散落时呈土黄色。花期4~5月，果期9~10月。

·分布区域

原产美国中部地区。目前河南省各地广泛栽培。

·评价

美国白蜡生长速度中等，在深厚、排水畅通的土壤中生长良好，对土壤的酸性或碱性不敏感，但过于贫瘠及多石的土质不利于其生长。喜阳，易移栽。易被病虫害寄生，如锈病、叶斑病、腐烂病、钻心虫、介壳虫与螨虫等。种子繁殖，品种用嫁接。耐寒极限 -28℃。耐旱、耐涝、耐盐碱，在含盐量0.3%以下亦能生长。树形美观，秋色叶来得早，多呈紫色，少见黄色。可作行道树与园林绿化中上层乔木的行道树和遮阴树。园林设计用途广泛，如校园、公共绿地、湖岸绿化和工矿区绿化等。虽美国白蜡病虫害较多，但人们还是喜欢栽种它，或许因为它那叹为观止的秋色有着不可抗拒的诱惑。但是秋色来得早，叶子也掉得早。美国白蜡树木材的耐腐力强,纹理直,易加工,商业价值较大,素有"水曲柳"之美称,可供建筑、室内装修、船舰、家具等用材。改良土壤的理化性质,生产白蜡条,放养白蜡虫。树皮称"秦皮",中医学上用为清热药。白蜡是一种名贵天然药物原料,市场需求稳定。

074 木樨榄

别名:油橄榄、齐墩果、洋橄榄、棕榄树　学名:*Olea europaea* L.　科名:木樨科
属名:木樨榄属

・识别特征

常绿小乔木。树皮灰色。枝灰色或灰褐色,近圆柱形,散生圆形皮孔,小枝具棱角,密被银灰色鳞片,节处稍压扁。叶片革质,披针形,有时为长圆状椭圆形或卵形,先端锐尖至渐尖,具小凸尖,基部渐窄或楔形,全缘,叶缘反卷,上面深绿色,稍被银灰色鳞片,下面浅绿色,密被银灰色鳞片,两面无毛,中脉在两面突起或上面微凹入,侧脉不甚明显,在上面微突起;叶柄密被银灰色鳞片,两侧下延于茎上成狭棱,上面具浅沟。圆锥花序腋生或顶生;花序梗被银灰色鳞片;苞片披针形或卵形;花梗短;花芳香,白色,两性;花萼杯状,浅裂或几近截形;花冠深裂几达基部,裂片长圆形,先端钝或锐尖,边缘内卷;花丝扁平,花药卵状三角形;子房球形,无毛,花柱短,柱头头状。果椭圆形,成熟时呈蓝黑色。花期4~5月,果期6~9月。

・分布区域

可能原产于小亚细亚,后广泛栽植于地中海地区,现全球亚热带地区都有栽培。我国长江流域以南地区亦栽培。河南省鲜见于小区及公园绿地。

・评价

木樨榄是世界著名的木本油料兼果用树种,有较高食用价值,是重要的天然优质食用木本油料资源,经济价值高。在药用上,木樨榄油含有多种维生素和人体必需的各种微量元素,油酸等不饱和脂肪酸含量高达80%或以上。它能有效地降低人体"有害"胆固醇LDL(低密度脂蛋白)含量;增加"有益"胆固醇HDL(高密度脂蛋白)含量,从而减少各种心脑血管疾病的发生。木樨榄油还有增进胆汁分泌、增强消化系统功能,预防老年人大脑衰老,促进婴幼儿骨骼和神经系统发育等作用。木樨榄油富含多种维生素,特别是维生素E。木樨榄油中所含多酚类有高效防氧化成分,能有效地避免因脂肪被氧化而发生的细胞老化所带来的色斑、皱纹等现象。木樨榄油中含有大量的角鲨烯、黄酮类物质和多酚化合物,能抑制肿瘤细胞生长,降低肿瘤发病率。在经济上,在化学工业中,木樨榄油可制润滑剂、化妆品、肥皂等;木樨榄果除榨油外,鲜果还可以做罐头和蜜饯;榨油后的枯饼还可以做饲料和肥料。在园林设计上,木樨榄分枝丛密,萌芽性极强,可修剪成兽形、圆形、蘑菇形等多种形态供观赏,也可修剪做绿篱、绿墙。在现代园林造型中,用途极广。小株可修剪做盆景或培育老苑做桩景,置室内成列,是优美的观赏植物。

075　绒毛白蜡

别名:津白蜡、绒毛梣　学名:*Fraxinus velutina* Torr　科名:木樨科　属名:梣属

·识别特征

　　落叶乔木。树冠伞形,树皮灰褐色,呈浅纵裂,侧枝开展,冬芽芽鳞呈棕红色,幼枝光滑或有茸毛呈灰色,奇数羽状复叶,对生,小叶 3~7 枚,一般为 5 枚,叶柄短或没有叶柄,顶生小叶比较大,叶呈长卵形,先端尖,基部呈宽楔形,不对称,叶子边缘有细锯齿,叶子下面有茸毛,雌雄异株,先花后叶,3~4 月开花,花期为 1 周,圆锥状聚伞花序着生在次年生长的枝条上,花萼一般为 4~5 齿裂,没有花瓣,雄花有 2 或 3 雄蕊,花丝非常短,花药呈金黄色,雌花柱头呈粉红色,成熟时二裂,果实为单翅果,呈长圆形,果实比果翅长或等长,果翅下延到果实上部,翅梢下延到中部,果翅顶端微凹,萼宿存,每个果实有 2 枚种子,种子呈长条形,呈黄棕色,两端稍尖,5 月坐果,果熟期在 10 月。

·分布区域

　　原产自北美洲。目前河南省有引种栽培。

·评价

　　绒毛白蜡是一种适合广泛种植的树种,枝繁叶茂,适应性强,特别耐盐碱,抗污染,是我国盐碱地区最重要的造林、绿化树种之一;是我国各城市绿化的良好树种之一。绒毛白蜡在园林设计中,可用作行道树。绒毛白蜡是华北地区常用的绿化树种,树冠开阔,枝叶茂密,秋季色叶鲜艳亮丽,常用作行道树。可用作园景观赏树。绒毛白蜡树形优美、叶色秀丽,是北方地区城市绿化中优秀的园景观赏树木,适合栽植于庭院别墅、住宅区、街道、公园及滨水地带等众多景观项目中。还可用作庭荫树。绒毛白蜡树姿端正、树干挺拔、树冠浓密,非常适合作庭荫树,应用于古建院落、街道、居住区、公园、广场等项目中。还可做风景林。宜丛植做风景林,秋季尤为漂亮,应用于公园、高速公路绿化、旅游景区等项目中。绒毛白蜡为深根树种,侧根发达,生长较迅速,病虫害少,抗风,材质优良,是我国防洪、防治水土流失、保护水土、防涝抗旱的重要树种之一。同时,绒毛白蜡还在建筑、车辆、航空等方面得到应用。

076 夹竹桃

别名:红花夹竹桃、柳叶桃树、洋桃、叫出冬、柳叶树、洋桃梅、枸那
学名:*Nerium indicum Mill.* 科名:夹竹桃科 属名:夹竹桃属

·识别特征

常绿直立大灌木。枝条灰绿色,含水液;嫩枝条具棱,被微毛,老时毛脱落。叶 3～4 枚轮生,下枝为对生,窄披针形,顶端急尖,基部楔形,叶缘反卷,叶面深绿,无毛,叶背浅绿色,有多数洼点,幼时被疏微毛,老时毛渐脱落;中脉在叶面陷入,在叶背凸起,侧脉两面扁平,纤细,密生而平行;叶柄扁平,基部稍宽,幼时被微毛,老时毛脱落;叶柄内具腺体。聚伞花序顶生,着花数朵;雄蕊着生在花冠筒中部以上,花丝短,被长柔毛,花药箭头状,内藏,与柱头连生,基部具耳,顶端渐尖,药隔延长呈丝状,被柔毛;无花盘;心皮离生,被柔毛,花柱丝状,柱头近球形,顶端凸尖;每心皮有胚珠多颗。蓇葖 2 个,离生,平行或并连,长圆形,两端较窄,绿色,无毛,具细纵条纹;种子长圆形,基部较窄,顶端钝、褐色,种皮被锈色短柔毛,顶端具黄褐色绢质种毛。花期几乎全年,夏秋为最盛;果期一般在冬春季,栽培很少结果。

·分布区域

野生于伊朗、印度、尼泊尔;现广植于世界热带地区。全国各省区有栽培,尤以南方为多,常在公园、风景区、道路旁或河旁、湖旁周围栽培;长江以北栽培者须在温室越冬。河南广泛用于公园绿地。

·评价

夹竹桃有很强的实用性。观赏价值高,夹竹桃的叶片如柳似竹,红花灼灼,胜似桃花,花冠粉红至深红或白色,有特殊香气,花期为 6～10 月,花期长,是有名的观赏花卉。夹竹桃可作为工业原料,夹竹桃的种子含油量 58.5％,可榨制润滑油。也可作为纺织原料,夹竹桃的茎皮纤维为优良混纺原料。夹竹桃有很高的药用价值,现代医学研究证明,夹竹桃叶含有夹竹桃甙、糖甙等多种物质,花含洋地黄甙、甙元、桃甙等成分。它们具有显著的强心、利尿、发汗、催吐和镇痛作用,效果与洋地黄相似,属于慢性强心甙类药物。临床报道,夹竹桃的水煎液试用于各种原因引起的心力衰竭,取得了良好效果。夹竹桃苦寒、有毒,可用于治疗心脏病、心力衰竭、经闭,还可用于跌打损伤、瘀血肿痛等症。在环保方面,夹竹桃有抗烟雾、抗灰尘、抗毒物和净化空气、保护环境的能力。夹竹桃的叶片,对二氧化硫、二氧化碳、氟化氢、氯气等对人体有毒、有害气体有较强的抵抗作用。夹竹桃即使全身落满了灰尘,仍能旺盛生长,被人们称为"环保卫士"。但是夹竹桃的叶、树皮、根、花、种子均含有多种配醣体,毒性极强,人、畜误食能致死。叶、茎皮可提制强心剂,但有毒,用时需慎重。

077　夜香树

别名:洋素馨、夜来香、夜香花、夜光花、木本夜来香、夜丁香
学名:*Cestrum nocturnum* L.　科名:茄科　属名:夜香树属

· 识别特征

　　直立或近攀缘状灌木。全体无毛;枝条细长而下垂。叶有短柄,叶片矩圆状卵形或矩圆状披针形,全缘,顶端渐尖,基部近圆形或宽楔形,两面秃净而发亮,有6~7对侧脉。伞房式聚伞花序,腋生或顶生,疏散,有极多花;花绿白色至黄绿色,晚间极香。花萼钟状,裂片长约为筒部的1/4;花冠高脚碟状,筒部伸长,下部极细,向上渐扩大,喉部稍缢缩,裂片5,直立或稍开张,卵形,急尖;雄蕊伸达花冠喉部,每花丝基部有1齿状附属物,花药极短,褐色;子房有短的子房柄,卵状,花柱伸达花冠喉部。浆果矩圆状,有1颗种子。种子长卵状。

· 分布区域

　　原产南美洲。河南省内有引种栽培。

· 评价

　　夜香树喜阳性,耐半阴,喜温暖湿润气候,不耐霜冻,喜肥沃土壤,也耐瘠薄。夜香树的枝条疏细,花晚间开放,气味浓郁,还有驱蚊作用。宜在公园、庭院、亭畔、水边等处配置。但其花朵的气味过浓,不宜栽种在室内,有些人闻其香气感到"很闷",容易令患有心脏病或者高血压的患者感到胸闷气短、呼吸不畅。因此,适宜在公园或庭院的空旷处适当种植,且不宜过多、过密。夜香树有一定的药用效果,其性温味辛,入胃经,具行气、止痛、镇定之功效,用于治疗胃脘痛。夜香树花籽里含有多种多酚化合物,含量比其他植物要高。它能抑制某些糖类分解酶的活性,并且能延缓吸收淀粉和蔗糖中的糖分,从而起到抑制血糖值上升的作用。还发现这种化合物能消除有害的活性氧,可防止组织器官老化。

078　珊瑚樱

别名:冬珊瑚、红珊瑚,四季果、野海椒　学名:*Solanum pseudocapsicum* L.　科名:茄科
属名:茄属

· 识别特征

　　直立分枝小灌木。全株光滑无毛。叶互生,狭长圆形至披针形,先端尖或钝,基部狭楔形下延成叶柄,边全缘或波状,两面均光滑无毛,中脉在下面突出,侧脉6~7对,在下面更明显;叶柄与叶片不能截然分开。花多单生,很少呈蝎尾状花序,无总花梗或近于无总花梗,腋外生或近对叶生;花小,白色;萼绿色,5 裂;花冠筒隐于萼内,裂片 5,卵形;花药黄色,矩圆形;子房近圆形,花柱短,柱头截形。浆果橙红色,萼宿存,顶端膨大。种子盘状,扁平。花期初夏,果期秋末。

· 分布区域

原产南美洲。目前省内广泛栽培,豫南地区有逸生。

· 评价

珊瑚樱具有观赏价值,可盆栽,放置室内观赏。珊瑚樱的最大优点就是挂果期长,浆果在枝上宿存很久不落。常常是老果未落,新果又生,终年累月,长期观赏。春天播种的苗,秋天所结的红果,可历经元旦、春节至第二年 3 月,挂在树枝上久久不落,是盆栽观果花卉中观果期最长的品种之一,也是元旦、春节花卉淡季难得的观果花卉佳品。冬季室内摆放几盆珊瑚樱,翠绿的叶片和累累的红果,不仅让人赏心悦目,更让室内充满勃勃生机,深受人们欢迎。珊瑚樱不择土壤,适应性强,管理粗放。它耐旱又耐涝,耐热又耐寒,喜阳也耐阴,盆栽置放室内室外均可,生命力极强,堪称盆栽观果花卉中的奇葩。珊瑚樱具有药用价值,果、叶、根、茎所含的毛叶冬珊瑚碱对心肌有直接作用,阻碍心节律点的冲动形成,因而使心跳变慢,并延缓传导。珊瑚樱全株含茄碱和玉珊瑚碱及玉珊瑚啶,有毒,果不能食用,仅供药用,入药有活血散瘀、消肿止痛功效,能治腰肌劳损等症。

079 欧洲荚蒾

别名:欧洲琼花、雪球　学名:*Viburnum opulus* L.　科名:忍冬科　属名:荚蒾属

· 识别特征

落叶灌木。叶圆卵形至广卵形或倒卵形,通常 3 裂,具掌状 3 出脉,基部圆形、截形或浅心形,无毛,裂片顶端渐尖,边缘具不整齐粗齿,侧裂片略向外开展;位于小枝上部的叶常较狭长,椭圆形至矩圆状披针形而不分裂,边缘疏生波状齿,或浅 3 裂而裂片全缘或近全缘,侧裂片短,中裂片伸长;叶柄粗壮,无毛,有 2 ~ 4 至多枚明显的长盘形腺体,基部有 2 钻形托叶。复伞形式聚伞花序,大多周围有大型的不孕花,总花梗粗壮,无毛,花梗极短;萼筒倒圆锥形,萼齿三角形,均无毛;花冠白色,辐状,裂片近圆形;花药黄白色;花柱不存,柱头 2 裂。果实红色,近圆形;核扁,近圆形,灰白色,稍粗糙,无纵沟。花期 5 ~ 6 月,果期 9 ~ 10 月。

· 分布区域

原产新疆西北部。目前河南新建公园绿地有应用。

· 评价

　　欧洲荚蒾喜光,耐寒、抗旱,繁殖容易;为阳性树种,稍耐庇荫,喜湿润空气,喜疏松、肥沃、湿润、富含有机质的土壤。但干旱气候亦能生长发育良好,耐轻度盐碱,病虫害少,抗性和适应性均强,可耐 -35 ℃低温。生于河谷云杉林下,海拔 1 000 ~ 1 600 m。欧洲荚蒾观赏价值:欧洲荚蒾花期较长,花白色清雅,无毒、无刺,叶面粗糙,可吸附大量的粉尘和噪声,适合于疗养院、医院、学校等地方栽植;花序繁密,大型不孕花环绕整个复伞花序,整体形状独特。叶浓密,内膛饱满,可栽植于乔木下做下层花灌木;观叶期约 200 d,叶色随季节有变化,增加绿地色彩。果似樱桃,每个花序所结果量据栽培条件不等,有的多达 30 个左右,果小量大,红艳诱人,给人以强烈的视觉冲击力,能形成园林观赏的视觉焦点。茎枝不用修剪自然成形,减少园林绿化成本。春观花,夏观果,秋观叶、果,冬观果,四季皆有景,是一种开发价值很高的野生观赏植物。欧洲荚蒾药用:根皮、嫩枝味苦,性平,具清热凉血、镇咳止泻、祛风通络、活血消肿功效,用于治疗腰肢关节酸痛、跌打闪挫伤、疮疖、疥癣。果实有清热凉血、健胃消食、消肿止痛功效,具有独特的保健作用。欧洲荚蒾工业价值:种子含油26% ~ 28%,供制肥皂和润滑油。

080　地中海荚蒾

学名:*Viburnum tinus*　科名:忍冬科　属名:荚蒾属

· 识别特征

　　常绿灌木。树冠呈球形。叶椭圆形,深绿色,聚伞花序,单花小,花蕾粉红色,花蕾期很长,盛开后花白色,花期在原产地从 11 月直到翌年 4 月。10 月初便可见细小的黄绿色花蕾,随着花序的伸长,花蕾越来越密集覆盖于枝顶,颜色也逐步加深呈殷红色,远远望去像一片片红云,飘浮在墨绿色的树冠上,果卵形,深蓝黑色。

· 分布区域

　　原产欧洲地中海地区。目前河南省部分公园绿地有栽培应用。

· 评价

　　地中海荚蒾的开花时间特殊,植物大多在春季至秋季开花,冬季开花的植物非常少见,除了傲雪的梅花和蜡梅,很难再找出像样的冬花植物了。因而目前的园林建设只能做到"三季有花,四季常绿"。而地中海荚蒾的出现有可能弥补这一缺憾。它每年 1 月左右开花。花期持续至翌年 4 月,整个冬季花开不断,使"四季有花"变为可能。地中海荚蒾树冠呈球形,叶边缘为乳白色,聚伞花序,花蕾粉红色,观赏性很强,盛花期在 3 月中下旬,花白色,枝叶繁茂,生长快速,耐修剪,适于作绿篱,也可栽于庭园观赏,是长江三角洲地区冬季观花植物中不可多得的常绿灌木。地中海荚蒾的叶、花和果均具有很高的观赏价值,在园林绿化中具有一定的应用潜力,是一种值得推广的优良树种。地中海荚蒾喜光,也耐阴,在 -10 ~ 35 ℃ 都能良好生长。对土壤要求不严,较耐旱,上海地区可以种植,北京地区也能露地越冬,其适应能力很强。忌土壤过湿,要注意防治叶斑病和粉虱。地中海荚蒾的园林用途:地中海荚蒾生长快速,枝叶繁茂,耐修剪,适于作绿篱,也可栽于庭园观赏,是长江三角洲地区冬季观花植物中不可多得的常绿灌木。

081 珊瑚树

别名:法国冬青、极香荚蒾、早禾树 **学名:*Viburnum odoratissimum* Ker-Gawl.**
科名:忍冬科 **属名:荚蒾属**

·识别特征

常绿灌木或小乔木。枝灰色或灰褐色,有突起的小瘤状皮孔,无毛或有时稍被褐色簇状毛。叶革质,椭圆形至矩圆形或矩圆状倒卵形至倒卵形,有时近圆形,顶端短尖至渐尖而钝头,有时钝形至近圆形,基部宽楔形,稀圆形,边缘上部有不规则浅波状锯齿或近全缘,上面深绿色有光泽,两面无毛或脉上散生簇状微毛,下面有时散生暗红色微腺点,脉腋常有集聚簇状毛和趾蹼状小孔;叶柄无毛或被簇状微毛。圆锥花序顶生或生于侧生短枝上,宽尖塔形,无毛或散生簇状毛,花梗扁,有淡黄色小瘤状突起;花芳香,通常生于序轴的第二至第三级分枝上,无梗或有短梗;萼筒筒状钟形,无毛,萼檐碟状,齿宽三角形;花冠白色,后变黄白色,有时微红,辐状;雄蕊略超出花冠裂片,花药黄色,矩圆形;柱头头状,不高出萼齿。果实先红色后变黑色,卵圆形或卵状椭圆形;核卵状椭圆形,浑圆。花期 4 ~ 5 月(有时不定期开花),果期 7 ~ 9 月。

·分布区域

产福建东南部、湖南南部、广东、海南和广西。生于山谷密林中溪涧旁庇荫处、疏林中向阳地或平地灌丛中,海拔 200 ~ 1 300 m 也常有栽培。印度东部、缅甸北部、泰国和越南也有分布。河南广泛应用于公园绿地。

·评价

珊瑚树有多种价值。药用价值上,根、树皮、叶(砂糖木)味辛、性凉。有清热祛湿、通经活络、拔毒生肌之功用。用于治疗感冒、跌打损伤、骨折。其富含的化学成分,珊瑚树中主要含有二萜、三萜、黄酮、倍半萜、木脂素及香豆素苷等类化合物。在园林绿化上,珊瑚树枝繁叶茂,遮蔽效果好,又耐修剪,因此在绿化中被广泛应用,红果形如珊瑚,绚丽可爱。珊瑚树在规则式庭园中常整修为绿墙、绿门、绿廊,在自然式园林中多孤植、丛植装饰墙角,用于隐蔽遮挡。沿园界墙中遍植珊瑚树,以其自然生态体形代替装饰砖石、土等构筑起来的呆滞背景,可产生"园墙隐约于萝间"的效果,不但在观赏上显得自然活泼,而且扩大了园林的空间感。此外,因珊瑚树有较强的抗毒气功能,可用来吸收大气中的有毒气体。在道路绿化上,珊瑚树良好的生物学及观赏特性,符合道路绿化的要求。特别是具有抗烟雾、防风固尘、减少噪声的作用,能改善周围的生态环境和人居环境。在景区游步小道可做成绿篱组织人流。珊瑚树的叶面积指数较矮化紫薇等高出 10 倍以上,叶色葱绿逗人,造型稳定可塑,遮光挡阳严密,能净化灰尘尾气,常用作城市交通道路或高速公路隔离带绿化。在用于道路绿化时也常被修剪成各种造型,形成一道道美丽的风景。在公共绿地上,珊瑚树在公共绿地中应用广泛。作为障景,如珊瑚树与石楠结合在一起修剪成高篱,可布置于公园或景区的垃圾堆或厕所前面"障丑显美";布置在景区办公区、职工活动区与游人活动的景区中间,避免游人进入或打扰,形成屏障;与其他乔、灌、地被植物合植来界定庭院的边界,使之与商业街、停车场、城市道路及高速公路等分开,提升庭院的舒适度和温馨感,如澳大利亚堪培拉市的建筑庭院使用珊瑚树、桉树、合欢树等形成植物墙屏障,异常美观;可作为某些建筑小品、雕塑景观的背景;或者是修剪成各种造型的矮篱,用以限制人的行为或组织人流;也可作建筑基础栽植或丛植装饰墙角。在工矿企业绿化上,珊瑚树不仅有较强的吸收多种有害气体的能力,而且对烟尘、粉尘的吸附作用也很明显,据测定,珊瑚树每年的滞尘量为 $4.16\ t/hm^2$,远大于大叶黄杨、夹竹桃等常绿植物。此外,由于珊瑚树叶质肥厚多水,含树脂较少,不易燃烧,可以作为工矿企业厂房之间的防火隔离带,是目前工矿企业绿化的理想树种。

082 多花蓝果树

别名:美国紫树、黑橡胶树　　学名:*Nyssa sylvatica*　　科名:蓝果树科　　属名:蓝果树属

· 识别特征

落叶乔木,分枝能力强。秋叶树种,嫩叶红色或微紫红色有光泽,秋季变色初期,树叶呈鲜红、橘红、栗色、紫红、金黄、橘黄等颜色,对比鲜明,非常美丽,变色后期叶片转为红色、深红色。变色期约 60 天,其叶色也因品种和气候的不同而有差异。聚伞花序腋生,花小量大,白色,花期 4~5 月,实生苗 4~5 年始花。果期 9~10 月,蓝绿色,成簇长在枝头。

· 分布区域

原产北美,从加拿大到墨西哥湾都有分布,在美国南部地区应用较多。目前河南省内有引种栽培。

· 评价

多花蓝果树喜光,喜温暖湿润气候,在土层深厚、潮湿、排水良好的微酸性或中性土壤上生长良好。在贫瘠干旱、碱性土壤上则生长缓慢。能耐 -10 ℃ 的低温。抗干旱、潮湿,耐二氧化物,抗病虫害能力强。多花蓝果树是理想的庭荫树,其抗风能力强,亦可用作防风固土的彩叶防护林。此外,因其树形挺拔,还可用来做行道树,营造高档次的彩叶林大道。多花蓝果树是世界著名的珍贵彩叶观赏树种,可广泛种植于公园、街道、小区等,是优良的景观绿化树种。多花蓝果树于5月开花,花小,白色而略带嫩绿。由于花量很大,开花时一树白花,颇为壮观。春季嫩芽为鲜亮的紫红色,夏季叶片呈油亮的深绿色,秋季彩叶更是色彩斑斓。9月果实成熟,椭圆状核果由紫变蓝,最后变成深褐色(故称为蓝果树)。果肉甘甜,是鸟类最喜欢的食物之一。所以,每当果实成熟的时候,总能招来五色斑斓的小鸟栖息其中,一派鸟语花香。多花蓝果树还是优良的滨水乔木树种。其属名Nyssa即源于希腊神话中水中仙子的名字,以形容它在自然环境中照水而生的美丽景观。在植物种植设计中,可充分利用它树体较高,树冠轮廓线优美,入秋叶色斑斓的优势,作为良好的水边倒影树种。将其种植在岸边,既显示了景深,增加了水体空间的层次感,又形成自然、亲切的环境气氛。多花蓝果树木材坚硬,不容易被劈裂,常被用来制作家具、箱子、工具把手,也被用于铁路建设方面。同时是纸浆的用材树种之一。

083　美国紫薇

学名:*Lagerstroemia indica*　科名:千屈菜科　属名:紫薇属

· 识别特征

叶互生,近圆形或阔椭圆形或卵形,新叶微红,老叶绿色。新梢淡红色,老枝褐色。6月中旬始花,花期可达4月。花色猩红,多云凉爽天气则为亮红色,有时花瓣还带有白边,呈现复色花特性。圆锥花序,花瓣6个,花萼6浅裂,长雄蕊6个,花后及时修剪,可多次开花。可孤植或丛植。

· 分布区域

原产美国。河南省境内广泛栽培应用。

· 评价

2004年湖南省林科院从美国引进美国三大紫薇品种,包括红火箭紫薇、红火球紫薇、美国红叶紫薇。美国紫薇在赣南种植虽然生长速度较慢,表现为萌动晚且地径的生长量较小,但发育速度快,进入始花期和盛花期较早,花量大,花色十分艳丽,花期持续时间长,树形紧凑,且在秋季叶片颜色的转化也是非常好的景观,观赏价值优于本地紫薇。3种美国紫薇中,红火箭与红火球表现比较接近,花色均为红色,花量大,但红火球的物候期较早,萌芽早、开花早、谢花早、落叶早;红叶紫薇观赏效果与二者不同,花色为紫红色,即市场上比较受欢迎的天鹅绒,花量很大,叶片嫩叶为红色,成熟叶片为暗绿色略带紫脉络,观赏价值高。因此,在实际生产应用上除可以通过扦插技术直接利用美国紫薇外,还可以通过嫁接,即在本地紫薇上高接美国紫薇,以弥补美国紫薇生长慢的缺点。引种美国紫薇并在北方地区推广有其必要性及极高的市场潜力:一是其耐寒性,成苗可在 -22.5 ℃存活,是目前可以在东北栽植的唯一紫薇品种,其他仅能栽至淮河以北及部分黄海沿线;二是出圃快,是传统紫薇的1.5~2倍;三是其观赏价值高,其冠形丰满、繁花似锦、色泽鲜艳、姹紫嫣红,能够填补北方地区夏季艳丽乔木花色的空白;四是其花期长,能持续18周以上,远超传统品种的13周花期;五是其价值高,2016年成功度过北方的严冬,首批引种达到3 cm以上的标准用苗市场价能达500元/株,是传统品种的50倍,具有极高的经济附加价值;六是前景好,由于美国紫薇引进时间短,各地成规模培育较少,北方引种驯化的更少,具有很强的竞争力和广阔的市场前景。美国紫薇均有花色瑰丽、花期绵长等优点。尤其较强的抗寒性是其他紫薇品种所不具备的,为我国北方引种紫薇带来可能并为北方夏季园林观花绿化注入新鲜血液。因而有重要的研究及推广价值。

084 日本紫薇

别名:矮紫薇　学名:*Lagerstroemia crape*　科名:千屈菜科　属名:紫薇属

· 识别特征

落叶灌木,株高50 cm左右,树皮平滑,灰色或灰褐色;枝干多扭曲,小枝纤细,具4棱,略成翅状。叶互生或有时对生,纸质,椭圆形、阔矩圆形或倒卵形,顶端短尖或钝形,有时微凹,基部阔楔形或近圆形,无毛或下面沿中脉有微柔毛,侧脉3~7对,小脉不明显;无柄或叶柄很短。顶生圆锥花序。蒴果椭圆状球形或阔椭圆形,长1~1.3 cm,幼时绿色至黄色,成熟或干燥时呈紫黑色,室背开裂;种子有翅,长约8 mm。花期6~9月,果期9~12月。

· 分布区域

原产日本。目前河南省各地广泛栽培。

· 评价

日本紫薇喜全光照条件,也耐半阴;喜温暖条件,耐热和耐寒性状良好;喜欢湿润条件,也较耐旱;对土壤要求不严格,较耐瘠薄。与乔木紫薇相比,日本紫薇开花极早,花色有红、粉、紫、白等,红色占80%以上,白色极少。在合适的条件下,播种后3个月即可开花,扦插苗则开花更早。园林绿化中,由于日本紫薇适应性强,花色艳,尤其在炎热的夏季,许多木本花卉树种无花,月季处于半休眠状态,唯独紫薇花多色艳,株型紧凑,既能地栽又能盆栽,园林绿化用途广泛。在园林设计中可用于花坛色块、林缘绿地、花篱、花境、花柱、花饰、组合盆栽、盆景、造型树、孤植、群植等方面。盆花盆景:日本紫薇可用于盆景或微型盆景的制作,许多花坛种植的木本植物夏季开花较少,如点缀数十株或是数株日本紫薇组成色块,或修剪成各种形态的组合花块,可大大提高其景观效果。当然,也可单株种植,自然成花球。高干式紫薇,选用当地一定高度、粗度的高干紫薇作砧木,取日本紫薇作接穗进行嫁接,结合修剪可培养成球形、伞形、塔形、垂枝形花冠。根据日本紫薇生长旺盛的特点,还可修剪成花柱、几何造型、动物造型,或编织日本紫薇花屏等。生态绿化:可用作高速公路、铁路、大堤、河坡的绿化带、隔离带、护坡、封沙植被的种植树种。也可用于矿区、居民小区、风景游览区绿化美化的绿篱、色块种植树种。更是有害气体超标的大中城市、工矿区绿化的首选花灌木树种。因其根系发达、固土性能强、管理粗放,可作为固土护坡的理想品种,极具观赏价值和生态价值。

085 厚萼凌霄

别名:美国凌霄、杜凌霄　　**学名:**_Campsis radicans_(L.)Seem.　　**科名:**紫葳科
属名:凌霄属

· **识别特征**

藤本,具气生根。小叶 9 ~ 11 枚,椭圆形至卵状椭圆形,顶端尾状渐尖,基部楔形,边缘具齿,上面深绿色,下面淡绿色,被毛,至少沿中肋被短柔毛。花萼钟状,5 浅裂至萼筒的 1/3 处,裂片齿卵状三角形,外向微卷,无凸起的纵肋。花冠筒细长,漏斗状,橙红色至鲜红色,筒部为花萼长的 3 倍。蒴果长圆柱形,顶端具喙尖,沿缝线具龙骨状突起,具柄,硬壳质。

· **分布区域**

原产美洲。在河南省内公园绿地均有分布。

· **评价**

厚萼凌霄喜光,稍耐庇荫,喜温暖、湿润,尚耐寒。耐干旱,也较耐水湿。对土壤要求不严,萌蘖性强。在观赏价值方面,厚萼凌霄夏秋季节红花灿烂,绿叶满墙,构成城乡垂直绿化的一道亮丽景观,是垂直绿化树种的佼佼者。厚萼凌霄可以用来作为观赏性的花卉,主要还是因为它的外观看起来比较素雅,干枝虬曲多姿,翠叶团团如盖,花大色艳,花期甚长,装饰庭园中棚架、花门来说再好不过,还可用于攀缘墙垣、枯树、石壁,均极适宜。在我国那些种植栽培着厚萼凌霄的地方,都会作为一些人家庭院的观赏植物。在周边国家,比如越南、印度,也能发现厚萼凌霄的身影,广泛性比较好。在栽培价值方面,厚萼凌霄比起非洲凌霄属来说,生命力更强,适应性更好,而且它的花期长达 10 个月,几乎横跨了一整年,所以厚萼凌霄的栽培价值也比较高,人们可以通过不断地去改善技术,学习新的科技,用来进行培植栽培,效果都会比较好。在药用价值方面,厚萼凌霄的花瓣还可以作为药材食用,代替我们所熟悉的凌霄入药。这主要是因为厚萼凌霄的花瓣中含有咖啡酸、对香豆酸、阿魏酸等物质,这些有效成分都可以治疗人们身体上出现的一些小问题。

086   黄金树

别名:白花梓树   学名:*Catalpa speciosa*(Barney)Engelm   科名:紫葳科   属名:梓属

· 识别特征

乔木,树冠伞状。叶卵心形至卵状长圆形,顶端长渐尖,基部截形至浅心形,上面亮绿色,无毛,下面密被短柔毛。圆锥花序顶生,有少数花;苞片2,线形。花萼2裂,裂片2裂,舟状,无毛。花冠白色,喉部有2黄色条纹及紫色细斑点,裂片开展。蒴果圆柱形,黑色,2瓣开裂。种子椭圆形,两端有极细的白色丝状毛。花期5~6月,果期8~9月。

· 分布区域

原产美国中部至东部。在郑州地区有引种栽培。

· 评价

黄金树喜光,稍耐阴,喜温暖、湿润气候,耐干旱,在酸性土、中性土、轻盐碱以及石灰性土上均能生长。有一定耐寒性,在绝对气温不低于20 ℃的地区均能正常生长。适宜深厚湿润、肥沃、疏松而排水良好的地方。不耐瘠薄与积水,深根性,根系发达,抗风能力强。在园林价值上,黄金树可作为行道树,黄金树作为集观叶、观花、观果、观干于一身的树种,其树形高大、姿态优美、枝干挺拔,也可作为园景观赏树,黄金树树冠浓密、叶大花美,适合作园景树,宜孤植或自由组合栽植应用于居住区、市民广场、校园、街道、企事业单位绿化等景观项目中;可作为庭荫树,黄金树树荫浓郁、枝繁叶茂,景观季节性明显,适合做庭荫树;可搭配造景,黄金树由于树形高大,所以在与其他园林树木搭配造景时,常作背景树,选色叶小乔木或花灌木作前景树种。黄金树还具有很高的经济价值,黄金树是一种芳香植物,除可以净化空气外,其新鲜枝叶还可以提炼香精油,香精油用途广泛。在国际上,用其作为高级香料植物提炼出的香精用于保健品和食品,黄金树树皮香水,是国际上很受欢迎的一种高级香水。其木是木胎漆器、乐器和雕版刻字的优质材料。黄金树也用于行道、防风护沙、砧木、绿化造林等。黄金树的药用价值有可用于浮肿、慢性肾炎、膀胱炎、肝硬化腹水。皮利湿热,杀虫。外用治湿疹、皮肤瘙痒、小儿头疮。

087   洋常春藤

别名:西洋长春藤   学名:*Hedera helix* L.   科名:五加科   属名:常春藤属

· 识别特征

常绿藤木,借气生根攀缘;幼枝具星状柔毛。单叶互生,全缘,营养枝上的叶3~5浅裂;花果枝上的叶不裂而为卵状菱形。伞形花序。果黑色,球形,浆果状;翌年 4～5 月果熟。

· **分布区域**

原产欧洲。在河南省各地广泛栽培。

· **评价**

洋常春藤喜温暖、湿润和半阴环境,也能在充足阳光下生长,较耐寒,洋常春藤喜低温,土壤以疏松、肥沃的壤土最为理想。在绿化价值上,在庭院中可用以攀缘假山、岩石,或在建筑阴面作垂直绿化材料。在华北宜选小气候良好的稍阴环境栽植。也可盆栽供室内绿化观赏。洋常春藤在绿化中已得到广泛应用,尤其在立体绿化中发挥着举足轻重的作用。它不仅可达到绿化、美化的效果,同时也发挥着增氧、降温、减尘、降噪等作用,是藤本类绿化植物中用得最多的材料之一。洋常春藤具有纳米吸附作用,具有优先吸附甲醛、苯、TVOC 等有害气体的特点,达到净化室内空气的效果。洋常春藤是室内垂吊栽培、组合栽培、绿雕栽培以及室外绿化应用的重要素材。洋常春藤为木质常绿藤本,以发达的吸附性气生根攀缘。枝叶稠密,四季常绿,耐修剪,适于做造型。在药用价值上,具有祛风利湿、活血消肿、平肝、解毒功效。用于治疗风湿性关节痛、腰痛、跌打损伤、肝炎、头晕、口眼蜗斜、衄血、目翳、急性结膜炎、肾炎水肿、闭经、痈疽肿毒、荨麻疹、湿疹。在生态价值上,新装修的房子甲醛等有害气体一直不断地持续释放,因此装修后保持多通风,养几盆常春藤绿色植物,一般新房空置 3～6 个月后基本可达到入住标准。

088 五叶地锦

别名:五叶爬山虎、爬墙虎　　**学名:***Parthenocissus quinquefolia*(L.) Planch.
科名:葡萄科　　**属名:**地锦属

· **识别特征**

木质藤本。小枝圆柱形,无毛。卷须总状 5～9 分枝,相隔 2 节间断与叶对生,卷须顶端嫩时尖细卷曲,后遇附着物扩大成吸盘。叶为掌状 5 小叶,小叶倒卵圆形、倒卵椭圆形或外侧小叶椭圆形,最宽处在上部,或外侧小叶最宽处在近中部,顶端短尾尖,基部楔形或阔楔形,边缘有粗锯齿,上面绿色,下面浅绿色,两面均无毛或下面脉上微被疏柔毛;侧脉5～7 对,网脉两面均不明显突出;叶柄无毛,小叶有短柄或几无柄。花序假顶生形成主轴明显的圆锥状多歧聚伞花序;花序梗无毛;花梗无毛;花蕾椭圆形,顶端圆形;萼碟形,边缘全缘,无毛;花瓣 5,长椭圆形,无毛;雄蕊 5,花药长椭圆形;花盘不明显;子房卵锥形,渐狭至花柱,或后期花柱基部略微缩小,柱头不扩大。果实球形,有种子 1～4 颗;种子倒卵形,顶端圆形,基部急尖成短喙,种脐在种子背面中部,呈近圆形,腹部中棱脊突出,两侧洼穴呈沟状,从种子基部斜向上达种子顶端。花期 6～7 月,果期 8～10 月。

·分布区域

原产北美。河南省内广泛栽培。

·评价

五叶地锦作为北方城市垂直绿化的首选材料,也被绿化工作者应用得愈加广泛。五叶地锦在我国的种植还是比较普遍的,从西南部到东部都有分布。因为它的适应能力比较强,养护也不需要人花太多的功夫。其叶子具有纵横的茎和蔓,密布着气生根,翠绿的叶子如一片屏障一样。另外,叶子是会随着季节变化的。到了秋季末期再到冬天,它的叶子就会由绿色变成红色或者是黄色,非常有趣。另外,它还具有卷须,会在遇到附着物的时候扩大成吸盘。另外,它的花是黄绿色的,非常小巧,花期在6月左右。它还具有小小的球状浆果,果期在10月。适合种植在多种地点,比如院子的墙壁、桥头溪畔、公园的入口等处。五叶地锦在园林绿化中大有可为,它整株占地面积小,向空中延伸,很容易见到绿化效果,而且抗氯气能力强,随着季相变化而变色,是绿化、美化、彩化、净化的垂直绿化好材料。另外,五叶地锦可以防暑,种植了它的人家,夏季会觉得屋中非常凉爽舒适。这种植物对于空气的作用更为明显,特别是对于SO_2等有害物质的去除作用,因为它对这些有害的气体都有非常强的抗性。所以,它也可以被种在工矿厂的附近。并且五叶地锦的藤茎、根可药用。

089 日本甜柿

别名:甜柿　学名:*Diospyros kaki* Thunb.　科名:柿科　属名:柿属

·识别特征

树势强健,树姿少直立,枝条粗短,节间短,分枝多,易密生,结果后树势易衰,需配植授粉树或人工授粉。果实扁圆形,顶部稍凹陷,横断面呈方形,果面有纵沟,其中4条较明显,果皮橙黄色至橙红色,果肉红黄色,肉质细密松脆,果汁较少,味甜,品质良好,少籽,10月下旬至11月上旬成熟。

·分布区域

日本甜柿原产于日本。河南省有引种栽培。

·评价

日本甜柿具有生长快、结果早、易丰产、品质佳等特性,树上自然脱涩,即摘即食,耐储运,效益高,市场前景良好。主栽品种有'前川次郎'、'一木系次郎'、'富有'和'阳光富有'等。日本甜柿栽后一般2～3年投产,5～6年进入盛果期后亩产量达3 000 kg以上,树龄可达100年以上。日本甜柿抗逆性强,适宜山区发展。日本甜柿耐瘠抗旱、管理粗放、种植简单,用工量比其他果树少得多,这就大大降低了生产成本,适宜山区、半山区发展。日本甜柿成熟时果实脆硬,食用脆甜爽口,很受消费者喜爱。成熟的甜柿鲜果硬度大,抗挤压,有利于长途运输。甜柿在低温条件下可储藏 56 个月,属耐储果品。日本甜柿全身都是宝,与苹果相比,其含糖量高出 13 倍,蛋白质高出 6 倍,维生素 B 高出 10 倍。甜柿风味独特,其果肉甜脆爽口,纤维少,可溶性固形物含量 14% ~ 21%,维生素 C、铁、锌、钙、硒含量都高于涩柿,且保脆时间较涩柿长 2 ~ 3 倍。柿叶可制作茶叶,被称为"茶叶贵族",树材优良,可制作优质家具。日本甜柿作为益智、健康食品,深受消费者喜爱。甜柿具有润肺、清热、化痰、止咳等功效,医药上还有解酒、降压、解蛇毒、抗病毒、抗癌等民间传统用法。

090 西洋杜鹃

别名:比利时杜鹃　　**学名**:*Rhododendron hybridum Ker Gawl.*　　**科名**:杜鹃花科
属名:杜鹃属

· 识别特征

常绿灌木。植株低矮,枝杆紧密。分枝多呈半开张形,幼枝青色,密被黄棕色伏贴毛,新枝的颜色会随着生长时间的延长而加深,转为棕黄色,多年生的枝条黑褐色,表皮易脱落。叶互生,纸质,厚实,幼叶青色,成熟叶色浓绿,背面泛白,自然脱落后褐色,叶片集生于枝端,椭圆形至椭圆状披针形,先端急尖,具短尖头,基部楔形,叶片毛少,表面有淡黄色伏贴毛,背面淡绿色,疏被黄色伏贴毛。先叶后花。顶生总状花序,有花 1 ~ 3 朵,簇生,每株约 10 簇以上。花梗密生白色扁平毛;花萼较大,5 裂,裂片披针形,边缘具睫状毛,外面密生与花梗同样毛;花冠阔漏斗形。花色艳丽多样,有单色、复色、镶边、点红等,花形复杂,多数为重瓣、复瓣和半重瓣,少有单瓣,花瓣有圆润、后翻、波浪、皱边、卷边等。蒴果长圆状卵球形,密被红褐色平贴糙伏毛。

· 分布区域

西洋杜鹃是荷兰、比利时用皋月杜鹃、映山红及毛白杜鹃等反复杂交而育成的。目前河南省各地广泛栽培。

· 评价

盛开的西洋杜鹃铺红展翠、洁白纯真、五彩缤纷、艳盖群芳,极具观赏价值、生态价值和药用价值。西洋杜鹃的观赏价值:西洋杜鹃在中国多为盆栽,由于它植株低矮、枝杆紧密、叶片细小,又四季常绿,通过修剪扎型,还可制作各种风格的树桩盆景,显得古朴雅致,更具风情。西洋杜鹃花色较多,且十分艳丽,因此在庭院、巷道、园林绿化项目中较为常见,其中,"百里西洋杜鹃"风景区较为著名,成为著名的游览胜地。西洋杜鹃的生态价值:西洋杜鹃花朵不仅能有效吸收空气中的 O_3 和 SO_2 成分,还能有效净化空气,一定程度上对环境起到重要的改善作用。与此同时,西洋杜鹃还是重要的酸性土壤指示剂,能在涵养水源的基础上,起到重要的生态环境改良作用。西洋杜鹃的药用价值:花、根、茎部分可以入药,多用于治疗咳嗽以及多痰等症状,主要是其中的槲皮素,具有非常重要的止咳平喘功效。

091 凤尾兰

别名:剑麻、菠萝花、厚叶丝兰、凤尾丝兰　学名:*Yucca gloriosa* L.　科名:百合科　属名:丝兰属

· 识别特征

常绿灌木,干茎时有分支,叶剑形,顶端坚硬,簇生茎端,叶片光滑而扁平,粉绿色,边缘略呈暗红色,通常有疏齿。圆锥花序,花乳白色,下垂,钟形。花瓣6瓣,蒴果,椭圆状卵形,下垂,不开裂。花期9~10月。

· 分布区域

原产北美东部和东南部。广泛应用于河南公园绿地。

· 评价

凤尾兰喜温暖、湿润和阳光充足的环境,性强健,耐瘠薄、耐寒、耐阴、耐旱也较耐湿,对土壤要求不严,对肥料要求不高。喜排水好的沙质壤土,瘠薄多石砾的堆土废地亦能适应。园林价值:凤尾兰常年浓绿,花、叶皆美,树态奇特,数株成丛,高低不一,叶形如剑,开花时花茎高耸挺立,花色洁白,繁多的白花下垂如铃,姿态优美,花期持久,幽香宜人,是良好的庭园观赏树木,也是良好的鲜切花材料。常植于花坛中央、建筑前、草坪中、池畔、台坡、建筑物旁、路旁,并作为绿篱等栽植用。实用价值:叶纤维洁白、强韧、耐水湿,称"白麻棕",可作缆绳,也可作造纸纤维。叶片还可提取菑体激素。凤尾兰吸收的能力也较强,据测定,1 kg干叶能吸收氟266 mg,对有害气体如 SO_2、HCl、HF 等都有很强的抗性和吸收能力。观赏价值:凤尾兰喜阳、耐阴,可置于散射光充足的门厅内观赏。叶色常年浓绿,数株成丛,高低不一,剑形叶射状排列整齐,可种植于花坛中心、岩石或台坡旁边,以及新式建筑物附近。也可利用其叶端尖刺作围篱,或种于围墙、栅栏之下。凤尾兰对有害气体抗性强,可在工矿作美化绿化材料。药用价值:止咳平喘;主治气管哮喘、咳嗽。

草本植物

001 翠云草

别名：龙须、蓝草、蓝地柏、绿绒草　　**学名**：*Selaginella uncinata*(Desv.) Spring
科名：卷柏科　　**属名**：卷柏属

· 识别特征

土生,主茎先直立而后攀缘状,无横走地下茎。根托只生于主茎的下部或沿主茎断续着生,自主茎分叉处下方生出,根少分叉,被毛。主茎自近基部羽状分枝,不呈"之"字形,无关节,禾秆色,茎圆柱状,具沟槽,无毛,维管束 1 条,主茎顶端不呈黑褐色,主茎先端鞭形,侧枝 5 ~ 8 对,2 回羽状分枝,小枝排列紧密,分枝无毛,背腹压扁。叶全部交互排列,二形,草质,表面光滑,具虹彩,边缘全缘,明显具白边,主茎上的叶排列较疏,较分枝上的大,二形,绿色。主茎上的腋叶明显大于分枝上的,肾形,或略心形,分枝上的腋叶对称,宽椭圆形或心形,边缘全缘,基部不呈耳状,近心形。大孢子灰白色或暗褐色,小孢子淡黄色。

· 分布区域

安徽、重庆、福建、广东、广西、贵州、湖南、江西、陕西、四川、陕西、香港、云南、浙江有分布。生于林下,海拔 50 ~ 1 200 m。豫南地区有栽培。

· 评价

现代药理研究表明,翠云草含有大量双黄酮类、苯丙素类、甾体类、酚类、有机酸类和阿魏酸棕榈酸 - 16 - 醇酯等成分,可通过抗炎、抗病毒、抗氧化、抗血栓及扩张血管等多种机制发挥疗效,运用于慢性肾炎、风湿性关节炎等多种疾病的治疗。翠云草作为中华民族传统的药物,长期在傣族地区应用于慢性肾炎的治疗。但是目前有关临床应用的研究很少,多停留在民间经验用药层面。而少数民族地区的应用也是取其抗炎、抗病毒的作用。在药理研究方面,虽证明其有抗癌作用,但并未进入深层次的机制和理论研究,更没有在临床上广泛应用。建议对翠云草的化学成分、药理作用、质量控制进行进一步深入研究,为其药用价值、临床用药的安全有效提供实验基础。

002 问荆

别名：接续草、公母草、空心草、马蜂草、节节草　　**学名**：*Equisetum arvense* L.
科名：木贼科　　**属名**：木贼属

· 识别特征

根茎斜升、直立和横走,黑棕色,节和根密生黄棕色长毛或光滑无毛。地上枝当年枯萎。枝二型。主枝中部以下有分枝。脊的背部弧形,无棱,有横纹,无小瘤;鞘筒狭长,绿色,鞘齿三角形,5~6枚,中间黑棕色,边缘膜质,淡棕色,宿存。侧枝柔软纤细,扁平状,有3~4条狭而高的脊,脊的背部有横纹;鞘齿3~5个,披针形,绿色,边缘膜质,宿存。孢子囊穗圆柱形,顶端钝,成熟时柄伸长。

· 分布区域

广布于北半球寒带及温带地区,日本、朝鲜半岛、喜马拉雅、俄罗斯、欧洲、北美洲有分布。河南省太行山、伏牛山有分布。

· 评价

问荆提取物对灰霉病菌具有很强的抑制效果,为新型植物源农药的开发提供了一定基础,问荆合剂联合西药治疗湿热痹阻型RA,能提高临床疗效,减少不良反应,是治疗湿热痹阻型类风湿性关节炎的有效方案。问荆有分布密度大、适应性强且排异其他植物的特点,危害极为严重。又因问荆较适应酸性土壤,所以在全国各地均有可能发生危害。建议深度挖掘、开发其药用价值,在国内土质条件较好的低山丘陵区在人工监管下种植,同时,要防止其逸出危害其他物种分布。

003 节节草

别名:节节木贼　学名:*Equisetum ramosissimum* Desf.　科名:木贼科　属名:木贼属

· 识别特征

中小型植物。根茎直立、横走或斜升,黑棕色,节和根疏生黄棕色长毛或光滑无毛。地上枝多年生。枝一型,高20~60 cm,中部直径1~3 mm,节间长2~6 cm,绿色,主枝多在下部分枝,常形成簇生状;幼枝的轮生分枝明显或不明显;主枝有脊5~14条,脊的背部弧形,有一行小瘤或有浅色小横纹;鞘筒狭长达1 cm,下部灰绿色,上部灰棕色;鞘齿5~12枚,三角形,灰白色、黑棕色或淡棕色,边缘(有时上部)为膜质,基部扁平或弧形,早落或宿存,齿上气孔带明显或不明显。侧枝较硬,圆柱状,有脊5~8条,脊上平滑或有一行小瘤或有浅色小横纹;鞘齿5~8个,披针形,革质但边缘膜质,上部棕色,宿存。孢子囊穗短棒状或椭圆形,长0.5~2.5 cm,中部直径0.4~0.7 cm,顶端有小尖突,无柄。

· 分布区域

河南各地广泛分布。

· 评价

节节草总生物碱对奇异变形杆菌、大肠杆菌、藤黄微球菌、黑曲霉菌具有较强的抑止作用。该植物含有较为丰富的黄酮类化合物,节节草黄酮类化合物对大肠杆菌、八叠球菌等具有明显的抑止作用。其性味甘、微苦、平。具有清热利尿、发汗祛寒、明目退翳、止血、接骨功效。用于治疗小儿疳积、感冒发热、目赤肿痛、尿路结石、月经过多、衄血、跌打骨折等。临床上用于治疗高血压、冠心病、糖尿病等疾病，是一味开发利用前景十分广阔的中药。节节草喜近水生长，属农田杂草。虽然农田发生面积不是很大，局部危害还是较重的。应充分宣传、发掘其经济价值和药用价值，利用市场经济手段鼓励农民主动除草入药，变害为利。

004 细叶满江红

别名:细绿苹、蕨状满江红　　**学名:**_Azolla filiculoides_ Lam.　　**科名:**满江红科
属名:满江红属

· 识别特征

细叶满江红与我国常见的满江红不同之处在于植株粗壮，侧枝腋外生出，侧枝数目比茎叶的少，当生境的水减少变干或植株过于密集拥挤时，植物体会由平卧变为直立状态生长，腹裂片功能也向背裂片功能转化。大孢子囊外壁只有 3 个浮膘，小孢子囊内的泡胶块上有无分隔的锚状毛。满江红的根为不定根，产生于茎的下侧，细长，悬垂于水中，多为单生，个别为簇生。幼时绿色，老时褐色，并逐渐衰老而脱落。片 2 行互生，每叶深裂为腹、背两裂片。背片露出水面，卵形而厚，能进行光合和固氮作用，称同化叶;腹片与水面接触，具有浮载萍体和吸收水分、矿质营养的作用，称浮载叶或吸收叶。

· 分布区域

原产于美洲，现已扩散到全世界。我国20 世纪70 年代引进放养和推广利用，现也几乎遍布全国各地的水田。本种植株比常见的满江红粗大，耐寒，能大量结孢子果和容易进行有性繁殖，不仅被引种放养和利用，而在有些地方已归化成为野生。豫南水体广泛分布。

· 评价

由于满江红为蕨体和固氮蓝藻满江红鱼腥藻(_Anabaena azollae_ Strasb.)的共生体，具有自身固氮作用，同时因其养分含量高、繁殖速度快，所以它是一种优质高产的水生绿肥和饲草作物。大孢子果表面同小孢子囊泡胶块的附着力，与大孢子果的萌发力有相关性;孢子果带菌，是导致高温季节大田满江红发生毁灭性病害"自然倒萍"的主要因素之一。可采用湿润耕耙法或用药剂触杀法，在自然倒萍前进行人工倒萍压青 1 ~ 2 次，促进增产。

005 大麻

别名:山丝苗、线麻、胡麻、野麻、火麻　学名:*Cannabis sativa* L.　科名:桑科
属名:大麻属

· 识别特征

一年生直立草本,枝具纵沟槽,密生灰白色伏贴毛。叶掌状全裂,裂片披针形或线状披针形,中裂片最长,先端渐尖,基部狭楔形,表面深绿,微被糙毛,背面幼时密被灰白色状贴毛,后变无毛,边缘具向内弯的粗锯齿,中脉及侧脉在表面微下陷,背面隆起;密被灰白色伏贴毛;托叶线形。雄花序花黄绿色,花被5,膜质,外面被细伏贴毛,雄蕊5,花丝极短,花药长圆形;雌花绿色;花被1,紧包子房,略被小毛;子房近球形,外面包于苞片。瘦果为宿存黄褐色苞片所包,果皮坚脆,表面具细网纹。花期5~6月,果期7月。

· 分布区域

广布于全世界。我国各地也有栽培或沦为野生,新疆常见野生。原产于锡金、不丹、印度和中亚。郑州周边逸生严重。

· 评价

早在2世纪时,东汉崔宴即指出大麻有雌雄株的区别。分别称雄株为"枲"或"牡麻",雌株为"苴"或"子麻"。茎皮纤维长而坚韧,可用以织麻布或纺线,制绳索,编织渔网和造纸;种子榨油,含油量30%,可供做油漆、涂料等,油渣可作饲料。果实中医称"火麻仁"或"大麻仁",可入药,性平,味甘,功能:润肠,主治大便燥结。花称"麻勃",主治恶风、经闭、健忘。果壳和苞片有毒,治劳伤,破积、散脓,多服令人发狂;叶含麻醉性树脂,可以配制麻醉剂。建议充分发挥其在医学、工业上的作用,正确使用大麻,扬长避短。

006 小叶冷水花

别名:透明草、小叶冷水麻　学名:*Pilea microphylla*(L.) Liebm.　科名:荨麻科
属名:冷水花属

· 识别特征

纤细小草本,无毛,铺散或直立。茎肉质,多分枝,干时常变蓝绿色,密布条形钟乳体。叶很小,同对的不等大,倒卵形至匙形,先端钝,基部楔形或渐狭,边缘全缘,稍反曲,上面绿色,下面浅绿色,干时呈细蜂巢状,钟乳体条形,上面明显,横向排列,整齐,叶脉羽状,中脉稍明显,在近先端消失,侧脉数对,不明显;叶柄纤细;托叶不明显,三角形,稍不等长,果时中间的一枚长圆形,稍增厚,与果近等长,侧生二枚卵形,先端锐尖,薄膜质,较长的一枚短约1/4;退化雄蕊不明显。瘦果卵形,熟时变褐色,光滑。花期夏秋季,果期秋季。

·分布区域

原产南美洲热带,后引入亚洲、非洲热带地区,在我国广东、广西、福建、江西、浙江和台湾低海拔地区已成为广泛的归化植物。常生长于路边石缝和墙上阴湿处。豫南山区有分布。

·评价

本种植物体小,嫩绿秀丽,花开时节轻轻摇动植物,弹散出的花粉犹如一团烟火,景观十分美丽,故在美洲享有"礼花草"的美名,可作栽培观赏用。作为民间常用的药食同源植物,小叶冷水花以全草入药,具有清热、解毒功效,可治疗臃肿疮疡等,其同属植物冷水花用于治疗黄疸、肺结核等疾病。现代药理活性研究表明,冷水花的乙酸乙酯提取部分具有明显的抗炎镇痛活性及体外抑菌作用,但它的药理机制及活性成分还不明朗。建议深度研究其药理机制,为其在临床使用上提供理论基础,使其在医学上发挥出更大的作用。

007 荞麦

别名:甜荞、乌麦、三角麦、花荞、荞子　学名:*Fagopyrum esculentum* Moench
科名:蓼科　属名:荞麦属

·识别特征

一年生草本。茎直立,上部分枝,绿色或红色,具纵棱,无毛或于一侧沿纵棱具乳头状突起。叶三角形或卵状三角形,顶端渐尖,基部心形,两面沿叶脉具乳头状突起;下部叶具长叶柄,上部较小,近无梗;托叶鞘膜质,短筒状,顶端偏斜,无缘毛,易破裂脱落。花序总状或伞房状,顶生或腋生,花序梗一侧具小突起;苞片卵形,绿色,边缘膜质,每苞内具3~5花;花梗比苞片长,无关节,花被5深裂,白色或淡红色,花被片椭圆形,雄蕊8,比花被短,花药淡红色;花柱3裂,柱头头状。瘦果卵形,具3锐棱,顶端渐尖,暗褐色,无光泽,比宿存花被长。花期5~9月,果期6~10月。

·分布区域

亚洲、欧洲有栽培。我国各地有栽培。国外分布于法国、加拿大、美国、乌克兰、波兰及白俄罗斯等国家。河南省有少量栽培。

·评价

荞麦为蓼科荞麦属多年生宿根草本植物,以其干燥根茎入药,是一种传统常用中药材,具有清热解毒、排脓祛瘀的功能,种子含丰富淀粉,供食用;为蜜源植物;全草入药,治疗高血压、视网膜出血、肺出血。金荞麦片联合头孢地尼分散片可有效改善急性细菌性痢疾患者的腹泻、脓血便等症状,降低血清炎性指标水平,具有一定的临床推广应用价值。荞麦在种植和生长过程中,虽然适应性比较强,但是仍然需要选择一些比较良好的区域或者环境对其进行种植,以利于提高荞麦的产量和质量。

008 何首乌

别名:多花蓼、紫乌藤、夜交藤　学名:*Fallopia multiflora*(Thunb.)Harald.　科名:蓼科
属名:何首乌属

· 识别特征

多年生草本。块根肥厚,长椭圆形,黑褐色。茎缠绕,多分枝,具纵棱,无毛,微粗糙,下部木质化。叶卵形或长卵形,顶端渐尖,基部心形或近心形,两面粗糙,边缘全缘;托叶鞘膜质,偏斜,无毛。花序圆锥状,顶生或腋生,分枝开展,具细纵棱,沿棱密被小突起;苞片三角状卵形,具小突起,顶端尖,每苞内具 2～4 花;花梗细弱,下部具关节,果时延长;花被 5 深裂,白色或淡绿色,花被片椭圆形,大小不相等,外面 3 片较大,背部具翅,果时增大,花被果时外形近圆形,雄蕊 8,花丝下部较宽;花柱 3,极短,柱头头状。瘦果卵形,具 3 棱,黑褐色,有光泽,包于宿存花被内。花期 8～9 月,果期 9～10 月。

· 分布区域

主要分布于北温带,少数分布于热带。我国分布于陕西南部、甘肃南部、华东、华中、华南、四川、云南及贵州。生于山谷灌丛、山坡林下、沟边石隙,海拔 200～3 000 m。日本也有分布。河南多地有栽培及分布。

· 评价

何首乌因其黑须发、益精髓、延年不老等补益作用在处方及中成药中广泛应用,随着中药现代化的不断进展,关于何首乌及其成分的药理研究也不断深入,何首乌包含蒽醌类、二苯乙烯苷类、酚类、黄酮类、磷脂类等成分,关于何首乌提取物及其主要成分二苯乙烯苷类及蒽醌类药理研究较多;具有抗衰老、降脂保肝、提高免疫力、治疗骨质疏松等作用。但何首乌有可能会造成肝损伤。建议选育良种,提高嫩茎叶营养保健成分含量,充分开发其医学价值。

009　虎杖

别名:酸筒杆、酸桶芦、大接骨、斑庄根　学名:*Reynoutria japonica* Houtt.　科名:蓼科
属名:虎杖属

· 识别特征

多年生草本。根状茎粗壮,横走。茎直立,粗壮,空心,具明显的纵棱,具小突起,无毛,散生红色或紫红斑点。叶宽卵形或卵状椭圆形,近革质,顶端渐尖,基部宽楔形、截形或近圆形,边缘全缘,疏生小突起,两面无毛,沿叶脉具小突起,具小突起;托叶鞘膜质,偏斜,褐色,具纵脉,无毛,顶端截形,无缘毛,常破裂,早落。花单性,雌雄异株,花序圆锥状,腋生;苞片漏斗状,顶端渐尖,无缘毛,每苞内具 2~4 花;花梗中下部具关节;花被 5 深裂,淡绿色,雄花花被片具绿色中脉,无翅,雄蕊 8,比花被长;雌花花被片外面 3 片背部具翅,果时增大,翅扩展下延,花柱 3 裂,柱头流苏状。瘦果卵形,具 3 棱,黑褐色,有光泽,包于宿存花被内。花期 8~9 月,果期 9~10 月。

· 分布区域

主要分布于亚洲。我国分布于陕西南部、甘肃南部、华东、华中、华南、四川、云南及贵州;生于山坡灌丛、山谷、路旁、田边湿地,海拔 140~2 000 m。朝鲜、日本也有分布。河南各山区有分布。

· 评价

虎杖中主要含蒽醌类、二苯乙烯类、水溶性多糖等化学成分。除传统所述的缓泻利尿、通经、去瘀等作用外,还有蒽醌的降血压、二苯乙烯类的降血脂以及抗菌消炎等作用。虎杖大黄素可以促进 RA 大鼠促凋亡因子 Bax 表达上调,同时抑凋亡因子 Bcl - 2 表达显著下调,从而缓解类风湿性关节炎病情。虎杖苷能够对脓毒血症肾损伤肾小球血管内皮起保护作用,这可能通过 AMPK 途径抑制 mTOR 的活性,发挥其保护肾的作用。但虎杖复方制剂在应用上有一定概率发生不良反应。建议在临床应用虎杖的过程中,要注意虎杖与其他药材的配伍作用,注意用药剂量,以充分发挥其在医学上的价值。

010　小酸模

学名:*Rumex acetosella* L.　科名:蓼科　属名:酸模属

· 识别特征

多年生草本。根状茎横走,木质化。茎数条自根状茎发出,直立或上升,细弱,具沟槽,通常自中上部分枝。茎下部叶戟形,中裂片披针形或线状披针形,顶端急尖,基部两侧的裂片伸展或向上弯曲,全缘,两面无毛,茎上部叶较小叶柄短或近无柄;托叶鞘膜质,白色,常破裂。花序圆锥状,顶生,疏松,花单性,雌雄异株;花梗无关节;花簇具 2 ~ 7 花;雄花内花被片椭圆形,外花被片披针形,较小,雄蕊 6;雌花内花被片果时不增大或稍增大,卵形,顶端急尖,基部圆形,具网脉,无小瘤,外花被片披针形,果时不反折。瘦果宽卵形,具 3 棱黄褐色,有光泽。花期 6 ~ 7 月,果期 7 ~ 8 月。

· 分布区域

分布于欧洲、亚洲、北美洲。广泛分布于河南各地。

· 评价

小酸模具有极强的抗旱性;对土壤的适应范围较广,是一种繁殖能力极强的有害杂草。由于小酸模繁殖速度极为迅猛,目前在云南省昭通地区的彝良、永善、昭阳、鲁甸、镇雄、巧家等县(区)造成近 1.67 万 hm^2 的农田和草地受害,而且有扩大蔓延趋势。据调查,被小酸模侵占的农田初期粮食产量明显降低,侵占 3 ~ 4 年并连续耕种的农田,其繁殖更加旺盛,严重者可造成粮食颗粒无收,被迫弃荒;被小酸模侵占的草场,优良牧草显著减少,产量降低,退化严重。小酸模已经成为滇东北昭通地区的一大害草,给当地人们的生产、生活及经济发展带来了极大困难。建议深入研究小酸模的繁殖机制,阻断其传播途径,减少其对农田、牧场的危害。并尝试利用其抗旱性恢复干旱地区的生态环境,变害为利。

011 垂序商陆

别名:美洲商陆   学名:*Phytolacca americana* L.   科名:商陆科   属名:商陆属

· 识别特征

多年生草本。根粗壮、肥大,倒圆锥形。茎直立,圆柱形,有时带紫红色。叶片椭圆状卵形或卵状披针形,顶端急尖,基部楔形。总状花序顶生或侧生;花梗、花白色,微带红晕,花被片 5,雄蕊、心皮及花柱通常均为 10,心皮合生。果序下垂;浆果扁球形,熟时紫黑色;种子肾圆形。花期 6 ~ 8 月,果期 8 ~ 10 月。

· 分布区域

原产北美。国外主要分布于美国,墨西哥等国家。河南多地有野生分布。

· 评价

垂序商陆根具有逐水消肿、通利二便及解毒散结的药效。生物活性测定结果表明,商陆皂苷丁和商陆皂苷 H 均具有一定的活体钝化与抑制烟草花叶病毒增殖作用。其生长迅速,入侵性强,对入侵当地的生态环境有很大威胁。关于垂序商陆皂苷提取及其对特定作物害虫灭杀效果的研究极少,且研究部位集中在根部,而更易获取、前处理更简单且生物量巨大的叶片则作为废弃物被舍弃,因此挖掘垂序商陆叶片中皂苷的潜在价值,对其开发利用具有重要的经济效益和社会效益。

012 紫茉莉

别名:胭脂花、粉豆花、野丁香 **学名:***Mirabilis jalapa* L. **科名:**紫茉莉科
属名:紫茉莉属

· 识别特征

一年生草本。根粗壮、肥大,倒圆锥形,黑色或黑褐色。茎直立,圆柱形,多分枝,无毛或疏生细柔毛,节稍膨大。叶片卵形或卵状三角形,顶端渐尖,基部截形或心形,全缘,两面均无毛,脉隆起;上部叶几无柄。花常数朵簇生枝端;总苞钟形,5 裂,裂片三角状卵形,顶端渐尖,无毛,具脉纹,果时宿存;花被紫红色、黄色、白色或杂色,高脚碟状,檐部 5 浅裂;花午后开放,有香气,次日午前凋萎;雄蕊 5,花丝细长,常伸出花外,花药球形;花柱单生,线形,伸出花外,柱头头状。瘦果球形,革质,黑色,表面具皱纹;种子胚乳白粉质。花期 6 ~ 10 月,果期 8 ~ 11 月。

· 分布区域

原产热带美洲。我国南北各地常栽培,为观赏花卉,河南部分地区逸为野生。

· 评价

现代药理学研究证明,紫茉莉、喜马拉雅紫茉莉等紫茉莉属植物具有抗癌、抗菌、避孕、降血糖和杀虫作用。紫茉莉具有生态适应广、生长速度快、繁殖力强等特性,我国很多地区均有栽培。近年来,茉莉在医药、植物保护、环境保护方面都显示出了研究价值。药用部位为根,收载于中华人民共和国卫生部药品标准,用于治疗下身寒、肾炎水肿、结石、关节痛及妇科疾病等症。据报道,在中国多个省份可见到逸为野生的紫茉莉种群。根据生物学特性调查结果,紫茉莉在自然界可以建立自我繁殖种群。种子及肉质根的繁殖世代均为 1 年;肉质根及茎可以进行营养繁殖;种子产生量较大,对环境适应能力强,但缺少翅、冠毛等辅助传播结构,自然传播速度中等;紫茉莉具有观赏价值而容易被人工传播。同时,紫茉莉根、茎、叶含有抑制其他植物生长的物质,且自身生长速度快而导致其能够高密度占领生境。在中国从云南到北京的各种气候条件下,都能见到生长良好的紫茉莉植株。由于紫茉莉种子萌发率较高且根、茎具有繁殖功能,人工方式不易根除紫茉莉;在生长过程中,偶见蚜虫、少量的鳞翅目昆虫取食紫茉莉嫩的茎叶,但目前尚未见其有效天敌。参考李振宇等的评估标准对紫茉莉的入侵风险进行评估,评估结果紫茉莉有 5 项高风险、6 项中等风险指标,评估值达到 37 分。其中的繁殖和扩散特性(前 5 项)得分 19 分,根据

评估标准,属于高风险植物,必须严格限制引入的区域、数量和次数,而且引入后必须有足够措施限制其逃逸和扩散,并加强监测工作。

013 夜香紫茉莉

学名:*Mirabilis nyctaginea*(Michx.)MacMill. **科名**:紫茉莉科 **属名**:紫茉莉属

·识别特征

一年生或多年生草本。根粗壮、肥大,常呈倒圆锥形。单叶,对生,有柄或上部叶无柄。花两性,1至数朵簇生枝端或腋生;每花基部包以1个5深裂的萼状总苞,裂片直立,渐尖,折扇状,花后不扩大;花被各色,华丽,香或不香,花被筒伸长,在子房上部稍缢缩,顶端5裂,裂片平展,凋落;雄蕊5~6,与花被筒等长或外伸,花丝下部贴生花被筒上;子房卵球形或椭圆体形;花柱线形,与雄蕊等长或更长,伸出,柱头头状。果球形或倒卵球形,革质、壳质或坚纸质,平滑或有疣状凸起;胚弯曲,子叶折叠,包围粉质胚乳。

·分布区域

产热带美洲。河南省有栽培,有时逸为野生。

·评价

根、叶可供药用,有清热解毒、活血调经和滋补的功效。种子白粉可去面部癍痣粉刺。还可以作为景观植物在园林中应用。潜在入侵性评价为5级。

014 番杏

别名:法国菠菜、新西兰菠菜 **学名**:*Tetragonia tetragonioides*(Pall.)Kuntze
科名:番杏科 **属名**:番杏属

·识别特征

一年生肉质草本。无毛,表皮细胞内有针状结晶体,呈颗粒状突起。茎初直立,后平卧上升,粗壮、肥大,淡绿色,从基部分枝。叶片卵状菱形或卵状三角形,边缘波状;叶柄粗壮、肥大。花单生或2~3朵簇生叶腋;裂片3~5个,常4个,内面黄绿色;雄蕊4~13。坚果陀螺形,具钝棱,有4°~5°,附有宿存花被,具数颗种子。花果期8~10月。

·分布区域

主要分布于亚洲、大洋洲、南美洲。在我国江苏、浙江、福建、台湾、广东、云南有栽培,也野生于海滩。国外主要分布于日本、澳大利亚、阿根廷等国家。豫南地区有逸生可能。

·评价

番杏生长旺盛,易栽培,极少患病虫害,生长期内不需施用农药,常食番杏对于肠炎、败血病、肾病等患者具有较好的治疗与缓解作用。番杏含有多种维生素和金属盐,尤以维生素 C 含量较高。经常食用有助于消除体内毒素,加速体内代谢产物排出。常用于治疗消化道炎、面热目赤等症。番杏常见的病害有枯萎病和炭疽病。建议充分挖掘其食用价值和医用价值,并注重病虫害研究,进一步开发番杏的价值。

015 大花马齿苋

别名:半支莲、松叶牡丹、龙须牡丹、金丝杜鹃、洋马齿苋
学名:*Portulaca grandiflora* Hooker   **科名**:苋科   **属名**:马齿苋属

·识别特征

一年生草本。茎平卧或斜升,紫红色,多分枝,节上丛生毛。叶密集枝端,较下的叶分开,不规则互生,叶片细圆柱形,有时微弯,顶端圆钝,无毛;叶柄极短或近无柄,叶腋常生一撮白色长柔毛。花单生或数朵簇生枝端,日开夜闭;总苞 8~9 片,叶状,轮生,具白色长柔毛;萼片 2,淡黄绿色,卵状三角形,顶端急尖,多少具龙骨状突起,两面均无毛;花瓣 5 或重瓣,倒卵形,顶端微凹,红色、紫色或黄白色;雄蕊多数,花丝紫色,基部合生;花柱与雄蕊近等长,线形。蒴果近椭圆形,盖裂;种子细小,多数,圆肾形,铅灰色、灰褐色或灰黑色,有珍珠光泽,表面有小瘤状突起。花期 6~9 月,果期 8~11 月。

·分布区域

原产于南美洲。国外分布于巴西、阿根廷、乌拉圭等地。河南公园绿地有栽培应用。

·评价

大花马齿苋具有清热、解毒、消肿功效,用于咽喉肿痛、跌打损伤等,全草可以入药。大花马齿苋适应性强,是优良的节水抗旱植物,花朵颜色绚烂,非常适合城市园林绿化,我国公园、街头绿地、花圃常有栽培。但其在生长期中会受到蚜虫、甲壳虫、蜗牛的侵袭。建议寻求更好控制病虫害的方案,培育更多新品种,使其在园林绿化和城市建设中的应用前景越来越广泛。

016 土人参

别名:栌兰、假人参、参草 **学名:**_Talinum paniculatum_(Jacq.) Gaertn.
科名:马齿苋科 **属名:**土人参属

· 识别特征

一年生或多年生草本。全株无毛。主根粗壮,圆锥形,有少数分枝,皮黑褐色,断面乳白色。茎直立,肉质,基部近木质,多少分枝,圆柱形,有时具槽。叶互生或近对生,具短柄或近无柄,叶片稍肉质,倒卵形或倒卵状长椭圆形,顶端急尖,有时微凹,具短尖头,基部狭楔形,全缘。圆锥花序顶生或腋生,较大形,常二叉状分枝,具长花序梗;花小;总苞片绿色或近红色,圆形,顶端圆钝,花瓣粉红色或淡紫红色,长椭圆形、倒卵形或椭圆形,顶端圆钝,稀微凹;雄蕊,比花瓣短;花柱线形,基部具关节;柱头 3 裂,稍开展;子房卵球形;种子多数,扁圆形,黑褐色或黑色,有光泽。花期 6 ~ 8 月,果期 9 ~ 11 月。

· 分布区域

原产热带美洲。我省中部和南部均有栽植,有的逸为野生,生于阴湿地。

· 评价

土人参根具有很好的滋补效果,用其炖汤可以美容养颜,已有实验证明,其可以治疗气虚乏力、体虚自汗、脾虚泄泻、眩晕潮热等症状。土人参根,味甘淡、性平,入脾、肺经,具有健脾润肺、止咳、调经等作用,同时有类似地黄养阴、生津、益精填髓的作用,也有类似人参大补元气、补脾益气、生津、安神、增强免疫机能的功效。土人参兼具药用价值,其全株均可入药,有清热解毒、补中益气、畅通乳汁等功效,对痰多久咳、劳伤等有一定疗效,是一种天然的药。低温储藏技术能够改善土人参叶的品质,延长其保质期。建议进一步深入研究其食用价值和医用价值,钻研其储藏技术,开发市场前途。

017 落葵薯

别名:马德拉藤、藤三七、藤七 **学名:**_Anredera cordifolia_(Tenore) Steenis
科名:落葵科 **属名:**落葵薯属

· 识别特征

缠绕藤本,长可达数米。根状茎粗壮。叶具短柄,叶片卵形至近圆形,顶端急尖,基部圆形或心形,稍肉质,腋生小块茎(珠芽)。总状花序具多花,花序轴纤细、下垂;苞片狭,不超过花梗长度,宿存,花托顶端杯状,花常由此脱落;下面 1 对小苞片宿存,宽三角形,急尖,透明,上面 1 对小苞片淡绿色,比花被短,宽椭圆形至近圆形;花被片白色,渐变黑,开花时张开,卵形、长圆形至椭圆形,顶端钝圆;雄蕊白色,花丝顶端在芽中反折,开花时伸出花外;花柱白色,分裂成 3 个柱头臂,每臂具 1 棍棒状或宽椭圆形柱头。果实、种子未见。花期 6 ~ 10 月。

·分布区域

原产南美热带地区。我国江苏、浙江、福建、广东、四川、云南及北京有栽培。河南多地有栽培。

·评价

味微苦,性温,具有补益肝肾、滋补、壮腰膝、消肿散瘀等功效,主治腰膝痹痛、病后体弱、跌打损伤、骨折。落葵薯提取物对氧自由基有清除作用,并能对抗超氧阴离子自由基引起的氧化损伤作用。但落葵薯植物在贵州地区各民族聚居村寨周围表现出扩大蔓延的趋势,入侵旱地、荒地、自然草地、草坪、果园、森林及公路两旁,单一优势群落面积从几平方米到几十平方米,局部覆盖度达 100% ,严重危害本土植物,破坏生态环境。应充分宣传其医学价值,用市场经济手段鼓励公司、企业除草入药,变害为利。

018　短序落葵薯

学名: *Anredera scandens(L.) Moq.*　　**科名:** 落葵科　　**属名:** 落葵薯属

·识别特征

肉质藤本。茎具棱,无毛,绿色或紫色,长可达数米,具大块根。叶片卵形至圆形,稍肉质,顶端渐尖,基部下延。总状花序腋生,具多数花,直立或悬垂而顶端上升;苞片卵状披针形,急尖,早落;花梗宿存,下面 1 对小苞片卵状三角形,急尖,早落,上面 1 对小苞片船形,脊有宽翅,绿白色,具半圆形翅基,包裹花被和果实;花被片绿白色,薄而透明,开花时稍开放,花后不膨大;花柱白色,基部合生。果序轴红绿色,胞果卵球形至球形。种子未见。

·分布区域

原产热带美洲。在非常潮湿的气候中生长不好,需一明显的干季。我国福建、广东有栽培。河南省有少量栽培。

·评价

块根可作脓肿催熟的外用药。短序落葵薯块根多糖含量为 12.8% ,并且该多糖对超氧阴离子自由基具有显著的抑制作用,多糖在生物体内发挥作用很复杂,它除可能直接参与猝灭自由基外,还可能与调节机体内内源性抗氧化剂的活性相关。多糖可以作为一种天然的生物抗氧化剂进行开发利用,也可以与合成抗氧化剂进行复配,增强对人体健康的保护作用。但其入侵能力强,对绿地、农田、牧场造成了一定的危害。建议进一步研究其氧化机制,为临床利用提供理论基础,充分利用其各方面的价值,变害为利。

019　落葵

别名:木耳菜　学名:*Basella alba* L.　科名:落葵科　属名:落葵属

·识别特征

一年生缠绕草本。茎长可达数米,无毛,肉质,绿色或略带紫红色。叶片卵形或近圆形,顶端渐尖,基部微心形或圆形,下延成柄,全缘,背面叶脉微突起;叶柄上有凹槽。穗状花序腋生,苞片极小,早落;小苞片2层,萼状,长圆形,宿存;花被片淡红色或淡紫色,卵状长圆形,全缘,顶端钝圆,内摺,下部白色,连合成筒;雄蕊着生花被筒口,花丝短,基部扁宽,白色,花药淡黄色;柱头椭圆形。果实球形,红色至深红色或黑色,多汁液,外包宿存小苞片及花被。花期5~9月,果期7~10月。

·分布区域

原产亚洲热带地区。我省南北各地多有种植,南方有逸为野生的。

·评价

叶含有多种维生素和钙、铁,栽培作蔬菜,也可观赏。果汁可作无害的食品着色剂。落葵除具有食用价值外,还具有一定的药用价值,其味甘,微酸,性寒、毒,有清热解毒、润燥滑肠、利尿凉血的功效。民间多用于治疗胸膈烦热、大便秘结、小便短涩、阑尾炎、痢疾、便血、斑疹、疔疮等症,捣烂外敷可治外伤出血、烧烫伤及痈毒。其易感病,种植时需注意预防病害。建议研究其受病虫害的机制,制订预防病虫害的方案,培育优良品种,使其医学价值得到最大化利用。

020　球序卷耳

别名:婆婆指甲菜　学名:*Cerastium glomeratum* Thuill.　科名:石竹科　属名:卷耳属

·识别特征

一年生草本。茎单生或丛生,密被长柔毛,上部混生腺毛。茎下部叶叶片匙形,顶端钝,基部渐狭成柄状;上部茎生叶叶片倒卵状椭圆形,顶端急尖,基部渐狭成短柄状,两面皆被长柔毛,边缘具缘毛,中脉明显。聚伞花序呈簇生状或头状;花序轴密被腺柔毛;苞片草质,卵状椭圆形,密被柔毛;花梗细,密被柔毛;萼片5,披针形,顶端尖,外面密被长腺毛,边缘狭膜质;花瓣5个,白色,线状长圆形,与萼片近等长或微长,顶端2浅裂,基部被疏柔毛;雄蕊明显短于萼;花柱5裂。蒴果长圆柱形,长于宿存萼0.5~1倍,顶端10齿裂;种子褐色,扁三角形,具疣状凸起。花期3~4月,果期5~6月。

本种花果皆小,过去与簇生卷耳[*fontanum Baumg.* subsp. triviale(Link)Jalas]常相混,但本种叶倒卵状匙形,顶端钝,花序常密集呈头状;下部花的花瓣和雄蕊一部分退化。

· 分布区域

分布于世界各地。我国主要分布于山东、江苏、浙江、湖北、湖南、江西、福建、云南(维西)、西藏(亚东)。生于山坡草地。分布于河南省各地。

· 评价

其味淡、性凉。有清热解表、降压、解毒之效。用于治疗感冒发热、湿热泄泻、肠风下血、乳痈、疔疮、高血压。球序卷耳草质柔嫩,营养价值高,可刈割或调制干草,且干草质量好,尤适牲畜早春补料,为牛羊喜食,猪最喜食。但球序卷耳是湖南地区春季蔬菜、油菜、玉米等作物田中的主要杂草,其自然发生量大、繁殖迅速、生命力强,严重影响作物的质量和产量。建议宣传其在畜牧业、医学等领域的价值,鼓励牧民、公司除草入药,变害为利。

021 鹅肠菜

别名:牛繁缕、鹅肠草　　**学名:***Myosoton aquaticum*(L.)Moench　　**科名:**石竹科
属名:鹅肠菜属

· 识别特征

二年生或多年生草本,具须根。茎上升,多分枝,上部被腺毛。叶片卵形或宽卵形,顶端急尖,基部稍心形,有时边缘具毛;叶柄上部叶常无柄或具短柄,疏生柔毛。顶生二歧聚伞花序;苞片叶状,边缘具腺毛;花梗细,长1~2 cm,花后伸长并向下弯,密被腺毛;萼片卵状披针形或长卵形,果期长达7 mm,顶端较钝,边缘狭膜质,外面被腺柔毛,脉纹不明显;花瓣白色,2深裂至基部,裂片线形或披针状线形,雄蕊10,稍短于花瓣;子房长圆形,花柱短,线形。蒴果卵圆形,稍长于宿存萼;种子近肾形,稍扁,褐色,具小疣。花期5~8月,果期6~9月。

· 分布区域

分布于北半球温带、热带以及北非。我国南北各省均有分布。生于海拔350~2 700 m的河流两旁冲积沙地的低湿处或灌丛林缘和水沟旁。分布于河南省各地。

· 评价

鹅肠菜为二年生或多年生草本,生态幅较广,适应能力较强。全草供药用,祛风解毒,

外敷治疖疮;幼苗可作野菜和饲料。在西南喀斯特地区农民将野生鹅肠菜作为重要饲用牧草喂养家畜。可选择合适的地区规模化种植鹅肠菜,发挥其在医学、食品和畜牧等领域的价值。

022 白花蝇子草

别名:黏蝇草、野蚊子草　学名:*Silene pratensis* (Rafin) Godron et Gren.　科名:石竹科 属名:蝇子草属

· 识别特征

一、二年生草本,稀多年生。茎直立,分枝,下部被柔毛,上部被腺柔毛。下部茎生叶叶片椭圆形,基部渐狭成柄状,上部茎生叶叶片长圆状披针形或披针形,无柄,顶端渐尖,两面和边缘密被短柔毛,具3基出脉。花单性,雌雄异株,成二歧聚伞花序;花梗短,被腺柔毛;苞片卵状披针形,被柔毛;花萼被短柔毛和腺毛,萼齿三角形,顶端渐尖,边缘具腺柔毛;雄花萼筒状钟形,具10条纵脉;雌花萼筒状卵形,果期中部膨大,上部收缩,具20条纵脉;雌雄蕊柄极短;花瓣白色,爪露出花萼,楔形,无毛,耳不明显,瓣片轮廓倒卵形,深2裂;副花冠片小或不明显;雄蕊不外露;雌花花柱5。蒴果卵形,0齿裂;种子肾形,灰褐色。花期6~7月,果期7~8月。

· 分布区域

广布于欧洲、亚洲(西伯利亚、中亚)。国外分布于俄罗斯、乌克兰、哈萨克斯坦等国家。我国主要分布于辽宁(沈阳)。外来逸生种,生于农田旁或沟渠边。豫南山区有分布。

· 评价

具清热利湿、解毒消肿功效。用于痢疾、肠炎;外用治蝮蛇咬伤、扭挫伤、关节肌肉酸痛。根与叶含有多种氨基酸,有较高的药用价值。生存能力强,人工种植易成活。建议选择水肥条件良好的地区进行种植,同时注意防范病虫害,避免其产量与品质的下降。

023 无瓣繁缕

学名:*Stellaria apetala* Ucria ex Roem.　科名:石竹科　属名:繁缕属

· 识别特征

茎通常铺散,有时上升,基部分枝有1列长柔毛,但绝不被腺柔毛。叶小,叶片近卵形,顶端急尖,基部楔形,两面无毛,上部及中部者无柄,下部者具长柄。二歧聚伞状花序;

花梗细长;萼片披针形,顶端急尖,稀卵圆状披针形而近钝,多少被密柔毛,稀无毛;花瓣无或小,近于退化;雄蕊(0)3~5(10);花柱极短。种子小,淡红褐色,较 *St. media* (L.) Cyr. 和 *St. neglecta* Weihe 等小 2~3 倍,具不显著的小瘤凸,边缘多少锯齿状或近平滑。

· 分布区域

欧洲、亚洲和北美洲均有分布。在我国分布于江苏、新疆等地。为河南常见杂草。

· 评价

繁缕因其植株矮小,根系细而浅,不易与果树争水、争肥、争光,而且不会增加灌溉、施肥的地面操作难度;繁缕繁殖力及分蘖能力旺盛,具有地面覆盖能力强、覆盖周期长、保水保墒能力强、快速增加土壤有机质的特性,而且繁缕适应力较强,可减少生草管理难度。综上特性,繁缕被认为是果园生草利用前景很好的草种。其民间用途广泛,多具清热解毒、活血止痛、消肿等功效。主治痢疾、痈疮肿毒、乳痈、肠痈、疔肿、跌打损伤、产后瘀滞腹痛等。复方繁缕降压汤对肝火亢盛型原发性高血压病患者疗效确切。但繁缕是北方棚室蔬菜栽培中常见的,也是比较难防治的杂草之一,在适宜的棚室温湿度条件下能够常年发生,并且发展蔓延速度很快,严重的在短时间内可铺满棚室内的各个角落,与蔬菜争水、争肥、争光,影响蔬菜的生长发育,给棚室蔬菜的生产带来危害。建议将其适度引入果园,清出菜园,扬长避短,充分发挥无瓣繁缕的优势,发扬其经济价值。

024 麦蓝菜

别名:王不留行、麦蓝子   学名:*Vaccaria segetalis*   科名:石竹科   属名:麦蓝菜属

· 识别特征

一年生或二年生草本。全株无毛,微被白粉,呈灰绿色。根为主根系。茎单生,直立,上部分枝。叶片卵状披针形或披针形,基部圆形或近心形,微抱茎,顶端急尖,具基 3 出脉。伞房花序稀疏;花梗细,苞片披针形,着生花梗中上部;花萼卵状圆锥形,后期微膨大呈球形,棱绿色,棱间绿白色,近膜质,萼齿小,三角形,顶端急尖,边缘膜质;雌雄蕊柄极短;花瓣淡红色,爪狭楔形,淡绿色,瓣片狭倒卵形,斜展或平展,微凹缺,有时具不明显的缺刻;雄蕊内藏;花柱线形,微外露。蒴果宽卵形或近圆球形;种子近圆球形,红褐色至黑色。花期 5~7 月,果期 6~8 月。

· 分布区域

广布于欧洲和亚洲。我国除华南外,全国都产。生于草坡、撂荒地或麦田中,为麦田常见杂草。广泛分布于河南农区。

· 评价

种子入药,治闭经、乳汁不通、乳腺炎和痈疖肿痛。基础日粮中添加麦蓝菜植株和种子均可以显著提高奶牛产奶量和乳品质。麦蓝菜具有抗凝血、降低全血黏度作用,并且与丹参配伍后有协同增效作用,作用优于单味药。麦蓝菜籽耳穴贴压对心律失常、习惯性便秘、冠心病、失眠有较好的治疗作用。在人工种植中要注意麦蓝菜是一年生草本植物,喜凉爽湿润环境,怕积水。建议选择在透水良好的低山丘陵地区进行种植,加强管理,提高其品质,以更好地发挥其医学价值。

025　小藜

别名:苦落藜　学名:*Chenopodium serotinum* L.　科名:藜科　属名:藜属

·识别特征

一年生草本。茎直立,具条棱及绿色色条。叶片卵状矩圆形,通常三浅裂;中裂片两边近平行,先端钝或急尖并具短尖头,边缘具深波状锯齿;侧裂片位于中部以下,通常各具2浅裂齿。花两性,数个团集,排列于上部的枝上形成较开展的顶生圆锥状花序;花被近球形,5深裂,裂片宽卵形,不开展,背面具微纵隆脊并有密粉;雄蕊5枚,开花时外伸;柱头2裂,丝形。胞果包在花被内,果皮与种子贴生。种子双凸镜状,黑色,有光泽,边缘微钝,表面具六角形细洼;胚环形。4~5月开始开花。

·分布区域

分布于世界各地。我国除西藏未见标本外,各省区都有分布。为河南普通田间杂草,有时也生于荒地、道旁、垃圾堆等处。

·评价

小藜的生长可提高土壤的储水能力,降低土地的盐碱化程度。这样不仅为小藜的存活保留了必需的水分,保证其旺盛生长,同时也为其他植物的存活提供了可能性。小藜能够抑制外来入侵物种紫茎泽兰的生长。但同时小藜又是田间杂草,会大大影响农作物的产量。建议在水土盐碱化严重的地区适度引种小藜,改善当地土壤环境,充分发挥其价值。

026　灰绿藜

别名:盐灰菜　学名:*Chenopodium glaucum* L.　科名:藜科　属名:藜属

·识别特征

一年生草本。茎平卧或外倾,具条棱及绿色或紫红色色条。叶片矩圆状卵形至披针形,肥厚,先端急尖或钝,基部渐狭,边缘具缺刻状牙齿,上面无粉、平滑,下面有粉而呈灰白色,有稍带紫红色;中脉明显,黄绿色;花两性,兼有雌性,通常数花聚成团伞花序,再于分枝上排列成有间断而通常短于叶的穗状或圆锥状花序;花被裂片 3 ~ 4,浅绿色,稍肥厚,通常无粉,狭矩圆形或倒卵状披针形,先端通常钝;雄蕊 1 ~ 2 枚,花丝不伸出花被,花药球形;柱头 2,极短。胞果顶端露出于花被外,果皮膜质,黄白色。种子扁球形,横生、斜生及直立,暗褐色或红褐色,边缘钝,表面有细点纹。花果期 5 ~ 10 月。

·分布区域

广布于南北半球的温带。根据现有标本和资料,我国除台湾、福建、江西、广东、广西、贵州、云南诸省区外,其他各地都有分布。生于农田、菜园、村房、水边等有轻度盐碱的土壤上。国外分布于日本、墨西哥、智利等国家。河南有少量分布。

·评价

灰绿藜为一年生草本盐生植物,广泛分布于新疆干旱区的中低度盐碱地区。其叶片富含蛋白质,可作为饲料添加剂和人类食品添加剂,而且在盐碱地种植灰绿藜可以降低土壤含盐量并增加土壤有机质含量,因此灰绿藜可以作为改良盐碱土壤的一种潜在的经济盐生植物,也是适应碱性生境的先锋物种之一。建议在土壤盐碱化严重的地区引种该植物,在改善当地土壤环境的同时,也可增加当地的经济收入。

027 杂配藜

别名:大叶藜、血见愁　　学名:*Chenopodium hybridum* L.　　科名:藜科　　属名:藜属

·识别特征

一年生草本,茎直立、粗壮,具淡黄色或紫色条棱,上部有疏分枝,无粉或枝上稍有粉。叶片宽卵形至卵状三角形,两面均呈亮绿色,无粉或稍有粉,先端急尖或渐尖,基部圆形、截形或略呈心形,边缘掌状浅裂;裂片 2 ~ 3 对,不等大,轮廓略呈五角形,先端通常锐;上部叶较小,叶片多呈三角状戟形,边缘具较少数的裂片状锯齿,有时几全缘;花两性兼有雌性,通常数个团集,在分枝上排列成开散的圆锥状花序;花被 5 裂片,狭卵形,先端钝,背面具纵脊并稍有粉,边缘膜质;雄蕊 5 枚。胞果双凸镜状;果皮膜质,有白色斑点,与种子贴生。种子横生,与胞果同形,黑色,无光泽,表面具明显的圆形深洼或呈凹凸不平;胚环形。花果期 7 ~ 9 月。

·分布区域

主要分布于北美洲、欧洲、亚洲。国内分布于黑龙江、吉林、辽宁、内蒙古、河北、浙江、山西、陕西、宁夏、甘肃、四川、云南、青海、西藏、新疆。生于林缘、山坡灌丛间、沟沿等处。国外分布于西伯利亚、蒙古、朝鲜、日本、夏威夷群岛、印度东部。河南有少量分布。

· 评价

杂配藜地上部分可作中药,主治月经不调、子宫出血、吐血、衄血、咯血、尿血等症。研究表明,藜属植物富含黄酮、酚酸和萜类物质,黄酮类化合物具有抗氧化、抗肿瘤、调节免疫、增强心血管功能、抗过敏、抗菌消炎、降血糖、降血脂、抗病毒、养胃护脾、利肝等功效。现代药学研究表明,许多藜属植物具有止痒、抗菌、抗癌活性,并作为民间中药广泛使用。幼苗可做家畜饲料,但大量食用会引起猪、羊等硝酸盐中毒。建议深入挖掘其抗癌机制,为临床利用提供理论基础。

028 铺地藜

学名: *Chenopodium pumilio* R. Br.   **科名:** 藜科   **属名:** 藜属

· 识别特征

本种植株铺散或平卧,全株密被柔毛。叶片卵圆形,长 1~2.5 cm、宽 0.4~1 cm,叶缘有 3~5 对牙齿,幼叶背面密生黄色腺粒,后渐变稀疏,两面均被节毛,具有特殊气味。团集聚伞花序腋生,花被片 5,具 1~3 枚雄蕊或无,柱头 2。其近似种土荆芥在山东有分布,其茎直立。叶片披针形,边缘具稀疏不整齐的大锯齿,上面平滑无毛,叶片较大,下部的叶长达 15 cm、宽达 5 cm。雄蕊 5,柱头 3(4),种子横生或斜生。两者明显不同。

· 分布区域

原产于澳大利亚。河南兰考、开封、中牟、郑州、荥阳有分布,生长于沟边、路边、农田。

· 评价

该种属于无意引入,最早出现在河南中部,由于近似土荆芥,而没有引起注意。目前在黄土丘陵区已经蔓延开。按中国外来植物入侵评价其被评为 5 级,属入侵性较低种。虽然不及土荆芥强,但也要引足够的重视。

029 土荆芥

别名: 鹅脚草、杀虫芥   **学名:** *Chenopodium ambrosioides* L.   **科名:** 藜科   **属名:** 藜属

· 识别特征

一年生或多年生草本,有强烈香味。茎直立,多分枝,有色条及钝条棱;枝通常细瘦,有短柔毛并兼有具节的长柔毛,有时近于无毛。叶片矩圆状披针形至披针形,先端急尖或渐尖,边缘具稀疏不整齐的大锯齿,基部渐狭、具短柄,上面平滑无毛,下面有散生油点并

沿叶脉稍有毛,上部叶逐渐狭小而近全缘。花两性及雌性,通常3~5个团集,生于上部叶腋;花被裂片5,较少为3,绿色,果时通常闭合;雄蕊5;花柱不明显,柱头通常3,较少为4,丝形,伸出花被外。胞果扁球形,完全包于花被内。种子横生或斜生,黑色或暗红色,平滑,有光泽,边缘钝。花期和果期的时间都很长。

· 分布区域

原产热带美洲,现广布于世界热带及温带地区。我国广西、广东、福建、台湾、江苏、浙江、江西、湖南、四川等省有野生,喜生于村旁、路边、河岸等处。广泛分布于河南各地。

· 评价

土荆芥全草入药,始载于《生草药性备要》,具有祛风止痛、解毒消肿、杀虫驱虫、止痒止泻等功效,南方各省民间多有使用。目前市场上以土荆芥为主要原料的成药有荆花胃康胶丸、外感平安茶、姜黄消痤搽剂、腹安冲剂、清热感冒冲剂等。但土荆芥也是入侵植物,其挥发油具有较强的化感作用,会抑制周边植物生长。通过合理规划、正确引导进行人工栽培,可利用土荆芥防治恶性杂草蔓延。建议积极利用土荆芥对其他杂草进行防治,做到以生物防止生物,从而避免化学试剂对环境的污染。土荆芥入侵性极强,目前已成为河南主要入侵植物,对本地生物多样性构成严重威胁,应引起重视。

030 锦绣苋

别名:五色草、红节节草、红莲子草　**学名**:*Alternanthera bettzickiana*(Regel)Nichols.
科名:苋科　**属名**:莲子草属

· 识别特征

多年生草本。茎直立或基部匍匐,多分枝,上部四棱形,下部圆柱形,两侧各有一纵沟,在顶端及节部有贴生柔毛。叶片矩圆形、矩圆倒卵形或匙形,顶端急尖或圆钝,有凸尖,基部渐狭,边缘皱波状,绿色或红色,或部分绿色,杂以红色或黄色斑纹,幼时有柔毛后脱落;叶柄稍有柔毛。头状花序顶生及腋生,2~5个丛生,无总花梗,苞片及小苞片卵状披针形,顶端渐尖,无毛或脊部有长柔毛;花被片卵状矩圆形,白色,凹形,背部下半密生开展柔毛,中间1片较短,稍凹或近扁平,疏生柔毛或无毛,内面2片极凹,稍短且较窄,疏生柔毛或无毛。果实不发育。花期8~9月。

· 分布区域

原产巴西,现我省各地均有栽培。

· 评价

由于叶片有各种颜色,可用作布置花坛,排成各种图案,全植物入药,有清热解毒、凉血止血、清积逐瘀等功效。同时,具有清肝明目、凉血止血的功效,可治结膜炎、便血、痢疾。建议各公园、绿地将其引入,搭配其他景观植物,提高锦绣苋的观赏价值。

031 喜旱莲子草

别名:空心苋、水花生 **学名**:*Alternanthera philoxeroides(Mart.)Griseb.* **科名**:苋科
属名:莲子草属

·识别特征

多年生草本。茎基部匍匐,上部上升,管状,不明显4棱,具分枝,幼茎及叶腋有白色或锈色柔毛,茎老时无毛,仅在两侧纵沟内保留。叶片矩圆形、矩圆状倒卵形或倒卵状披针形,顶端急尖或圆钝,具短尖,基部渐狭,全缘,两面无毛或上面有贴生毛及缘毛,下面有颗粒状突起;叶柄无毛或微有柔毛。花密生,成具总花梗的头状花序,单生在叶腋,球形,苞片及小苞片白色,顶端渐尖,具1脉;苞片卵形,小苞片披针形,花被片矩圆形,白色,光亮,无毛,顶端急尖,背部侧扁;雄蕊花丝基部连合成杯状;退化雄蕊矩圆状条形,和雄蕊约等长,顶端裂成窄条;子房倒卵形,具短柄,背面侧扁,顶端圆形。果实未见。花期5~10月。

·分布区域

原产巴西,我国引种于北京、江苏、浙江、江西、湖南、福建,后逸为野生。河南境内生在池沼、水沟内。

·评价

喜旱莲子草各有机相提取物对小菜蛾和斜纹夜蛾均具有一定的选择忌避作用,在防治虫害方面有重大意义。但具有阻塞航运、造成作物减产、使水体富营养化、传播寄生虫病及增加草坪养护成本等危害。总的来说,喜旱莲子草生长繁殖迅速,抗逆性强,可生长于农作物不易生长的边际土地上,生物量大,资源丰富。目前对喜旱莲子草的利用研究,许多还处于试验阶段,预计在不久的将来,将会在工农业生产、环境污染治理、医药等多方面得到越来越多的实际应用,变废为宝。

032 白苋

别名:野苋、假苋菜、绿苋 **学名**:*Amaranthus albus* **科名**:苋科 **属名**:苋属

·识别特征

一年生草本。茎上升或直立,从基部分枝,分枝铺散,绿白色,有不明显棱角,无毛或

具糙毛。叶片倒卵形或匙形,顶端圆钝或微凹,具凸头,基部渐狭,边缘微波状,无毛;叶柄无毛。花簇腋生,或成短顶生穗状花序,有 1 或数花;苞片及小苞片钻形,稍坚硬,顶端长锥状锐尖,向外反曲,背面具龙骨;花被片比苞片短,稍呈薄膜状,雄花者矩圆形,顶端长渐尖,雌花者矩圆形或钻形,顶端短渐尖;雄蕊伸出花外;柱头 3。胞果扁平,倒卵形,黑褐色,皱缩,环状横裂。种子近球形,黑色至黑棕色,边缘锐。花期 7 ~ 8 月,果期 9 月。

·分布区域

广布于北美洲、欧洲、亚洲。我国主要分布于黑龙江、河北、新疆。生在农家附近、路旁及杂草地上。国外分布于美国、墨西哥、俄罗斯、日本等国家。河南有少量分布。

·评价

白苋维生素含量丰富,其中维生素 C 含量尤为丰富,在治疗疮肿、走马牙疳、蛇咬伤、蜂蛰螫伤方面有极好的作用。但同时又是我国农村常见的一年生杂草,影响中耕作物及牧草的产量。建议推广其医学价值,引导人们除草入药,变废为宝。

033　北美苋

别名:美苋　学名:*Amaranthus blitoides*　科名:苋科　属名:苋属

·识别特征

一年生草本。茎大部分伏卧,从基部分枝,绿白色,全体无毛或近无毛。叶片密生,倒卵形、匙形至矩圆状倒披针形,顶端圆钝或急尖,具细凸尖,基部楔形,全缘;花成腋生花簇,比叶柄短,有少数花;苞片及小苞片披针形,顶端急尖,具尖芒;花被片 4,有时 5,卵状披针形至矩圆披针形,绿色,顶端稍渐尖,具尖芒;柱头 3,顶端卷曲。胞果椭圆形,环状横裂,上面带淡红色,近平滑,比最长花被片短。种子卵形,黑色,稍有光泽。花期 8 ~ 9 月,果期 9 ~ 10 月。

·分布区域

广布于北美。我国分布于辽宁(旅顺、大连)。河南田野、路旁有分布。

·评价

北美苋可做蔬食、入药、景观观赏,但作为一般性杂草,有时侵入中耕旱作物田及菜园危害,但发生量很小。作为外来物种,有一定入侵性,破坏生态环境,降低生物多样性。建议多方面利用北美苋,提升其在食品、医学等方面的价值。同时,也要警惕其入侵当地生态环境的影响。

034 凹头苋

别名:野苋、光苋菜　**学名:***Amaranthus lividus* L.　**科名:**苋科　**属名:**苋属

·识别特征

一年生草本,全体无毛;茎伏卧而上升,从基部分枝,淡绿色或紫红色。叶片卵形或菱状卵形,顶端凹缺,有 1 芒尖,或微小不显,基部宽楔形,全缘或稍呈波状。花成腋生花簇,直至下部叶的腋部,生在茎端和枝端者成直立穗状花序或圆锥花序;苞片及小苞片矩圆形;花被片矩圆形或披针形,淡绿色,顶端急尖,边缘内曲,背部有 1 隆起中脉;雄蕊比花被片稍短;柱头 3 或 2,果熟时脱落。胞果扁卵形,不裂,微皱缩而近平滑,超出宿存花被片。种子环形,黑色至黑褐色,边缘具环状边。花期 7 ~ 8 月,果期 8 ~ 9 月。

·分布区域

世界上分布于亚洲、欧洲、非洲。我国除内蒙古、宁夏、青海、西藏外,广泛分布。河南省广泛分布。

·评价

凹头苋全草入药,用作缓和止痛、收敛、利尿、解热剂;种子有明目、利大小便、去寒热的功效;鲜根有清热解毒作用。但凹头苋一旦逃逸进入自然生态系统,就能自行繁殖和扩散,形成野化种群,对新生态环境的物种构成一定的威胁。目前对凹头苋的研究主要集中在杂草防治领域。建议更深层次地研究其在医学领域的价值,变废为宝,充分发挥其应有的价值。

035 尾穗苋

别名:老枪谷　**学名:***Amaranthus caudatus* L.　**科名:**苋科　**属名:**苋属

·识别特征

老枪谷为一年生草本植物;茎直立、粗壮,具钝棱角,单一或稍分枝,绿色,或常带粉红色,幼时有短柔毛,后渐脱落。叶片菱状卵形或菱状披针形,顶端短渐尖或圆钝,具凸尖,基部宽楔形,稍不对称,全缘或波状缘,绿色或红色,除在叶脉上稍有柔毛外,两面无毛;叶柄绿色或粉红色,疏生柔毛。圆锥花序顶生,下垂,有多数分枝,中央分枝特长,由多数穗状花序形成,顶端钝,花密集成雌花和雄花混生的花簇;苞片及小苞片披针形,红色,透明,顶端尾尖,边缘有疏齿,背面有 1 中脉;花被片红色,透明,顶端具凸尖,边缘互压,有 1 中脉,雄花的花被片矩圆形,雌花的花被片矩圆状披针形;雄蕊稍超出;柱头 3,长不及 1

mm。胞果近球形,上半部红色,超出花被片。种子近球形,淡棕黄色,有厚的环。花期7～8月,果期9～10月。

·分布区域

原产热带,分布于世界各地。我省各地栽培,有时逸为野生。

·评价

尾穗苋作为常用中草药使用,药用资源广阔。尾穗苋的叶具有解毒、消肿、止痛的功效,用于治疗疔、疥、荨麻疹等症。尾穗苋种子具有清热透表作用。主要治疗小儿水痘、麻疹。尾穗苋的根具有健脾益血的功效。对治疗贫血、小儿疳积有一定疗效。此外,尾穗苋对重金属具有较强的吸附能力,在美化环境、固土保水的同时,能通过收割植物体达到修复和净化土壤的目的。建议规模化种植尾穗苋,进一步研究其药用机制,并在城市生活垃圾卫生填埋场大量种植尾穗苋,充分发挥其医学价值和生态修复价值。

036 繁穗苋

别名:天雪米、老鸦谷、鸦谷   **学名**:*Amaranthus paniculatus* L.   **科名**:苋科   **属名**:苋属

·识别特征

与尾穗苋相近,区别为:圆锥花序直立或以后下垂,花穗顶端尖;苞片及花被片顶端芒刺明显;花被片和胞果等长。又和千穗谷相近,区别为:雌花苞片为花被片长的1倍半,花被片顶端圆钝。花期6～7月,果期9～10月。

·分布区域

全世界广泛分布。我省各地栽培或野生。

·评价

繁穗苋适应性强,管理方便,生长快,再生力强。由于其产量高,适口性好,常被作为一种重要的猪饲料。其茎叶可作为蔬菜,种子可作为粮食。此外,繁穗苋色泽艳丽,茎叶招展,具有很高的观赏价值,常与其他园林植物进行搭配。但繁穗苋入侵农田后,与农作物竞争水分、营养,严重降低农作物的产量。建议充分宣传繁穗苋的饲用价值,鼓励农民除草为粮,充分发挥繁穗苋的饲用价值和经济价值。

037　绿穗苋

学名:*Amaranthus hybridus*　科名:苋科　属名:苋属

·识别特征

一年生草本。茎直立,分枝,上部近弯曲,有开展柔毛。叶片卵形或菱状卵形,顶端急尖或微凹,具凸尖,基部楔形,边缘波状或有不明显锯齿,微粗糙,上面近无毛,下面疏生柔毛;叶柄有柔毛。圆锥花序顶生,细长,上升稍弯曲,有分枝,穗状花序,中间花穗最长;苞片及小苞片钻状披针形,中脉坚硬,绿色,向前伸出成尖芒;花被片矩圆状披针形,顶端锐尖,具凸尖,中脉绿色;雄蕊略和花被片等长或稍长;柱头3。胞果卵形,环状横裂,超出宿存花被片。种子近球形,黑色。花期7~8月,果期9~10月。和反枝苋极相近,但本种花序较细长,苞片较短,胞果超出宿存花被片,可以区别。

·分布区域

广布于欧洲、南美洲、北美洲。我国主要分布于陕西南部、安徽、江苏、浙江、江西、湖南、湖北、四川、贵州。河南汝阳有分布。

·评价

绿穗苋具有抗氧化、降血糖、降血脂等生理功能。绿穗苋中角鲨烯、类胰岛素等物质具有降糖保健的功效,其多酚具有抗衰老、抗肿瘤、抗病毒等生物活性,绿穗苋中含有大量多糖类物质,生命活动的正常运转离不开糖类,多糖作为一种重要的糖类,对生命活动的开展有着极其重要的作用,在医药、保健、食品等方面有着广泛的应用前景。绿穗苋在修复土壤镉污染上也有着极为重要的作用。但在农田中要及时铲除,防止其降低农作物的产量。建议在低山丘陵地区种植绿穗苋,推广其在各方面的应用,充分发挥出其在环境污染治理和医学方面的价值。

038　千穗谷

学名:*Amaranthus hypochondriacus L.*　科名:苋科　属名:苋属

·识别特征

一年生草本。茎绿色或紫红色,分枝,无毛或上部微有柔毛。叶片菱状卵形或矩圆状披针形,顶端急尖或短渐尖,具凸尖,基部楔形,全缘或波状缘,无毛,上面常带紫色;叶柄无毛。圆锥花序顶生,直立,圆柱形,不分枝或分枝,由多数穗状花序形成,侧生穗较短,花簇在花序上排列极密;苞片及小苞片卵状钻形,为花被片长的2倍,绿色或紫红色,背部中脉隆起,成长凸尖;花被片矩圆形,顶端急尖或渐尖,绿色或紫红色,有1深色中脉,成长凸尖;柱头2~3。胞果近菱状卵形,环状横裂,绿色,上部带紫色,超出宿存花被。种子近球形,白色,边缘锐。花期7~8月,果期8~9月。

· 分布区域

原产北美,我国内蒙古、河北、四川、云南等地栽培供观赏。河南有栽培。

· 评价

千穗谷中矿物质含量极其丰富,不但富含钾、镁、钠、钙等,而且微量元素铁、锌、锰、铬、镍、钴、硒也颇丰。高含量的锌、镁、钙有利于调节毛细血管通透性,促进心肌代谢,可帮助儿童提高智力、促进骨骼生长及形成血液,并可预防老年骨质疏松、动脉硬化、抑制癌症。此外,千穗谷还是一种优良的高产饲料作物,有绿茎、红茎两种,其茎叶柔嫩,营养价值较高,适口性好,纤维素含量低,因此是养猪、禽的好饲料。但其生长过程中易受到蝼蛄、地老虎的危害。建议继续研究千穗谷的保健作用,技术成熟时规模化种植千穗谷,充分发挥千穗谷的保健和食用价值。

039 长芒苋

学名:_Amaranthus palmeri_ S. _Watson_　　**科名:**苋科　　**属名:**苋属

· 识别特征

一年生草本。雌雄异株,茎直立,分枝斜展至近平展。叶无毛,卵形至菱状卵形,上部可呈披针形。花穗状花序,生茎和侧枝顶端,直伸或略弯曲。花被片5,雄蕊5(雄株),花柱2(3)(雌株)。花果期7~10月。果近球形。

· 分布区域

原产美国西南部至加拿大北部。河南有少量野生分布。

· 评价

长芒苋植株高大、覆盖度大、竞争力强,能抑制当地物种的生长,很容易形成优势群落,对生物多样性和生态环境起到破坏作用,是农田作物营养和空间竞争最大的恶性杂草之一,能使棉花,大豆大大减产。此外,长芒苋雌花序外苞片芒尖、长,人工拔除时易被刺伤,给农事活动带来较大影响。建议对长芒苋进行有效预防控制,对长芒苋传入我国的风险进行研究,并提出相关风险管理措施,为相关检测机构制定检疫措施提供科学依据,严防其传入、传播、扩散及危害。

040 合被苋

别名:泰山苋 学名:*Amaranthus polygonoides* 科名:苋科 属名:苋属

· 识别特征

茎直立或斜升,绿白色,下部有时淡紫红色,通常多分枝,被短柔毛,基部变无毛。叶卵形、倒卵形或椭圆状披针形,先端微凹或圆形,具长芒尖,基部楔形,上面中央常横生一条白色斑带,干后不显,无毛。花簇腋生,总梗极短,花单性,雌雄花混生;苞片及小苞片披针形,长不及花被的1/2。花被(4)5裂,膜质,白色,具3条纵脉,中肋绿色;雄花花被片长椭圆形,仅基部连合,雄蕊2(3);雌花被裂片匙形,先端急尖,下部约1/3合生成筒状,宿存并呈海绵质,柱头2~3裂。胞果不裂,长圆形,略长于花被,上部微皱。种子双凸镜状,红褐色且有光泽。

· 分布区域

原产于美国、墨西哥。我国分布于山东、北京、安徽等地。河南有少量栽培。

· 评价

合被苋生长速度快,部分地区作为野菜和饲草。但其作为旱作地和草坪的杂草,常随作物种子、带土苗木和草皮扩散,在个别地段已经成为群落的优势种,并呈现入侵种的种群蔓延和增长特点。目前对合被苋的预防、控制和管理措施以及利用都较少。建议深入研究合被苋的传播机制,阻断其传播途径,防止其危害生态环境。并进一步研究其物质组成、营养成分,为其作为饲草培养提供理论依据。

041 反枝苋

别名:野苋菜、苋菜、西风谷 学名:*Amaranthus retroflexus* 科名:苋科 属名:苋属

· 识别特征

一年生草本。茎直立、粗壮,单一或分枝,淡绿色,有时具带紫色条纹,稍具钝棱,密生短柔毛。叶片菱状卵形或椭圆状卵形,顶端锐尖或尖凹,有小凸尖,基部楔形,全缘或波状缘,两面及边缘有柔毛,下面毛较密;叶柄淡绿色,有时淡紫色,有柔毛。圆锥花序顶生及腋生,直立,由多数穗状花序形成,顶生花穗较侧生者长;苞片及小苞片钻形,白色,背面有1龙骨状突起,伸出顶端成白色尖芒;花被片矩圆形或矩圆状倒卵形,薄膜质,白色,有1淡绿色细中脉,顶端急尖或尖凹,具凸尖;雄蕊比花被片稍长;柱头3,有时2。胞果扁卵形,环状横裂,薄膜质,淡绿色,包裹在宿存花被片内。种子近球形,棕色或黑色,边缘钝。

花期7~8月,果期8~9月。

· 分布区域

原产美洲热带,现广泛传播并归化于世界各地。我国主要分布于黑龙江、吉林、辽宁、内蒙古、河北、山东、山西、陕西、甘肃、宁夏、新疆。生在田园内、农地旁、草地上,有时生在瓦房上。河南省广泛分布。

· 评价

反枝苋是一种严重影响作物生长、危及牲畜健康的外来杂草。但是反枝苋在食用、饲用、医用、污染场地修复和用作试验材料等方面具有一定的应用价值,展现出广阔的应用前景。作为一种外来入侵植物,我们要在对其进行积极防除以减少其入侵所造成一系列危害的同时,加大对上述应用价值及其他潜在价值的挖掘,以对其进行更好的开发和利用,也为其他外来入侵植物应用价值的开发和探索提供参考与借鉴。

042 刺苋

别名:竻苋菜、勒苋菜   **学名:***Amaranthus spinosus*   **科名:**苋科   **属名:**苋属

· 识别特征

一年生草本。茎直立,圆柱形或钝棱形,多分枝,有纵条纹,绿色或带紫色,无毛或稍有柔毛。叶片菱状卵形或卵状披针形,顶端圆钝,具微凸头,基部楔形,全缘,无毛或幼时沿叶脉稍有柔毛;叶柄无毛,在其旁有2刺。小苞片狭披针形,花被片绿色,顶端急尖,具凸尖,边缘透明,中脉绿色或带紫色,在雄花者矩圆形,在雌花者矩圆状匙形,雄蕊花丝略与花被片等长或较短;柱头3,有时2。胞果矩圆形,在中部以下不规则横裂,包裹在宿存花被片内。种子近球形,黑色或带棕黑色。花果期7~11月。本种叶腋有刺,且部分苞片变形成刺,极易与本属其他种区别。

· 分布区域

主要分布于亚洲、南美洲、北美洲。在我国主要分布于陕西、安徽、江苏、浙江、江西、湖南、湖北、四川、云南、贵州、广西、广东、福建、台湾。生在旷地或园圃的杂草。日本、印度、中南半岛、马来西亚、菲律宾等地皆有分布。河南省多地有分布。

· 评价

嫩茎叶作野菜食用;全草供药用。其具有凉血止血、清利湿热、解毒消痛等功效,在闽西民间被广泛用于肾结石的治疗,排石效果好,治疗周期短。刺苋根主含α-菠菜醇、皂苷及黄酮类等化学成分,具有清热利湿、解毒消肿等功效,可用于治疗痔疮、肿痛、内痔便血等症。但在果园中繁殖力强,蔓延迅速,危害时间长,难以防除。建议深入研究其蔓延

机制,阻断其传播途径,为果园创造良好的环境,并进一步挖掘其在医学上的潜在价值。

043　菱叶苋

学名:*Amaranthus standleyanus Parodi ex Covas*　**科名**:苋科　**属名**:苋属

·识别特征

一年生草本。上升至直立,通常从基部分枝。茎具棱或兼具槽,淡绿或黄绿色,具绿色的纵纹,上部散生短柔毛。叶具柄,浅绿色,无斑纹,除叶柄和背脉疏生短柔毛外,其余无毛;叶片菱状卵形至菱状披针形,扁平,先端微钝或微凹,具小尖头,基部楔形或狭楔形,略下延,边缘全缘;侧脉每侧5~6条,与中脉在上面微凹,于背面明显隆起,绿白色;叶柄纤细。花序通常紧缩成腋生的聚伞状花簇,花簇有时在枝顶排成穗状或圆锥状;苞片宽卵形,膜质,中脉绿色,外伸成小尖头。花被片5,近相等;雄花被片卵状披针形,长于雄蕊;雌花被片匙形,膜质,淡白色,具狭的绿色中脉,下部具爪,爪直立,檐部外展,倒卵圆形,先端截形或微凹,具1无色的芒尖。花柱2~3,分生。果椭圆球形,长于或等长于花被片,具多数皱纹但上部平滑,无纵棱,不开裂,顶端具宿存花柱,花柱基膨大呈圆锥状。

·分布区域

原产于阿根廷,中国分布于北京等地。河南少数地区有发现。

·评价

目前对菱叶苋的研究还较少。建议对菱叶苋的生理结构、营养成分进行研究,挖掘其食用价值和医用价值。并对菱叶苋的传播风险进行评估,避免其危害生态环境。要重视菱叶苋,扬长避短,充分利用这一种质资源,实现生态价值与经济价值的融合。

044　苋

别名:雁来红、三色苋　**学名**:*Amaranthus tricolor*　**科名**:苋科　**属名**:苋属

·识别特征

一年生草本。茎粗壮,绿色或红色,常分枝,幼时有毛或无毛。叶片卵形、菱状卵形或披针形,绿色或常成红色、紫色或黄色,或部分绿色夹杂其他颜色,顶端圆钝或尖凹,具凸尖,基部楔形,全缘或波状缘,无毛;叶柄绿色或红色。花簇腋生,直到下部叶,或同时具顶生花簇,成下垂的穗状花序;花簇球形,雄花和雌花混生;苞片及小苞片卵状披针形,透明,顶端有1长芒尖,背面具1绿色或红色隆起中脉;花被片矩圆形,绿色或黄绿色,顶端有1长芒尖,背面具1绿色或紫色隆起中脉;雄蕊比花被片长或短。胞果卵状矩圆形,环状横

裂,包裹在宿存花被片内。种子近圆形或倒卵形,黑色或黑棕色,边缘钝。花期5~8月,果期7~9月。

·分布区域

分布于亚洲各地。全省各地均有栽培,有时逸为半野生。印度、日本也有分布。

·评价

苋茎叶作为蔬菜食用;叶杂有各种颜色者供观赏;根、果实及全草入药,有明目、利大小便、去寒热的功效。天然苋红色素是从苋中提取使用的现代天然染料,主要用于食品着色,如作为碳酸饮料、酒、糖果、蛋糕、果脯、果冻等食品的着色剂。苋通过自我调节可适合不同的水胁迫环境,在园林绿化中有重要意义。但在农田中属于杂草,需要及时清除。天然色素有人工色素不可代替的优点,建议大力推广苋,实现其在色素产业的价值。

045 皱果苋

别名:绿苋   学名:*Amaranthus viridis*   科名:苋科   属名:苋属

·识别特征

一年生草本。全体无毛;茎直立,有不明显棱角,稍有分枝,绿色或带紫色。叶片卵形、卵状矩圆形或卵状椭圆形,顶端尖凹或凹缺,少数圆钝,有1芒尖,基部宽楔形或近截形,全缘或微呈波状缘;叶柄绿色或带紫红色。圆锥花序顶生,有分枝,由穗状花序形成,圆柱形,细长,直立,顶生花穗比侧生者长;苞片及小苞片披针形,顶端具凸尖;花被片矩圆形或宽倒披针形,内曲,顶端急尖,背部有1绿色隆起中脉;雄蕊比花被片短;柱头3或2。胞果扁球形,绿色,不裂,极皱缩,超出花被片。种子近球形,黑色或黑褐色,具薄且锐的环状边缘。花期6~8月,果期8~10月。

·分布区域

原产热带非洲,广泛分布在温带、亚热带和热带地区。在我国主要产于东北、华北、陕西、华东、江西、华南、云南。河南主要生在田野、杂草地上或田野间。

·评价

随着生活水平的不断提高,人们在追求蔬菜颜色和风味的同时也越来越关注蔬菜的营养价值和医疗保健作用。营养价值丰富,种植简单,既可食用,又可入药,是世界各地农田常见杂草,其营养丰富,全草皆可入药,具有清热解毒、利尿止痛等功效。亚洲一些国家如尼泊尔、印度等将其列入传统药物之列。近年来,诸多研究表明皱果苋具有抗增殖、抗真菌凝集素、抗病毒、降血糖、抗氧化、抗炎、抗癌、抗菌及抑制疟原虫体内生长等药理作用。但在农田中大量生长会影响农作物产量。建议深入研究其作为药物的作用机制,为进一步临床应用提供理论基础。

046 青葙

别名:野鸡冠花　**学名:**_Celosia argentea_ L.　**科名:**苋科　**属名:**青葙属

·识别特征

一年生草本。全体无毛;茎直立,有分枝,绿色或红色,具显明条纹。叶片矩圆披针形、披针形或披针状条形,少数卵状矩圆形,色常带红色,顶端急尖或渐尖,具小芒尖,基部渐狭;或无叶柄。花多数,密生,在茎端或枝端成单一、无分枝的塔状或圆柱状穗状花序,苞片及小苞片披针形,白色,光亮,顶端渐尖,延长成细芒,具1中脉,在背部隆起;花被片矩圆状披针形,初为白色顶端带红色,或全部粉红色,后成白色,顶端渐尖,具1中脉,在背面凸起;花药紫色;子房有短柄,花柱紫色,胞果卵形,包裹在宿存花被片内。种子凸透镜状肾形。花期5~8月,果期6~10月。

·分布区域

分布于亚洲、非洲。几乎分布于全国。野生或栽培,生于平原、田边、丘陵、山坡,高达海拔1 100 m。朝鲜、日本、俄罗斯、印度、越南、缅甸、泰国、菲律宾、马来西亚均有分布。分布于河南省各地。

·评价

现代药理学研究表明,青葙子具有保护肝细胞、抗肿瘤、降血糖等作用,同时其水提液具有增强晶状体的抗氧化能力、防护晶状体上皮细胞的凋亡等作用。青葙子中的化学成分的五环三萜类化合物、皂苷类化合物具有较好的保肝活性的能力。但青葙对油菜和萝卜有较强的化感作用,影响油菜和萝卜的生长。近年来人们越来越重视对视力的保护,对青葙在晶状体作用方面的研究将会有非常光明的前景。

047 鸡冠花

学名:_Celosia cristata_ L.　**科名:**苋科　**属名:**青葙属

·识别特征

本种和青葙极相近,但叶片卵形、卵状披针形或披针形,花多数,极密生,成扁平肉质鸡冠状、卷冠状或羽毛状的穗状花序,一个大花序下面有数个较小的分枝,圆锥状矩圆形,表面羽毛状;花被片红色、紫色、黄色、橙色或红色黄色相间。花果期7~9月。鸡冠花,一年生直立草本。全株无毛,粗壮。分枝少,近上部扁平,绿色或带红色,有棱纹凸起。中部以下多花;苞片、小苞片和花被片干膜质,宿存;胞果卵形,熟时盖裂,包于宿存花被内。种子肾形,黑色,光泽。

・分布区域

河南省各地均有栽培,广布于温暖地区。

・评价

鸡冠花是一种集观赏和药用于一身的经济作物,其药用价值很高。《本草纲目》记载,鸡冠花味甘、较涩,性冷,主要以花序种子入药,具有清热、除湿、止血、止带的作用。现代药理研究也充分证明鸡冠花具有杀灭阴道滴虫、提高人体免疫力的作用,临床主要用于治疗慢性盆腔炎、带下、崩漏、痢疾等,是一味很好的中药材。鸡冠花的花序、茎叶和种子均可入药,具有很高的药用价值。建议研究其大规模种植技术,发挥其观赏价值及医学价值。

048 银花苋

别名:鸡冠千日红 **学名:*Gomphrena celosioides* Mart.** **科名:苋科** **属名:千日红属**

・识别特征

本种和千日红相近,区别为:茎有贴生白色长柔毛;花序银白色;花被片花期后变硬。直立或披散草本。茎被贴生白色长柔毛。单叶对生;叶柄短或无;叶片长椭圆形至近匙形,先端急尖或钝,基部渐狭,背面密被或疏生柔毛。头状花序顶生,银白色,初呈球状,后呈长圆形;无总花梗;苞片宽三角形,小苞片白色;脊棱极狭;萼片外面被白色长柔毛,花后外侧 2 片脆革质,内侧薄革质;雄蕊管先端 5 裂,具缺口;花柱极短,柱头 2 裂。胞果梨形,果皮薄膜质。花果期 2~6 月。

・分布区域

原产美洲热带,现分布于世界各热带地区。生在路旁草地。河南有栽培。

・评价

银花苋为宿根性草本或一年生草本,性强健,耐旱、耐瘠,适合花坛、盆栽或地被。全草都有药用价值,主治湿热、腹痛、痢疾、出血症、便血、痔血。但作为外来入侵植物,银花苋因具较强的化感效应,需加强防治。建议作为公园、绿地的绿化使用,但要警惕其逸出,危害其他物种。

049　千日红

别名:百日红、火球花　学名:*Gomphrena globosa* L.　科名:苋科　属名:千日红属

·识别特征

一年生直立草本。茎粗壮,有分枝,枝略成四棱形,有灰色糙毛,幼时更密,节部稍膨大。叶片纸质,长椭圆形或矩圆状倒卵形,顶端急尖或圆钝,凸尖,基部渐狭,边缘波状,两面有小斑点、白色长柔毛及缘毛,叶柄有灰色长柔毛。花多数,密生,成顶生球形或矩圆形头状花序,单一或 2~3 个,常紫红色,有时淡紫色或白色;总苞为 2 绿色对生叶状苞片而成,卵形或心形,两面有灰色长柔毛;苞片卵形,白色,顶端紫红色;小苞片三角状披针形,紫红色,内面凹陷,顶端渐尖,背棱有细锯齿缘;花被片披针形,不展开,顶端渐尖,外面密生白色绵毛,花期后不变硬。种子肾形,棕色,光亮。花果期 6~9 月。

·分布区域

原产于美洲热带,河南省有栽培。

·评价

该植物性味、甘平,具有清肝,散结,止咳平喘,降低血清、肝脏中的脂肪含量,抗变异及抗肿瘤等功效。主治百日咳、哮喘、眼目昏花、小便不利、慢性支气管炎、痢疾腹痛、小儿发热抽搐。千日红含有水溶性色素花色苷,为天然色素,不仅色泽艳丽、多样,有玫瑰红、浅红、淡红、淡黄等一系列颜色,而且安全无毒,可用于食品的着色。尤其是工业提取时不用有机溶剂,成本相对较低,具有较大的发展潜力。此外,花色苷具有清除体内自由基、增殖叶黄素、抗肿瘤、抗癌、抗炎、抑制脂质过氧化和血小板凝集、预防糖尿病、减肥、保护视力等多种药理活性。但其易得叶斑病,种植时应注意防范病害。天然色素发展前景良好,建议深入开发其在色素领域的应用。

050　飞燕草

学名:*Consolida ajacis*(L.)Schur　科名:毛茛科　属名:飞燕草属

·识别特征

茎与花序均被弯曲的短柔毛,中部以上分枝。茎下部叶有长柄,在开花时多枯萎,中部以上叶具短柄;叶片掌状细裂,狭线形小裂片有短柔毛。花序生茎或分枝顶端;下部苞片叶状,上部苞片小,不分裂,线形;小苞片生花梗中部附近,小,条形;萼片紫色、粉红色或白色,宽卵形,外面中央疏被短柔毛,花瓣的瓣片 3 裂,端 2 浅裂,侧裂片与中裂片成直角展出,卵形。菁葖直,密被短柔毛,网脉稍隆起,不太明显。

· 分布区域

原产欧洲南部和亚洲西南部。在河南省各地有栽培。

· 评价

飞燕草属花形似飞鸟,花序硕大成串,花色淡雅高贵,有蓝、紫、白和粉红等色。大花飞燕草由于花形奇特和花色淡雅等优点,也越来越受人们喜爱。在日本飞燕草属于高档花卉,用于婚宴、酒宴、学生毕业典礼,以及丧礼等大型活动。日本电视台新闻联播的背景也用飞燕草进行装饰。同时,飞燕草辛苦温,有毒,入肺、心、胃三经,具有止咳平喘、利水消肿和解痉止痛的功效,主治喘息、水肿胀满、腹痛、风热牙痛和头虱等症。但其成分、药理研究和临床应用都还有待于进一步加强;同时其规模化栽培技术有待研究。建议培育品质优良、色彩艳丽品种,其商业价值前途光明。

051　蓟罂粟

别名:刺罂粟　学名:*Argemone mexicana* L.　科名:罂粟科　属名:蓟罂粟属

· 识别特征

一年生草本(栽培者常为多年生、灌木状),通常粗壮。茎具分枝和多短枝,疏被黄褐色平展的刺。基生叶密聚,叶片宽倒披针形、倒卵形或椭圆形,先端急尖,基部楔形,边缘羽状深裂,裂片具波状齿,齿端具尖刺,两面无毛,沿脉散生尖刺,表面绿色,沿脉两侧灰白色,背面灰绿色;茎生叶互生,与基生叶同形,但上部叶较小,无柄,常半抱茎。花单生于短枝顶,有时似少花的聚伞花序;花梗极短。花芽卵形;萼片2;花瓣6,宽倒卵形,先端圆,基部宽楔形,黄色或橙黄色;蒴果长圆形或宽椭圆形,疏被黄褐色的刺,4~6瓣自顶端开裂至全长的1/4~1/3。种子球形,具明显的网纹。花果期3~10月。

· 分布区域

原产中美洲和热带美洲。在我国台湾、福建、广东沿海及云南有逸生,河南省有栽培。

· 评价

果壳(罂粟壳)性微寒,味酸涩,有微毒,含低量吗啡等生物碱,有敛肺、涩肠、止痛的作用。用于治疗久咳、久泻、脱肛、脘腹疼痛。但罂粟是提取毒品海洛因的主要毒品源植物,长期应用容易成瘾,慢性中毒,严重危害身体,成为民间常说的"鸦片鬼"。严重的还会因呼吸困难而死亡。它和大麻、古柯并称为三大毒品植物。建议扬长避短,坚决打击将蓟罂粟制为海洛因的行为,大力开发其药用价值,给人类带来福音。

052 虞美人

学名:*Papaver rhoeas* L.　科名:罂粟科　属名:罂粟属

· 识别特征

一年生草本。全体被伸展的刚毛,稀无毛。茎直立,具分枝,被淡黄色刚毛。叶互生,叶片轮廓披针形或狭卵形,羽状分裂,下部全裂,全裂片披针形和二回羽状浅裂,上部深裂或浅裂,裂片披针形,最上部粗齿状羽状浅裂,顶生裂片通常较大,小裂片先端均渐尖,两面被淡黄色刚毛,叶脉在背面突起,在表面略凹;下部叶具柄,上部叶无柄。花单生于茎和分枝顶端;花梗被淡黄色平展的刚毛。花蕾长圆状倒卵形,下垂;萼片2,宽椭圆形,绿色,外面被刚毛;花瓣4,圆形、横向宽椭圆形或宽倒卵形,全缘,稀圆齿状或顶端缺刻状,紫红色,基部通常具深紫色斑点。花果期3~8月。

· 分布区域

原产欧洲,我国各地常见栽培,为观赏植物。河南省广泛用于园林、花海。

· 评价

花和全株入药,含多种生物碱。虞美人不但花美,而且药用价值高。被用于药材时叫雏罂粟,花和全株都可以入药,有镇咳、止痛、停泻、催眠等作用,其种子可抗癌化瘤,延年益寿。虞美人花粉具有镇定安神作用,可治咳嗽、支气管炎、百日咳等症。近年来的研究表明,其花粉既可作人体的滋补剂,又能防止肥胖病,常食花粉可延年益寿。但虞美人有毒,使用不当易损害身体。如今园林景观行业方兴未艾,建议大力培育不同品种的虞美人,充分利用其观赏价值。

053 芥菜

别名:芥　学名:*Brassica juncea*(L.)Czern. et Coss.　科名:十字花科　属名:芸薹属

· 识别特征

一年生草本。常无毛,有时幼茎及叶具刺毛,带粉霜,有辣味;茎直立,有分枝。基生叶宽卵形至倒卵形,顶端圆钝,基部楔形,大头羽裂,具2~3对裂片,或不裂,边缘均有缺刻或牙齿,叶柄具小裂片;茎下部叶较小,边缘有缺刻或牙齿,有时具圆钝锯齿,不抱茎;茎上部叶窄披针形,边缘具不明显疏齿或全缘。总状花序顶生,花后延长;花黄色,萼片淡黄色,长圆状椭圆形,直立开展;花瓣倒卵形,长角果线形,果瓣具1突出中脉;种子球形,直径约1mm,紫褐色。花期3~5月,果期5~6月。

· 分布区域

河南省各地有栽培。

· 评价

芥菜营养丰富,含有碳水化合物、蛋白质、脂肪、矿物质、维生素和胡萝卜素等多种营养成分;芥菜中含有丰富的食用纤维,能促进结肠蠕动,有预防便秘的作用,因此芥菜具有重要的营养价值和保健功能。芥菜中的维生素主要有维生素 A、维生素 C、维生素 E、烟酸、维生素 B2 和维生素 B1;矿物质主要含有钾、钙、磷、钠、镁、铁、锌、锰、铜和微量硒等10 种矿物质元素。同时,芥菜还具有抗肿瘤、抗癌、降血糖、杀虫抑菌的作用。另外,还具有抗氧化和清除自由基的作用。但芥菜植株矮小,易受病虫危害,种植时需加强管理。建议加强芥菜种植技术的研究,提高芥菜的品质,为实现芥菜的医学价值提供良好的基础。

054 荠

别名:菱角菜　学名:*Capsella bursa-pastoris*（Linn.）Medic.　科名:十字花科
属名:荠属

· 识别特征

一年或二年生草本。无毛、有单毛或分叉毛;茎直立,单一或从下部分枝。基生叶丛生呈莲座状,大头羽状分裂,顶裂片卵形至长圆形,侧裂片 3～8 对,长圆形至卵形,顶端渐尖,浅裂或有不规则粗锯齿或近全缘;茎生叶窄披针形或披针形,基部箭形,抱茎,边缘有缺刻或锯齿。总状花序顶生及腋生,果期延长达 20 cm;花萼片长圆形,花瓣白色,卵形,有短爪。短角果倒三角形或倒心状三角形,扁平,无毛,顶端微凹,裂瓣具网脉;种子 2 行,长椭圆形,浅褐色。花果期 4～6 月。

· 分布区域

全世界温带地区广布。几乎分布于全国;野生,偶有栽培。生在山坡、田边及路旁。

· 评价

荠每 100 g 含水分 85.1 g、蛋白质 5.3 g、脂肪 0.4 g、碳水化合物 6 g、钙 420 mg、磷 73 mg、铁 6.3 mg、胡萝卜素 3.2 mg、维生素 B1 0.14 mg、烟酸 0.7 mg、维生素 C 55 mg,还含有黄酮甙、胆碱、乙酰胆碱等。荠菜含丰富的维生素 C 和胡萝卜素,有助于增强机体免疫功能。还能降低血压、健胃消食,治疗胃痉挛、胃溃疡、痢疾、肠炎等病。荠菜味甘、性平,具有和脾、利水、止血、明目的功效。同时,荠具有修复污染土壤的能力。建议在温暖湿润、土壤条件良好地区培育荠,充分发挥其食用价值。

055 弯曲碎米荠

别名:碎米荠、蔊菜 学名:*Cardamine flexuosa* With. 科名:十字花科
属名:碎米荠属

· 识别特征

一年或二年生草本。茎自基部多分枝,斜升呈铺散状,表面疏生柔毛。基生叶有叶柄,小叶 3 ~ 7 对,顶生小叶卵形,倒卵形或长圆形,顶端 3 齿裂,基部宽楔形,有小叶柄,侧生小叶卵形,较顶生的形小,1 ~ 3 齿裂,有小叶柄;茎生叶有小叶 3 ~ 5 对,小叶多为长卵形或线形,1 ~ 3 裂或全缘,小叶柄有或无,全部小叶近于无毛。总状花序多数,生于枝顶,花小,花梗纤细,萼片长椭圆形,边缘膜质;花瓣白色,倒卵状楔形,花丝不扩大;雌蕊柱状,花柱极短,柱头扁球状。长角果线形,扁平,与果序轴近于平行排列,果序轴左右弯曲,果梗直立开展。种子长圆形而扁,黄绿色,顶端有极窄的翅。花期 3 ~ 5 月,果期 4 ~ 6 月。

· 分布区域

分布于欧洲、北美洲。几遍全国。河南生于田边、路旁及草地。朝鲜、日本也有分布。

· 评价

全草入药,能清热、利湿、健胃、止泻。碎米荠为十字花科植物,具有一定的富集硒的能力。弯曲碎米荠具有一定的修复硒污染的能力。但其生长过于旺盛时,会影响农作物的产量。建议在硒污染严重的地区引种弯曲碎米荠,以生物防治的方式改善当地的土壤环境,但同时要注意其对当地生态环境的影响。

056 臭荠

别名:臭滨芥 学名:*Coronopus didymus*(L.)J. E. Smith 科名:十字花科
属名:臭荠属

· 识别特征

一年或二年生匍匐草本,全体有臭味,主茎短且不明显,基部多分枝,无毛或有长单毛。叶为一回或二回羽状全裂,裂片 3 ~ 5 对,线形或窄长圆形,顶端急尖,基部楔形,全缘,两面无毛,花极小,萼片具白色膜质边缘;花瓣白色,长圆形,比萼片稍长,或无花瓣;雄蕊通常 2。短角果肾形,2 裂,果瓣半球形,表面有粗糙皱纹,成熟时分离成 2 瓣。种子肾形,红棕色。花期 3 月,果期 4 ~ 5 月。

· 分布区域

分布于欧洲、北美洲、亚洲。我国主要分布于山东、安徽、江苏、浙江、福建、台湾、湖北、江西、广东、四川、云南。为生在路旁或荒地的杂草。河南目前有少数地区发现。

· 评价

臭荠生命力顽强,耐恶劣的环境,在恢复生活垃圾填埋场的生态环境中有一定的作用。臭荠可丰富嵌草型铺装类型,用于城市绿化。其种子成熟后,由于鸟类、鼠类及风力因素的影响而扩展到其他区域。臭荠是麦田、玉米、大豆多种作物的杂草之一,同时也生长于人工草地之中,通过生活力的竞争,消耗养分,影响作物与草坪的生长。其种子亦可附着在其他植物上进行传播,引种苗木时要尤为注意。恢复生态环境是我国近年来重要的工作,建议继续探讨臭荠在修复生态环境方面的作用,变杂草为宝贝。

057 芝麻菜

别名:香油罐臭菜、臭萝卜   学名:*Eruca sativa* Mill.   科名:十字花科   属名:芝麻菜属

· 识别特征

一年生草本。茎直立,上部常分枝,疏生硬长毛或近无毛,基生叶及下部叶大头羽状分裂或不裂,顶裂片近圆形或短卵形,有细齿,侧裂片卵形或三角状卵形,全缘,仅下面脉上疏生柔毛;上部叶无柄,具 1~3 对裂片,顶裂片卵形,侧裂片长圆形。总状花序有多数疏生花;花梗具长柔毛;萼片长圆形,带棕紫色,外面有蛛丝状长柔毛;花瓣黄色,后变白色,有紫纹,短倒卵形,基部有窄线形长爪。长角果圆柱形,果瓣无毛,有 1 隆起中脉,喙剑形,扁平,顶端尖,有 5 纵脉;种子近球形或卵形,棕色,有棱角。花期 5~6 月,果期 7~8 月。

· 分布区域

分布于欧洲、亚洲、北美洲、非洲。我国分布于河北、山西、陕西、甘肃、新疆、四川。栽培或常逸为野生。生在海拔 1 050~2 000 m 的山坡。河南济源逸为野生。

· 评价

芝麻菜为药食兼用的野生植物。其种子油既可药用,又可食用;嫩茎叶则可作野菜食用,在中国民间已有悠久历史。其种子含油量达 30%,芝麻菜的种子油有缓和、利尿等功用。可降肺气,治久咳、尿频等症。芝麻菜有兴奋、利尿和健胃的功效,而且芝麻菜对久咳也有特效。其嫩茎叶含有多种维生素、矿物质等营养成分。芝麻菜素在未来将有可能成为一种有潜力的抗癌物质。但芝麻菜极易受尖镰孢菌枯萎病病害,常引起非常严重的损失。建议研究防治芝麻菜病虫害的方法,挖掘芝麻菜素的抗癌潜力,使之成为前途光明的一种植物。

058 菘蓝

别名:茶蓝、板蓝根、大青叶　学名:*Isatis indigotica* Fortune　科名:十字花科　属名:菘蓝属

· 识别特征

　　二年生草本。茎直立,绿色,顶部多分枝,植株光滑无毛,带白粉霜。基生叶莲座状,长圆形至宽倒披针形,顶端钝或尖,基部渐狭,全缘或稍具波状齿,具柄;基生叶蓝绿色,长椭圆形或长圆状披针形,基部叶耳不明显或为圆形。萼片宽卵形或宽披针形,花瓣黄白,宽楔形,顶端近平截,具短爪。短角果近长圆形,扁平,无毛,边缘有翅;果梗细长,微下垂。种子长圆形,淡褐色。花期4~5月,果期5~6月。

· 分布区域

　　河南省各地均有栽培。

· 评价

　　菘蓝为二年生草本植物,以干燥叶和根入药,根称板蓝根,叶称大青叶,加工品称青黛。大青叶具有泻火定惊、凉血消斑等功效,板蓝根具有凉血利咽、清热解毒等功效,是重要的抗流感病毒中药。用于瘟毒发斑、活绛紫暗、痄腮、喉痹、烂喉丹痧、大头瘟疫、丹毒、痈肿等症。临床上常用于病毒性疾病及细菌性感染疾病。但菘蓝易感染多种根叶病害,常造成重大损失。菘蓝品种多样,建议筛选出抗病性状良好、品质优良的品种在全国推广,充分发挥其在医学方面的价值。

059 北美独行菜

别名:独行菜　学名:*Lepidium virginicum*　科名:十字花科　属名:独行菜属

· 识别特征

　　一年生或二年生草本。茎单一,直立,上部分枝,具柱状腺毛。基生叶倒披针形,羽状分裂或大头羽裂,裂片大小不等,卵形或长圆形,边缘有锯齿,两面有短伏毛;茎生叶有短柄,倒披针形或线形,顶端急尖,基部渐狭,边缘有尖锯齿或全缘。总状花序顶生;萼片椭圆形,花瓣白色,倒卵形,和萼片等长或稍长;雄蕊2或4。短角果近圆形,扁平,有窄翅,顶端微缺,花柱极短;种子卵形,长约1 mm,光滑,红棕色,边缘有窄翅;子叶缘倚胚根。花期4~5月,果期6~7月。

·分布区域

原产美洲,欧洲有分布。在河南有分布。生在田边或荒地,为田间杂草。

·评价

种子入药,有利水、平喘功效,也作葶苈子用;全草可作饲料。其繁殖能力强,往往凭借自身强大的传播能力和人类活动进行传播,对侵入地的生态环境、农林业的发展造成了一定的影响。建议利用其强大的繁殖能力,将其当作饲料进行监管种植,但要防止其逸出,危害生态环境。

060 豆瓣菜

别名:西洋菜、水田芥、水薄菜、水生菜   学名:_Nasturtium officinale_ **R. Br.**
科名:十字花科   属名:豆瓣菜属

·识别特征

多年生水生草本。全体光滑无毛。茎匍匐或浮水生,多分枝,节上生不定根。单数羽状复叶,小叶片 3 ~ 7(9)枚,宽卵形、长圆形或近圆形,顶端 1 片较大,钝头或微凹,近全缘或呈浅波状,基部截平,小叶柄细而扁,侧生小叶与顶生的相似,基部不对称,叶柄基部成耳状,略抱茎。总状花序顶生,花多数;萼片长卵形,边缘膜质,基部略呈囊状;花瓣白色,倒卵形或宽匙形,具脉纹,顶端圆,基部渐狭成细爪。长角果圆柱形而扁,果柄纤细,开展或微弯;花柱短。种子每室 2 行。卵形,红褐色,表面具网纹。花期 4 ~ 5 月,果期 6 ~ 7 月。

·分布区域

欧洲、亚洲及北美均有分布。河南有分布。栽培或野生,喜生水中、水沟边、山涧河边、沼泽地或水田中,海拔 850 ~ 3 700 m 处均可生长。

·评价

豆瓣菜茎叶营养丰富、风味独特,可以做出多种美味,全草可供药用,具有清热解燥、润肺止咳、通经利尿等多种功效,由于其食用、药用价值高,近些年北方大部分地区也开始种植,并进行开发利用。其亦可对污水中的氮、磷元素进行富集,在解决水体富营养化上有较高的利用价值。豆瓣菜主要虫害有蚜虫、小菜蛾、黄条跳甲,常造成极大危害。水体的富营养化一直以来都是一个重大问题,建议继续深入研究豆瓣菜在富集水中氮、磷元素的机制,前途光明。

061　大花酢浆草

学名: *Oxalis bowiei* Lindl.　　**科名:** 酢浆草科　　**属名:** 酢浆草属

・**识别特征**

多年生草本。根茎匍匐,具肥厚的纺锤形根茎。茎短缩不明或无茎,基部围以膜质鳞片。叶多数,基生;叶柄细弱,被柔毛,基部具关节;小叶3,宽倒卵形或倒卵圆形,先端钝圆形、微凹,基部宽楔形,表面无毛,背面被疏柔毛。伞形花序基生或近基生,明显长于叶,具花4~10,总花梗被柔毛;苞片披针形,被柔毛;花梗不等长,长为苞片的3~4倍;萼披针形,边缘具睫毛;花瓣紫红色,宽倒卵形,长为萼片的2.5~3倍,先端钝圆,基部具爪;雄10,2轮,内轮长为外轮的2倍,花丝基部合生;子房被柔毛。花期5~8月,果期6~10月。

・**分布区域**

原产南非,我国引种作为观赏花卉。河南多地有栽培。

・**评价**

酢浆草既可以在广场、平台布置花坛、花境,也可以在道路两旁、假山石处做点缀,给人以亲切、自然之美,因而深受人们的喜爱。大花酢浆草是多年生草本植物,既可以盆栽,也可以用作庭院绿化,可以孤植,亦可以群植,是良好的观赏花卉。随着人们生活水平的提高,人们不仅仅满足于对城市园林绿化的需求,还对园林绿化提出了更高的要求——既能观花,也能观叶,同时还要符合美学价值和满足生态发展,大花酢浆草恰恰满足这些要求。建议培育不同品种的大花酢浆草,继续提升其美学价值。

062　红花酢浆草

别名: 紫花酢浆草、多花酢浆草　　**学名:** *Oxalis corymbosa* DC.　　**科名:** 酢浆草科
属名: 酢浆草属

・**识别特征**

多年生直立草本。无地上茎,地下部分有球状鳞茎,外层鳞片膜质,褐色,背具3条肋状纵脉,被长缘毛,内层鳞片呈三角形,无毛。叶基生;叶柄被毛;小叶3,扁圆状倒心形,顶端凹入,两侧角圆形,基部宽楔形,表面绿色,被毛或近无毛;背面浅绿色,通常两面或有时仅边缘有干后呈棕黑色的小腺体,背面尤甚,并被疏毛;托叶长圆形,顶部狭尖,与叶柄基部合生。总花梗基生,二歧聚伞花序,通常排列成伞形花序式,总花梗被毛;花梗、苞片、萼片均被毛;雄蕊10枚,长的5枚超出花柱,另5枚长至子房中部,花丝被长柔毛;子房5

室,花柱5,被锈色长柔毛,柱头浅2裂。花果期3～12月。

· 分布区域

原产南美热带地区。河南广泛应用于园林绿化。

· 评价

红花酢浆草广泛应用于园林绿化,如花坛、花境、地被植物、隙地丛植、盆栽等,具有植株低矮、花多叶繁、生长迅速等特点。红花酢浆草全草可入药,有散瘀消肿、清热利湿、解毒之功效,鄂西土家族常内服用于治疗跌打损伤、月经不调、咽喉肿痛、水泻、痢疾等症。现代研究表明,红花酢浆草中含有草酸、酒石酸、苹果酸、柠檬酸、色素等成分,其中色素类成分对大肠杆菌、枯草芽孢杆菌、金黄色葡萄球菌均有抑制效果。另外,酢浆草80%乙醇提取物的水饱和溶液能够延长艾氏腹水癌小鼠的寿命,有显著的抗肿瘤活性。酢浆草叶子80%甲醇提取物对大肠杆菌、金黄色葡萄球菌、志贺氏菌等细菌有明显的抑制作用。但因其适应性强、生长速度快、再生性能强、繁殖率高、侵占性强、抗逆性特强,在某些地区成了危害严重的外来入侵物种。建议在低矮丘陵进行规模化监管种植,充分挖掘其在医学方面的潜质,但同时要注意其入侵性,避免其危害当地生物多样性。

063 紫叶酢浆草

别名:酸浆草、酸酸草、斑鸠酸、三叶酸、酸咪咪、钩钩草　**学名:***Oxalis triangularis* subsp. *papilionacea*(Hoffmanns. ex Zucc.)Lourteig　**科名:**酢浆草科　**属名:**酢浆草属

· 识别特征

多年生草本植物,具球根。株高可达30 cm,鳞茎会不断增生。叶丛生于基部,全部为根生叶。掌状复叶。叶片颜色为艳丽的紫红色,部分品种的叶片内侧还镶嵌有如蝴蝶般的紫黑色斑块。伞形花序,花冠淡紫色或白色,端部呈淡粉色。如遇阴雨天,粉红带浅白色的小花只含花苞,但不会开放。花期从5月开始,长达数月。

· 分布区域

原分布于南美巴西,中国已成功引种。河南公园绿地有少量应用。

· 评价

紫叶酢浆草叶形奇特,叶色深紫,小花白色,色彩对比强烈,十分醒目,适用于花坛边缘栽植。紫叶酢浆草与其他绿色和彩色植物配合种植,就会形成色彩对比感强烈的不同色块,产生立体感丰富、层次分明、凝重典雅的奇特效果,显示出其庄重秀丽的特色,能够进一步增强人和自然的亲和力,是极好的盆栽和地被植物。但其生长过程中易受到蚜虫、红蜘蛛、蜗牛危害。建议研究防治病虫害的新技术,培育抗逆性更强的新品种。在公园、

绿地、景区中与其他植物搭配种植,充分发挥其美学价值。

064 野老鹳草

别名:老鹳嘴、老鸦嘴　学名:*Geranium carolinianum*　科名:牻牛儿苗科
属名:老鹳草属

· 识别特征

一年生草本。根纤细,单一或分枝,茎直立或仰卧,单一或多数,具棱角,密被倒向短柔毛。基生叶早枯,茎生叶互生或最上部对生;托叶披针形或三角状披针形,外被短柔毛。花序腋生和顶生,长于叶,被倒生短柔毛和开展的长腺毛,每总花梗具 2 花,顶生总花梗常数个集生,花序呈伞形状;花梗与总花梗相似,等于或稍短于花;苞片钻状,被短柔毛;萼片长卵形或近椭圆形,先端急尖,外被短柔毛或沿脉被开展的糙柔毛和腺毛;花瓣淡紫红色,倒卵形,稍长于萼,先端圆形,基部宽楔形,雄蕊稍短于萼片,中部以下被长糙柔毛;雌蕊稍长于雄蕊,密被糙柔毛。蒴果被短糙毛,果瓣由喙上部先裂向下卷曲。花期 4~7 月,果期 5~9 月。

· 分布区域

原产美洲。我国为逸生,分布于河南平原和低山荒坡杂草丛中。

· 评价

研究表明,野老鹳草的主要成分可分为黄酮类、鞣质类、有机酸类、挥发油类及一些其他成分。老鹳草作为一种常用中草药,在临床上还经常和其他一些药物配伍用于抗炎镇痛、免疫,治疗风湿性关节炎及类风湿性关节炎、坐骨神经痛、椎间盘突出症、麻风性神经痛等,还可用于咽炎、细菌性痢疾、乳腺增生等病的治疗。但综观现有文献,其药理作用研究还不够深入、临床应用范围较窄,开发剂型还很少,因此老鹳草的许多方面都还有待进一步研究,使这味中药在医学中发挥更大的药用价值。

065 亚麻

别名:鸦麻、壁虱胡麻、山西胡麻　学名:*Linum usitatissimum* L.　科名:亚麻科
属名:亚麻属

· 识别特征

一年生草本。茎直立,多在上部分枝,有时自茎基部亦有分枝,但密植则不分枝,基部木质化,无毛,韧皮部纤维强韧有弹性,构造如棉。叶互生;叶片线形,线状披针形或披针形,先端锐尖,基部渐狭,无柄,内卷,有3(5)出脉。花单生于枝顶或枝的上部叶腋,组成疏散的聚伞花序;花梗直立;萼片5,卵形或卵状披针形,先端凸尖或长尖,有3(5)脉;中央一脉明显凸起,边缘膜质,无腺点,全缘,有时上部有锯齿,宿存;花瓣5,倒卵形,蓝色或紫蓝色,稀白色或红色,先端啮蚀状;雄蕊5,花丝基部合生。花期6~8月,果期7~10月。

· 分布区域

原产地中海地区,现欧洲、亚洲温带多有栽培。我国各地皆有栽培,豫南地区有时逸为野生。

· 评价

亚麻木酚素具有抗氧化、抗病毒和真菌、抗肿瘤、抗骨质疏松、降低血清胆固醇、保护心血管、增强自身免疫力、延缓衰老等作用,并可以调节人体的激素水平,从而对人体的前列腺癌以及乳腺癌都有一定的治疗作用。亚麻籽胶具有与阿拉伯胶相似的功能特性,起增稠、乳化等作用。纤维用亚麻以其拉力强、柔软、导电弱、吸水散水快、膨胀率大等特点受到青睐,它可纺高支纱,制高级衣料。亚麻饼粕粗蛋白质和总磷含量高,且吸收效果较好,是较好的蛋白质和磷源饲料原料。但种植大麻时易受到病虫害的侵袭。建议进一步探讨其种植、采摘技术,为充分发挥其在医学和服装等领域的价值打下基础。

066 猩猩草

别名:草一品红　学名:*Euphorbia cyathophora* Murr.　科名:大戟科　属名:大戟属

· 识别特征

一年生或多年生草本。根圆柱状,基部有时木质化。茎直立,上部多分枝,光滑无毛。叶互生,卵形、椭圆形或卵状椭圆形,先端尖或圆,基部渐狭,边缘波状分裂或具波状齿或全缘,无毛;总苞叶与茎生叶同形,较小,淡红色或仅基部红色。花序单生,数枚聚伞状排列于分枝顶端,总苞钟状,绿色,边缘5裂,裂片三角形,常呈齿状分裂;腺体常1枚,偶2枚,扁杯状,近两唇形,黄色。雄花多枚,常伸出总苞之外;雌花1枚,子房柄明显伸出总苞处;子房三棱状球形,光滑无毛。花果期5~11月。

· 分布区域

原产中南美洲,归化于旧大陆。广泛栽培于我国大部分省(区、市),常见于公园、植物园及温室中,用于观赏。驻马店地区有逸生。

· 评价

猩猩草颜色鲜艳,花期长,苞片大而深受人们喜爱,20世纪80年代以后一直成为占领欧美市场份额最大的盆花品种。猩猩草种子对环境的适应性较强,忍耐不良环境因子的能力远强于其他杂草。猩猩草有很强的有性繁殖能力,单株产种子量能高达140粒以上,且果实成熟后种子弹射传播距离为1.5~2 m,这些都是白苞猩猩草侵入果园、农田、荒地、沟渠等地后,能够在短时间内暴发成灾,且不易彻底防除的原因。建议深入研究其种子传播机制,探讨阻断其大规模繁殖的方案,为农田、果园的高产保驾护航。

067　飞扬草

别名:乳籽草　学名:*Euphorbia hirta* L.　科名:大戟科　属名:大戟属

·识别特征

一年生草本。根纤细,常不分枝,偶3~5分枝。茎单一,自中部向上分枝或不分枝,被褐色或黄褐色的多细胞粗硬毛。叶对生,披针状长圆形、长椭圆状卵形或卵状披针形,先端极尖或钝,基部略偏斜;边缘于中部以上有细锯齿,中部以下较少或全缘;叶面绿色,叶背灰绿色,有时具紫色斑,两面均具柔毛,叶背面脉上的毛较密;叶柄极短,花序多数,于叶腋处密集成头状,基部无梗或仅具极短的柄,变化较大,且具柔毛;总苞钟状,被柔毛,边缘5裂,裂片三角状卵形;腺体4枚,近于杯状,边缘具白色附属物。种子近圆状四棱,每个棱面有数个纵糟,无种阜。花果期6~12月。

·分布区域

分布于世界热带和亚热带。河南省内生于路旁、草丛、灌丛及山坡,多见于沙质土。

·评价

飞扬草为一年生草本植物,是我国传统中药,广泛分布于我国南部和西南的福建、广西、广东等地区,资源十分丰富。飞扬草全草入药,用于治疗痢疾、湿疹、血尿、肠胃炎等疾病。对飞扬草化学成分的研究表明,该植物含有三萜、二萜、甾体、香豆素、木脂素、黄酮和酚类等结构类型的化合物,并具有多种药理作用,如抗过敏、抗焦虑、抗炎、镇静止痛、抗疟、抗氧化和抗癌等。鲜飞扬草全株浆液有毒,但煎煮后或者干燥后内服无毒,当其作为药物使用时要注意其使用方法。但在某些地区飞扬草作为入侵植物存在,影响当地的生态环境。应大力宣传飞扬草的医学价值,警惕其毒害作用,正确利用飞扬草,发挥其积极的作用。

068　通奶草

学名:*Euphorbia hypericifolia* L.　科名:大戟科　属名:大戟属

・识别特征

一年生草本。根纤细,常不分枝,少数由末端分枝。茎直立,自基部分枝或不分枝,无毛或被少许短柔毛。叶对生,狭长圆形或倒卵形,先端钝或圆,基部圆形,通常偏斜,不对称,边缘全缘或基部以上具细锯齿,上面深绿色,下面淡绿色,有时略带紫红色,两面被稀疏的柔毛,或上面的毛早脱落;叶柄极短,托叶三角形,分离或合生。苞叶 2 枚,与茎生叶同形。花序数个簇生于叶腋或枝顶,每个花序基部具纤细的柄,总苞陀螺状,边缘 5 裂,裂片卵状三角形;腺体4,边缘具白色或淡粉色附属物。种子卵棱状,每个棱面具数个皱纹,无种阜。花果期8～12 月。

・分布区域

广布于世界热带和亚热带。河南省内生于旷野荒地、路旁、灌丛及田间。

・评价

通奶草生活能力强,抗逆性良好,能在较恶劣的环境中生存。通奶草味微酸、涩、微凉,有清热利湿、收敛止痒的作用。同时,对细菌性痢疾、肠炎腹泻、痔疮出血、湿疹、过敏性皮炎、皮肤瘙痒有良好效果。建议在我国南方低矮山区、丘陵地带进行人工规模化种植,将其医学价值转换为经济价值,拓宽当地的收入来源,但要警惕其对生态环境的影响。

069　斑地锦

学名:*Euphorbia maculata* L.　科名:大戟科　属名:大戟属

・识别特征

一年生草本。根纤细。茎匍匐,被白色疏柔毛。叶对生,长椭圆形至肾状长圆形,先端钝,基部偏斜,不对称,略呈渐圆形,边缘中部以下全缘,中部以上常具细小疏锯齿;叶面绿色,中部常具有一个长圆形的紫色斑点,叶背淡绿色或灰绿色,新鲜时可见紫色斑,干时不清楚,两面无毛;叶柄极短,托叶钻状,不分裂,边缘具睫毛。花序单生于叶腋,基部具短柄,总苞狭杯状,外部具白色疏柔毛,边缘 5 裂,裂片三角状圆形;腺体4,黄绿色,横椭圆形,边缘具白色附属物。种子卵状四棱形,灰色或灰棕色,每个棱面具 5 个横沟,无种阜。花果期 4～9 月。

· 分布区域

原产北美,归化于欧亚大陆;在河南省内生于平原或低山坡的路旁。

· 评价

斑地锦始载于宋代《嘉祐本草》,化学成分主要为鞣质、黄酮、萜类等。其功能清热凉血,消肿解毒。主要用于调气和血,治疗痈肿恶疮、外伤出血、血痢、崩中等症。斑地锦入侵多种生境,主要有农田、路旁、荒地、草坪、苗圃及住宅区等。其中,侵入的作物种类有棉花、烟草、豆类、薯类、蔬菜等。斑地锦侵入田间后若不及时拔除,则很快蔓延,侵占本地物种生态位使其失去生存空间,并释放化感物质抑制本地物种生长。建议加强对农田的检测,防范斑地锦的自然入侵,一旦发现其入侵,应立即采取行动严格控制其扩散,并予以根除。

070 匍匐大戟

别名:铺地草　学名:*Euphorbia prostrata* Ait.　科名:大戟科　属名:大戟属

· 识别特征

一年生草本。根纤细,茎匍匐状,自基部多分枝,通常呈淡红色或红色,少绿色或淡黄绿色,无毛或被少许柔毛。叶对生,椭圆形至倒卵形,先端圆,基部偏斜,不对称,边缘全缘或具不规则的细锯齿;叶面绿色,叶背有时略呈淡红色或红色;叶柄极短或近无;托叶长三角形,易脱落。花序常单生于叶腋,少为数个簇生于小枝顶端,总苞陀螺状,常无毛,少被稀疏的柔毛,边缘 5 裂,裂片三角形或半圆形;腺体 4,具极窄的白色附属物。蒴果三棱状,除果棱上被白色疏柔毛外,其他无毛。种子卵状四棱形,黄色,每个棱面上有 6 ~ 7 个横沟,无种阜。花果期 4 ~ 10 月。

· 分布区域

原产美洲热带和亚热带,归化于旧大陆的热带和亚热带;产于江苏、湖北、福建、台湾、广东、海南和云南。在河南省有分布,生于路旁、屋旁和荒地灌丛。

· 评价

大戟属植物的主要特征是含有白色或黄白色乳汁,并具有双重特性:既具有抗菌、消炎、抗病毒、抗结核、抗肿瘤以及神经生长因子促进作用等药理活性,同时表现出对皮肤、口腔及胃肠道黏膜强烈的刺激性和致炎、促发致癌的毒副作用。因此,具有重要的药用价值。据文献记载,本属植物已有 35 种入药,用作通便、利尿和治疗水肿、结核、牛皮癣、疥疮、淋病和偏头痛等,尤其是除疣和抗肿瘤。但匍匐大戟会严重影响草坪的生长。建议继续深入研究其医学价值,并加强对匍匐大戟的种群检测技术研究,提高对其检测水平,全力降低其对草坪的不利影响。

071 蓖麻

别名:大麻子、老麻子、草麻　学名:*Ricinus communis* L.　科名:大戟科　属名:蓖麻属

· 识别特征

一年生粗壮草本或草质灌木。小枝、叶和花序通常被白霜,茎多汁液。叶轮廓近圆形,掌状 7～11 裂,裂缺几达中部,裂片卵状长圆形或披针形,顶端急尖或渐尖,边缘具锯齿;掌状脉 7～11 条。网脉明显;叶柄粗壮,中空,顶端具 2 枚盘状腺体,基部具盘状腺体;托叶长三角形,早落。总状花序或圆锥花序,苞片阔三角形,膜质,早落;雄花花萼裂片卵状三角形,子房卵状,密生软刺或无刺,花柱红色,顶部 2 裂,密生乳头状突起。蒴果卵球形或近球形,果皮具软刺或平滑;种子椭圆形,微扁平,平滑,斑纹淡褐色或灰白色;种阜大。花期几全年或 6～9 月(栽培)。

· 分布区域

原产地可能在非洲东北部的肯尼亚或索马里;现广布于全世界热带地区或栽培于热带至温暖带各国。我国作油脂作物栽培。河南多地有栽培。

· 评价

蓖麻籽中压榨出的蓖麻油是重要的工业原料,在缝合剂、液压油等化工品的开发上均有广泛用途。蓖麻的根、茎、叶、籽均可入药,蓖麻籽中的蓖麻毒蛋白具有显著的药理活性。更重要的是蓖麻种植具有抗逆抗旱性强、耐受性高的特点,加之根系发达,可以在盐碱、贫瘠及轻中度污染的土地上栽培种植,这使得蓖麻资源的综合利用在中国现有土地国情下具有极高的开发价值。但蓖麻籽含蓖麻毒素、蓖麻碱和蓖麻血凝素 3 种毒素,以蓖麻毒素毒性最强,1 mg 蓖麻毒素或 160 mg 蓖麻碱可致成人死亡,儿童生食 1～2 粒蓖麻籽可致死,成人生食 3～12 粒可导致严重中毒或死亡。建议充分利用其抗逆性,在土壤条件欠佳的地区引种蓖麻,规模化生产,在改善当地环境的同时增加当地经济收入。

072 凤仙花

**别名:指甲花、急性子、凤仙透骨草　学名:*Impatiens balsamina* L.　科名:凤仙花科
属名:凤仙花属**

· 识别特征

一年生草本。茎粗壮,肉质,直立,不分枝或有分枝,无毛或幼时被疏柔毛,具多数纤

维状根,下部节常膨大。叶互生,最下部叶有时对生;叶片披针形、狭椭圆形或倒披针形,先端尖或渐尖,基部楔形,边缘有锐锯齿,向基部常有数对无柄的黑色腺体,两面无毛或被疏柔毛,侧脉4~7对;上面有浅沟,两侧具数对具柄的腺体。花单生或2~3朵簇生于叶腋,无总花梗,白色、粉红色或紫色,单瓣或重瓣;花梗密被柔毛;苞片线形,位于花梗的基部;侧生萼片2,卵形或卵状披针形;子房纺锤形,密被柔毛。蒴果宽纺锤形,两端尖,密被柔毛。种子多数,圆球形,黑褐色。花期7~10月。

·分布区域

我国各地庭园广泛栽培,为习见的观赏花卉。河南广泛用于庭院绿化。

·评价

凤仙花全草可入药,具有极高的开发和利用价值,种子亦名急性子,含皂苷、脂肪油、甾醇、多糖、氨基酸等,有通经、催产、祛痰、消积块的功效;茎亦名透骨草,具活血化瘀、利尿解毒、通经透骨的功效;鲜草捣烂外敷,可治疮疖肿疼、毒虫咬伤、跌打损伤。花瓣捣碎后加大蒜汁等黏稠物,可染指甲,多次染指甲后还可根治灰指甲。指甲花醌和2-甲氧基-1,4萘醌是该植物抗细菌和抗真菌的活性成分。此外,2-甲氧基-1,4萘醌具有很强的对抗HepG2细胞的抗肿瘤活性。但凤仙花易受多种病虫危害。建议进一步开发凤仙花各部位的医学价值,并注重其观赏价值,对凤仙花进行综合利用。

073 苏丹凤仙花

别名:玻璃翠   **学名**:*Impatiens wallerana* Hook. f.   **科名**:凤仙花科   **属名**:凤仙花属

·识别特征

多年生肉质草本。茎直立,绿色或淡红色,不分枝或分枝,无毛或稀在枝端被柔毛。叶互生或上部螺旋状排列,具柄,叶片宽椭圆形或卵形至长圆状椭圆形,顶端尖或渐尖,有时突尖,基部楔形,稀多少圆形,狭成叶柄,沿叶柄具1~2、稀数个具柄腺体,边缘具圆齿状小齿,齿端具小尖,侧脉5~8对,两面无毛。总花梗生于茎、枝上部叶腋,通常具2花,稀具3~5花,或有时具1花,花梗细,基部具苞片;苞片线状披针形或钻形,顶端尖,花大小及颜色多变化,鲜红色、深红色、粉红色、紫红色、淡紫色、蓝紫色或有时白色。侧生萼片2,淡绿色或白色,卵状披针形或线状披针形,尖;子房纺锤状,无毛。蒴果纺锤形,无毛。花期6~10月。

·分布区域

原产东非洲,现在世界各地常广泛引种栽培。河南省公园绿化有应用。

·评价

该植物花如鹤顶、似彩凤,姿态优美,妩媚悦人,是美化花坛、花境的常用材料,可丛植、群植和盆栽,也可做切花水养。在广场绿化中亦可作为易更新的花盆花钵等观赏材料使用;由于其花期较长,在花境中使用,形成美丽花带或者形成新鲜的花卉搭配模式,也具有极好的观赏效果。但苏丹凤仙花易受到病虫害的侵袭。建议大力探索其与著名花卉如报春花、龙胆花等花卉材料的种植搭配,形成富有特色的观花类景观,提升美学价值。

074 咖啡黄葵

别名:秋葵　　**学名**:*Abelmoschus esculentus*(Linn.) Moench　　**科名**:锦葵科
属名:秋葵属

·识别特征

一年生草本。高 1 ~ 2 m,茎圆柱形,疏生散刺。叶掌状 3 ~ 7 裂,裂片阔至狭,边缘具粗齿及凹缺,两面均被疏硬毛;叶柄被长硬毛;托叶线形,被疏硬毛。花单生于叶腋间,花梗疏被糙硬毛;小苞片 8 ~ 10,线形,疏被硬毛;花萼钟形,较长于小苞片,密被星状短茸毛;花黄色,内面基部紫色,花瓣倒卵形,蒴果筒状尖塔形,顶端具长喙,疏被糙硬毛;种子球形,多数具毛脉纹。花期 5 ~ 9 月。

·分布区域

广泛栽培于热带和亚热带地区。原产于印度。河南有栽培。

·评价

咖啡黄葵含有很多生物活性物质与有效成分,其嫩果干物质中约含总糖19.92%、蛋白质22.98%、黄酮2.56%和脂肪9.4%,种子含油达15% ~ 20%,嫩蒴果中含有一种特殊的黏性糖蛋白,是由胶原和黏多糖类物质组成的多糖、蛋白质混合物,不仅可以增强机体的抵抗力,对人体关节腔里的关节膜和浆膜起润滑作用,还能保持人体消化道和呼吸道的润滑,促进胆固醇类物质的排泄,减少脂类物质在动脉管壁上的沉积,从而保持动脉血管的弹性,防止肝脏和肾脏中结缔组织的萎缩及胶原病的发生。因此,早已被欧美等国列入 21 世纪最佳绿色食品名录,同时许多国家将其定为运动员首选蔬菜。建议对咖啡黄葵进行规模化种植,并对其药食同源、饲用、观赏、品种改良等方面加强研究,最大程度地利用好此物种。

075 苘麻

别名:磨盘草、车轮草 **学名:*Abutilon theophrasti* Medicus** **科名:锦葵科**
属名:苘麻属

· 识别特征

一年生亚灌木状草本。茎枝被柔毛。叶互生,圆心形,先端长渐尖,基部心形,边缘具细圆锯齿,两面均密被星状柔毛;叶柄被星状细柔毛;托叶早落。花单生于叶腋,花梗被柔毛,近顶端具节;花萼杯状,密被短茸毛,裂片5,卵形,花黄色,花瓣倒卵形,雄蕊柱平滑无毛,心皮15~20,顶端平截,具扩展、被毛的长芒2,排列成轮状,密被软毛。蒴果半球形,分果爿15~20,被粗毛,顶端具长芒2;种子肾形,褐色,被星状柔毛。花期7~8月。

· 分布区域

分布于欧洲、北美洲等地。常见于河南省路旁、荒地和田野间。

· 评价

苘麻为一年生草本植物,具有广泛的药理作用。其茎叶性平、味苦,具有祛风、解毒、淋湿的功效;其根性平、味苦,具有清热、利尿、解毒的功效;其籽性平、味苦,具有清热利湿、解毒退翳的功效;其全草或叶能够解毒祛风,用于治疗痢疾、中耳炎、关节酸痛等。苘麻含有黄酮类、多糖类以及酚类等物质。大量研究表明,酚类物质具有抗氧化作用,对于一些人体慢性疾病如癌症、肥胖、心血管疾病等,尤其是对心血管疾病有很好的预防和治疗的作用。但其易在农田中疯长,严重危害农田的产量。近年来,植物活性物质的研究开发已经成为研究热点,建议继续深挖其各部位的活性物质,为其在医学、工业的利用上打下基础。

076 野西瓜苗

别名:香铃草、灯笼花、小秋葵 **学名:*Hibiscus trionum* L.** **科名:锦葵科**
属名:木槿属

· 识别特征

一年生直立或平卧草本。茎柔软,被白色星状粗毛。叶二型,下部的叶圆形,不分裂,上部的叶掌状,3~5深裂,中裂片较长,两侧裂片较短,裂片倒卵形至长圆形,通常羽状全裂,上面疏被粗硬毛或无毛,下面疏被星状粗刺毛,被星状粗硬毛和星状柔毛;托叶线形,被星状粗硬毛。花单生于叶腋,花梗被星状粗硬毛;小苞片12,线形,被粗长硬毛,基部合生;花萼钟形,淡绿色,被粗长硬毛或星状粗长硬毛,裂片5,膜质,三角形,具纵向紫色条纹,中部以上合生;花淡黄色,内面基部紫色,花瓣5,倒卵形,外面疏被极细柔毛。蒴果长圆状球形,被粗硬毛,果爿5,果皮薄,黑色;种子肾形,黑色,具腺状突起。花期7~10月。

· 分布区域

原产非洲中部,分布于欧洲至亚洲各地。全国各地,无论平原、山野、丘陵或田埂,处处有之,是常见的田间杂草。在河南省有广泛分布。

· 评价

野西瓜苗中含有蒽醌类、糖类、氨基酸、多肽、生物碱、黄酮类、萜类、甾体类、鞣质、有机酸类和挥发油等成分。全草和果实、种子作药用,治烫伤、烧伤、急性关节炎等。野西瓜苗能适应大多数的边际土地生长环境,其不与粮争地,不与人争粮,可作为潜在的生物质能源的新种质资源。但在大豆田内,作为杂草,影响大豆的产量和品质。应充分利用其生物及生长特性,主动在边际土地上种植野西瓜苗,开发其作为生物质能源的潜力。

077 黄花稔

别名:*Sida acuta* Burm. f.   科名:锦葵科   属名:黄花稔属

· 识别特征

直立亚灌木状草本。分枝多,小枝被柔毛至近无毛。叶披针形,先端短尖或渐尖,基部圆或钝,具锯齿,两面均无毛或疏被星状柔毛,上面偶被单毛;叶柄疏被柔毛;托叶线形,与叶柄近等长,常宿存。花单朵或成对生于叶腋,花梗被柔毛,中部具节;萼浅杯状,无毛,长约6 mm,下半部合生,裂片5,尾状渐尖;花黄色,花瓣倒卵形,先端圆,基部狭长。蒴果近圆球形,顶端具2短芒,果皮具网状皱纹。花期冬春季。

· 分布区域

原产于印度。见于河南各浅山区。

· 评价

以全株入药。秋季采挖,洗净切碎,晒干。福建民间用本品的带根全草代替黄芪。在动物试验中,黄花稔与黄芪煎剂静脉注射,可降低麻醉兔的血压,抑制离体蛙心。对在位蛙心,黄花稔呈抑制而黄芪则有明显的兴奋作用。对在位兔肠管,两者静脉注射均呈兴奋作用;对离体兔肠,黄芪可使紧张度降低,而黄花稔则使紧张度升高。目前河南四大山系浅山区均有分布,侵入性评价为4级。

078　四季秋海棠

别名:蚬肉秋海棠、玻璃翠、四季海棠、瓜子海棠　学名:*Begonia cucullata* Willdenow
科名:秋海棠科　属名:秋海棠属

· 识别特征

多年生常绿草本。茎直立,稍肉质。单叶互生,有光泽,卵圆至广卵圆形,先端急尖或钝,基部稍心形而斜生,边缘有小齿和缘毛,绿色。聚伞花序腋生,具数花,花红色、淡红色或白色。蒴果具翅。花期 3~12 月。

· 分布区域

原产于巴西热带低纬度高海拔地区树林下的潮湿地,在河南用于节庆花卉。

· 评价

该种品种丰富,姿态优美,花多而密集成簇,花期长且不受日照长短影响,适应性强,气温适宜条件下一年四季皆可开花,因此被广泛应用于布置城市园林景观。因其叶色光亮,花朵四季成簇开放,且花色多,花朵有单瓣及重瓣,是园林绿化中花坛、吊盆、栽植槽和室内布置的理想材料,深受园林绿化工作者及普通民众的喜爱。但其培育过程中易受到粉虱和软腐病的危害,降低观赏价值。建议采用科学的种植方式,培育更多品种的海棠,为发挥其观赏价值提供物质基础。

079　甜瓜

别名:香瓜　学名:*Cucumis melo* L.　科名:葫芦科　属名:黄瓜属

· 识别特征

一年生匍匐或攀缘草本。茎、枝有棱,有黄褐色或白色的糙硬毛和疣状突起。卷须纤细、单一,被微柔毛,具槽沟及短刚毛;叶片厚纸质,近圆形或肾形,上面粗糙,被白色糙硬毛,背面沿脉密被糙硬毛,边缘不分裂或 3~7 浅裂,裂片先端圆钝,有锯齿,基部截形或具半圆形的弯缺,具掌状脉。花单性,雌雄同株。雄花数朵簇生于叶腋;花梗纤细,被柔毛;花萼筒狭钟形,密被白色长柔毛,裂片近钻形,直立或开展,比筒部短;花冠黄色,裂片卵状长圆形,急尖。果实的形状、颜色因品种而异,通常为球形或长椭圆形,果皮平滑,有纵沟纹,或斑纹,无刺状突起,果肉白色、黄色或绿色,有香甜味;种子污白色或黄白色,卵形或长圆形,先端尖,基部钝,表面光滑,无边缘。花果期夏季。

· 分布区域

世界温带至热带地区广泛栽培。河南各地广泛栽培。

· 评价

甜瓜是一种色、香、味俱佳的世界性果品,为世界十大水果之一。全草药用,有祛炎败毒、催吐、除湿、退黄疸等功效。甜瓜籽中主要含有脂肪、蛋白质、矿物质等营养物质,籽除可以食用外,还具有降低胆固醇的作用。但要注意其瓜蒂有毒,误食引起中毒,严重者死亡。我国是甜瓜生产大国,甜瓜栽培面积和产量均居世界第一,我国人民现已培育出诸多闻名中外的特色甜瓜品种,如新疆哈密瓜、甘肃白兰瓜、山东银瓜、江南梨瓜等。建议深入调查甜瓜种质资源和变异类型,为我国甜瓜遗传育种提供丰厚的物质保障。

080　菜瓜

学名:*Cucumis melo* L. var. conomon(Thunb.) Makino　科名:葫芦科　属名:黄瓜属

· 识别特征

为一年生攀援或匍匐状草本。茎有棱角,被有多数刺毛,叶互生,叶片为卵圆形或肾形,宽与长略相等。果实长圆状圆柱形或近棒状,长 20 ~ 50 cm,径 6 ~ 115 cm,上部比下部略粗,两端圆或稍呈截形,平滑无毛,淡绿色,有纵线条。果肉白色或淡绿色,无香甜味。汁多、质脆。

· 分布区域

生于温热带,我国各地多有栽培。分布于河南全省各地。

· 评价

菜瓜为一般大众蔬菜瓜果。果实为夏季的蔬菜,并多酱渍作酱瓜。菜瓜质脆肉厚、口味清爽,适食嫩瓜。可榨汁、腌制、凉拌、炒食等。在炎夏酷暑之季,菜瓜最适宜凉拌食用。

081　苦瓜

别名:凉瓜、癞葡萄　学名:*Momordica charantia* L.　科名:葫芦科　属名:苦瓜属

· 识别特征

一年生攀缘状柔弱草本。多分枝,茎、枝被柔毛。卷须纤细,具微柔毛,不分歧。叶柄细,初时被白色柔毛,后变近无毛,叶片轮廓卵状肾形或近圆形,膜质,上面绿色,背面淡绿色,脉上密被明显的微柔毛,其余毛较稀疏,5～7深裂,裂片卵状长圆形,边缘具粗齿或有不规则小裂片,先端多半钝圆形,稀急尖,基部弯缺半圆形,叶脉掌状。雌雄同株;子房纺锤形,密生瘤状突起,柱头3,膨大,2裂。果实纺锤形或圆柱形,多瘤皱,成熟后橙黄色,由顶端3瓣裂。种子多数,长圆形,具红色假种皮,两端各具3小齿,两面有刻纹。花果期5～10月。

· 分布区域

广泛栽培于世界热带到温带地区。河南普遍栽培。

· 评价

苦瓜作为一种既可以食用也可以药用,且营养价值颇高的植物,在实际生活中有较广泛的应用。本种果味甘苦,主作蔬菜,也可糖渍;成熟果肉和假种皮也可食用。苦瓜籽有效活性成分是苦瓜籽核糖体失活蛋白质及多肽、油脂、黄酮、皂苷和微量元素等,具有抗肿瘤、降血糖、降血脂、抗氧化、减肥以及抗病毒真菌活性的作用,因此苦瓜在临床医学治疗和保健药品加工方面有广泛的应用。但苦瓜种子萌芽比较困难,播种育苗时要采取一些特殊的措施。建议大力宣传苦瓜的药用价值,在水肥条件良好的菜园进行种植,深入挖掘其药食同源的价值。

082 佛手瓜

别名:合手瓜、合掌瓜 学名:*Sechium edule* 科名:葫芦科 属名:佛手瓜属

· 识别特征

具块状根的多年生宿根草质藤本。茎攀缘或人工架生,有棱沟。叶柄纤细,无毛,叶片膜质,近圆形,中间的裂片较大,侧面的较小,先端渐尖,边缘有小细齿,基部心形,弯缺较深,近圆形,上面深绿色,稍粗糙,背面淡绿色,有短柔毛,以脉上较密。卷须粗壮,有棱沟,无毛,3～5歧。雌雄同株。雄花10～30朵生于总花梗上部成总状花序,花序轴稍粗壮,无毛;花萼筒短,裂片展开,近无毛,花冠辐状,分裂到基部,裂片卵状披针形,5脉。果实淡绿色,倒卵形,有稀疏短硬毛,上部有5条纵沟,具1枚种子。种子大型,卵形,压扁状。花期7～9月,果期8～10月。

· 分布区域

原产南美洲。我国云南、广西、广东等地有栽培或逸为野生。河南有栽培。

· 评价

中医讲药食同源,佛手瓜具有理气和中、疏肝止咳的作用,其性凉、味甘,归肺、胃、脾经,具有祛风解热、健脾开胃的功效。主治风热犯肺、头痛、咽干、咳嗽、脾胃湿热诸症。适宜于消化不良、胸闷气胀、呕吐、肝胃气痛以及气管炎、咳嗽多痰者食用,阴虚体热和体质虚弱的人应少食。佛手瓜在瓜类蔬菜中营养全面丰富,常食可增强人体抵抗疾病的能力,有利尿排钠、扩张血管、降压等功能,是心脏病、高血压患者的保健蔬果。佛手瓜在生产中容易遭受多种害虫的危害,因此必须注意加强防治。建议加强对佛手瓜病虫害的防范治理,为开发佛手瓜的医学价值提供物质保障。

083　轮叶节节菜

学名: *Rotala mexicana* Cham. et Schlechtend. 　**科名:** 千屈菜科　**属名:** 节节菜属

· **识别特征**

一年生草本。无毛,带红色,基部分枝,常匍匐,上部直立。叶3~5片轮生,窄披针形或阔线形,顶端截形,有凸尖,基部狭。花单生叶腋,无梗,略带红色;小苞片线形,薄膜质,约与花萼等长,萼筒于结实时半球形,花裂片4~5,三角形,无附属体;无花瓣;雄蕊2或3;子房卵形或近球形。蒴果球形,2~3瓣裂。花期9~11月。

· **分布区域**

主要分布于非洲、亚洲。国外分布于泰国、越南、菲律宾、日本、马达加斯加等地。河南有少量分布。

· **评价**

节节菜在云南和广西少数民族中广泛用于月经不调、痛经、风湿、关节疼痛等,其药用价值主要是黄酮、酚类和甾体类化合物。目前,关于节节菜的研究较少,节节菜的药用价值、食用价值几乎未得到开发,建议深入研究此物种,充分挖掘其经济潜力。

084　山桃草

别名: 白桃花、白蝶花　**学名:** *Gaura lindheimeri* Engelm. et Gray　**科名:** 柳叶菜科
属名: 山桃草属

· **识别特征**

多年生粗壮草本,常丛生。茎直立,常多分枝,入秋变红色,被长柔毛与曲柔毛。叶无柄,椭圆状披针形或倒披针形,向上渐变小,先端锐尖,基部楔形,边缘具远离的齿突或波状齿,两面被近贴生的长柔毛。花序长穗状,生茎枝顶部,不分枝或有少数分枝,直立,苞片狭椭圆形、披针形或线形,花瓣白色,后变粉红,排向一侧,倒卵形或椭圆形,花药带红色,近基部有毛;柱头深4裂,伸出花药之上。蒴果坚果状,狭纺锤形,熟时褐色,具明显的

棱。种子1~4粒，有时只部分胚珠发育，卵状，淡褐色。花期5~8月，果期8~9月。

· 分布区域

原产北美，河南公园绿地有栽培应用。

· 评价

花形似桃花，极具观赏性，供花坛、花境、地被、盆栽、草坪点缀，耐 -35 ℃低温。适合群栽，也可作插花。建议在水肥条件良好的土地上进行规模化种植，并培育新品种，在公园、绿地、景区的景观化利用上充分展现其价值。

085　小花山桃草

学名：*Gaura parviflora* Dougl.　　科名：柳叶菜科　　属名：山桃草属

· 识别特征

一年生草本。全株尤其茎上部、花序、叶、苞片、萼片密被伸展灰白色长毛与腺毛；茎直立，不分枝，或在顶部花序之下少数分枝，基生叶宽倒披针形，先端锐尖，基部渐狭下延至柄。茎生叶狭椭圆形、长圆状卵形，有时菱状卵形，先端渐尖或锐尖，基部楔形下延至柄，侧脉6~12对。花序穗状，有时有少数分枝，生茎枝顶端，常下垂，苞片线形。花傍晚开放；花管带红色；萼片绿色，线状披针形，花期反折；花瓣白色，以后变红色，倒卵形，先端钝，基部具爪；蒴果坚果状，纺锤形，具不明显4棱。种子4枚，或3枚（其中1室的胚珠不发育），卵状，红棕色。花期7~8月，果期8~9月。

· 分布区域

分布于美洲、欧洲、亚洲、大洋洲。国外主要分布于美国、澳大利亚等国家。分布于河南省各地。

· 评价

小花山桃草是一年生或越年生草本植物。花形似桃花，极具观赏性，供花坛、花境、地被、盆栽、草坪点缀，耐 -35 ℃低温。适合群栽，也可作插花。该植物植株高大、生长迅速、繁殖力强，生态适应性广，在野外常形成密集的单优群落。近几年，呈快速扩散蔓延态势，现已广布于我国多省，已成为我国危害性较大的外来入侵植物。建议建立对小花山桃草的监管体系，加强对其种群动态变化的监督，同时大力开发其在景观园林上的应用，在减少其灾害的同时，创造经济价值。河南省最早出现在郑州地区，目前已扩散至全省，对生物多样性造成严重威胁。

086　月见草

别名:山芝麻、夜来香　学名:*Oenothera biennis* L.　科名:柳叶菜科　属名:月见草属

· 识别特征

直立二年生粗状草本。基生莲座叶丛紧贴地面;不分枝或分枝,被曲柔毛与伸展长毛(毛的基部泡状),在茎枝上端常混生有腺毛。基生叶倒披针形,先端锐尖,基部楔形,边缘疏生不整齐的浅钝齿,侧脉每侧12~15条,两面被曲柔毛与长毛;茎生叶椭圆形至倒披针形,先端锐尖至短渐尖,基部楔形,边缘每边有5~19枚稀疏钝齿,侧脉每侧6~12条,每边两面被曲柔毛与长毛,茎上部的叶下面与叶缘常混生有腺毛;开花时花粉直接授在柱头裂片上,蒴果锥状圆柱形,向上变狭,直立。绿色,毛被同子房,但渐变稀疏,具明显的棱。种子在果中呈水平状排列,暗褐色,棱形,具棱角,各面具不整齐注点。

· 分布区域

原产北美,早期引入欧洲,后迅速传播至世界温带与亚热带地区。在河南省西部山区已沦为逸生,常生长于开阔荒坡路旁。

· 评价

本种在我国东北与华北地区常有成片野化,其种子含油量达25.1%,其中含γ–亚麻酸(GLA)达8.1%,是最有开发前景的物种。月见草是多年生草本植物,原产北美,分布广且变异大,我国大江南北均有野生和引种栽培,它富含脂肪酸(20%~25%)、酶类和多种生物活性物质,其中,γ–亚麻酸含量高达8%~14%,γ–亚麻酸是人体不可缺少的必需脂肪酸,具有很强的生物活性,γ–亚麻酸及其系列代谢物可预防血脂沉积,抑制血小板聚集,对心脑血管病、糖尿病、风湿症等都有良效。种植月见草时要注意防范病虫害。

087　海滨月见草

别名:海芙蓉　学名:*Oenothera drummondii* Hook.　科名:柳叶菜科　属名:月见草属

· 识别特征

直立或平铺一年生至多年生草本。不分枝或分枝,被白色或带紫色的曲柔毛与长柔毛,有时在上部有腺毛。基生叶灰绿色,狭倒披针形至椭圆形,先端锐尖,基部渐狭或骤狭至叶柄,边缘疏生浅齿至全缘,两面被白色或紫色的曲柔毛与长柔毛;茎生叶狭倒卵形至倒披针形,有时椭圆形或卵形,先端锐尖至浑圆,基部渐狭或骤狭至叶柄,边缘疏生浅齿至全缘,稀在下部呈羽裂状。花序穗状,疏生茎枝顶端,有时下部有少数分枝,通常每日傍晚开一朵花。萼片绿色或黄绿色,开放时边缘带红色,披针形,毛被同花管的;花瓣黄色,宽倒卵形,先端截形或微凹;蒴果圆柱状,毛被同子房上的。种子椭圆状,褐色,表面具整齐洼点。花期5~8月,果期8~11月。

· **分布区域**

原产于北美洲、南美洲。国外分布于美国、墨西哥、秘鲁、智利、澳大利亚、英国、西班牙、以色列、伊拉克、埃及、南非等国。河南有栽培。

· **评价**

海滨月见草花大色艳,花期长,花量充沛,观赏价值较高。海滨月见草的种子中富含氨基酸和矿质元素,且花粉产量高,营养全面,是沿海地区不可多得的优良蜜源植物。此外,海滨月见草全草可入药,有强筋骨和祛风湿功效。其种子油中富含亚麻酸,亚麻酸具有明显的降血压、降血脂、降胆固醇含量、减弱过氧化物损伤的作用及抗炎效果等特殊的生理活性,其在医药、保健品、食品、化妆品、园林等领域的发展前景广阔。建议深入研究海滨月见草的生理特性、生长机制,为其综合开发利用研究提供参考依据。

088 黄花月见草

别名:红萼月见草、月见草   学名:*Oenothera glazioviana* Mich.   科名:柳叶菜科 属名:月见草属

· **识别特征**

直立二年生至多年生草本。具粗大主根,不分枝或分枝,常密被曲柔毛与疏生伸展长毛(毛基红色疱状),在茎枝上部常密混生短腺毛。基生叶莲座状,倒披针形,先端锐尖或稍钝,基部渐狭并下延为翅,边缘自下向上有远离的浅波状齿,侧脉5~8对,白色或红色,上部深绿色至亮绿色,两面被曲柔毛与长毛;疏被曲柔毛、长毛与腺毛;萼片黄绿色,狭披针形,先端尾状,彼此靠合,开花时反折,毛被同花管的,但较密;花瓣黄色,宽倒卵形,先端钝圆或微凹;种子棱形,褐色,具棱角,各面具不整齐洼点,有约一半败育。花期5~10月,果期8~12月。

· **分布区域**

黄花月见草源于欧洲。河南省栽培,并逸为野生。常生长于开阔荒地、田园路边。

· **评价**

黄花月见草花大美丽,花期长,可栽培观赏;种子壳榨油,可食用与药用。黄花月见草是一、二年生或多年生草本植物,由于其根系中能够大量积累铜,且自身具有很低的铜转运系数,即从环境中吸收的铜绝大多数积累在根系,往地上部转运的铜较少,所以可以定义为一种铜排斥型植物。近年来开始人工栽培黄花月见草,其可以作为铜矿区主体修复植物来对污染土壤进行改善。建议将其合理地应用在铜矿区,富集铜矿区土壤中的铜元素,修复被破坏的生态环境。

089 裂叶月见草

学名:*Oenothera laciniata Hill*　　**科名**:柳叶菜科　　**属名**:月见草属

- **识别特征**

直立至外倾一年生或多年生草本。具主根;常分枝,被曲柔毛,有时混生长柔毛,在茎上部常混生腺毛。基部叶线状倒披针形,先端锐尖,基部楔形,边缘羽状深裂,向着先端常全缘;茎生叶狭倒卵形或狭椭圆形,先端锐尖或稍钝,基部楔形,下部常羽状裂,中上部具齿,上部近全缘;苞片叶状,狭长圆形或狭卵形,近水平开展,先端锐尖,基部钝至楔形,边缘疏生浅齿或基部具少数羽状裂片;所有叶及苞片绿色,被曲柔毛及长柔毛,上部的常混生腺毛。花序穗状,由少数花组成,生茎枝顶部,有时主序下部有少数分枝,每日近日落时每序开一朵花。花蕾长圆形呈卵状,开放前常向上屈伸。种子每室2列,椭圆状至近球状,褐色,表面具整齐的洼点。花期4~9月,果期5~11月。

- **分布区域**

分布于欧洲、东亚、非洲、大洋洲。我国多地有分布,我国台湾北部逸出野化,海拔50~1 300 m,生长于海滨沙滩或低海拔开阔荒地、田边处。国外主要分布于美国、日本、南非、澳大利亚等国家。河南开封、郑州、信阳已大量逸生。

- **评价**

裂叶月见草为一年生或多年生草本植物,已成为许多国家的外来入侵种和重要的田间杂草。近几年在中国浙江、广东等地出现并成功定居。2008年在河南省开封出现,目前已经成功定居,且呈蔓延趋势。河南省地处中原腹地,是中国最大的粮仓,若任其继续传播和扩散,将有可能对农业生产造成严重的危害,建议深入了解其入侵能力和入侵机制,避免其进一步入侵。

090 小花月见草

学名:*Oenothera parviflora L.*　　**科名**:柳叶菜科　　**属名**:月见草属

- **识别特征**

直立二年生草本。具主根。不分枝或分枝,疏被曲柔毛、长毛与腺毛,有时在下部仅被曲柔毛,在上部生具疱状基部的长毛。基生叶狭倒披针形或狭椭圆形,鲜绿色,先端锐尖,基部渐狭,边缘具浅齿,下部具浅波状齿,侧脉 10 ~ 12 对,白色或红色,两面疏被曲柔毛;茎生叶披针形至狭卵形或狭椭圆形,先端锐尖或长锐尖,基部渐狭或楔形,边缘具浅齿,侧脉 6 ~ 8 对,两面疏被曲柔毛。花粉直接授在裂片上。蒴果锥状圆柱形,顶端渐狭,绿色,干时变黑色,毛被同子房,但较稀疏,甚至渐变无毛。种子褐色或黑色,棱形,具棱角,各面具不整齐洼点。花期 7 ~ 9 月,果期 10 月。

·分布区域

分布于欧洲、亚洲、非洲。我国东北(辽宁)逸为野生。生长于荒坡、沟边湿润处。国外分布于南非、美国等国家。其中,美国是其原产地。

·评价

小花月见草为二年生草本植物,为我国外来入侵植物。调查发现,小花月见草在我国东北的辽宁、吉林、黑龙江省和河北省部分地区已有分布,并形成单一优势种群,具有较强的入侵性。建议用纸皿法和盆栽可控试验法,探究小花月见草种子萌发特性对水分、温度和光照胁迫的响应,及其在生长过程中干旱胁迫下生理生化指标和光合指标的变化,为深入研究小花月见草的入侵能力,揭示小花月见草的生理生态适应机制,防止其进一步扩散提供科学依据。

091 粉花月见草

学名:*Oenothera rosea* L Herpt. ex Ait.　　**科名**:柳叶菜科　　**属名**:月见草属

·识别特征

多年生草本。具粗大主根。茎常丛生,上升,多分枝,被曲柔毛,上部幼时密生,有时混生长柔毛,下部常紫红色。基生叶紧贴地面,倒披针形,先端锐尖或钝圆,自中部渐狭或骤狭,并不规则羽状深裂下延至柄;叶柄淡紫红色,开花时基生叶枯萎。茎生叶灰绿色,披针形(轮廓)或长圆状卵形,先端下部的钝状锐尖,中上部的锐尖至渐尖,基部宽楔形并骤缩下延至柄,边缘具齿突,基部细羽状裂,侧脉 6 ~ 8 对,两面被曲柔毛;蒴果棒状,具 4 条纵翅,翅间具棱,顶端具短喙。种子每室多数,近横向簇生,长圆状倒卵形。花期 4 ~ 11 月,果期 9 ~ 12 月。

·分布区域

分布于欧洲、亚洲、中美洲及南美洲暖温带中山地带。河南有栽培。

·评价

粉花月见草是多年生草本植物,民间常称其为"夜来香",17 世纪经欧洲传入中国。

粉花月见草可以根入药,有消炎、降血压的功效。粉花月见草还具有良好的观赏价值,适于园林、庭院、花坛等的绿化。但是由于其繁殖力强,易成为难以清除的杂草。建议从不同磷浓度对粉花月见草形态和生理方面指标进行研究,可以为有效防治该杂草提供理论依据。加强对其利用,将其作为园林中的观赏植物,扬长避短,变害为利。

092 粉绿狐尾藻

学名:*Myriophyllumaquaticum*(Vell.)Verdc.　科名:小二仙草科　属名:狐尾藻属

· 识别特征

叶 5 ~ 7 枚轮生,羽状排列,小叶针状,绿白色;沉水叶丝状,朱红色,冬天老叶会枯掉,叶子掉落时是红色的。雌雄异花、异株。在原产地雄株几乎灭绝,天然依赖无性繁殖繁衍种群。花序团伞状,白色,簇生于叶腋。核果坚果状,具 4 凹沟。

· 分布区域

自然分布于南美洲。在我国为入侵植物。河南少数公园水体有栽培。

· 评价

粉绿狐尾藻通过根、茎、叶吸收、转化、利用可去除水体富营养物质。同时,因其还能去除某些重金属及其他有毒物质、抑制藻类繁殖、对温度变化耐受性好、生物量积累较快、适应性强等优点,常常被选为净水的先锋植物。此外,粉绿狐尾藻还是颇负盛名的水生观赏植物。但粉绿狐尾藻存在一定的入侵风险和潜在威胁。建议加强粉绿狐尾藻的管控和监测,以降低其入侵风险,扬长避短,充分发挥其美化环境的作用。

093 蛇床

**别名:蛇粟、蛇米、虺床、马床、墙蘼　学名:*Cnidium monnieri*(L.)Cuss.　科名:伞形科
属名:蛇床属**

· 识别特征

一年生草本。根圆锥状,较细长。茎直立或斜上,多分枝,中空,表面具深条棱,粗糙。下部叶具短柄,叶鞘短宽,边缘膜质,上部叶柄全部鞘状;叶片轮廓卵形至三角状卵形,2 ~ 3 回三出式羽状全裂,羽片轮廓卵形至卵状披针形,先端常略呈尾状,末回裂片线形至线状披针形,具小尖头,边缘及脉上粗糙。复伞形花序;小伞形花序具花 15 ~ 20,萼齿无;花瓣白色,先端具内折小舌片;花柱基略隆起,花柱向下反曲。分生果长圆状,横剖面近五角形,主棱 5,均扩大成翅;每棱槽内油管 1,合生面油管 2;胚乳腹面平直。花期 4 ~ 7 月,果

期 6～10 月。

·分布区域

分布于亚洲、北美及欧洲国家。豫南地区有分布。

·评价

果实蛇床子含挥发油 1.3%,香豆素类成分包括蛇床子素、欧前胡素、佛手柑内酯等成分。近年来,有关蛇床子素活性单体的研究有了很大进展,其抗真菌、病毒、滴虫和祛痰平喘、抗心律失常、局部麻醉、抗诱变、延缓衰老等药理活性也不断地被发现。蛇床属麦田杂草,对小麦产量有一定影响。建议深入挖掘其医用价值,除草入药,变废为宝。

094 芫荽

别名:香荽、胡荽　　学名:*Coriandrum sativum* L.　　科名:伞形科　　属名:芫荽属

·识别特征

一年生或二年生,有强烈气味的草本。根纺锤形,细长,有多数纤细的支根。茎圆柱形,直立,多分枝,有条纹,通常光滑。根生叶有柄,叶片 1 或 2 回羽状全裂,羽片广卵形或扇形半裂,边缘有钝锯齿、缺刻或深裂,上部的茎生叶 3 回以至多回羽状分裂,末回裂片狭线形,顶端钝,全缘。伞形花序顶生或与叶对生,伞辐 3～7;小总苞片 2～5,线形,全缘;小伞形花序有孕花 3～9,花白色或带淡紫色;萼齿通常大小不等,小的卵状三角形,大的长卵形;花瓣倒卵形,顶端有内凹的小舌片,通常全缘,有 3～5 脉;花药卵形;花柱幼时直立,果熟时向外反曲。果实圆球形,背面主棱及相邻的次棱明显。胚乳腹面内凹。油管不明显,或有 1 个位于次棱的下方。花果期 4～11 月。

·分布区域

原产欧洲地中海地区,我国西汉时(公元前 1 世纪)张骞从西域带回,现我国东北、河北、山东、安徽、江苏、浙江、江西、湖南、广东、广西、陕西、四川、贵州、云南、西藏等地均有栽培。河南广泛作蔬菜栽培。

·评价

在藏药部颁中将芫荽果命名为吾苏,具有清热、解表、健胃等功效;现代药理学研究表明,芫荽果具有镇痛、祛风、助消化、抗风湿、止痉挛、抗氧化、抗菌、降血糖等药理作用,可用于风湿和糖尿病等疾病的治疗。实验中所分离得到的苯丙酸类、黄酮及其苷类、生物碱类、酚酸类等化合物具有抗菌、抗炎、抗氧化功效,对心血管系统具有较强的保护作用,同时生物碱类化合物还具有较好的抗癌活性。但芫荽易受叶枯病和斑枯病的侵袭,严重影响其产量。建议调整品种结构,改善种植条件,规模化、规范化集中连片发展,提高种植管理水平,从而提高芜菁的产量、质量,为芜菁的医学价值提供物质基础。

095 野胡萝卜

别名:鹤虱草　**学名:***Daucus carota* L.　**科名:**伞形科　**属名:**胡萝卜属

·识别特征

二年生草本。茎单生,全体有白色粗硬毛。基生叶薄膜质,长圆形,2～3回羽状全裂,末回裂片线形或披针形,顶端尖锐,有小尖头,光滑或有糙硬毛;茎生叶近无柄,有叶鞘,末回裂片小或细长。复伞形花序,花序梗有糙硬毛;总苞有多数苞片,呈叶状,羽状分裂,少有不裂的,裂片线形,伞辐多数,结果时外缘的伞辐向内弯曲;小总苞片5～7,线形,不分裂或2～3裂,边缘膜质,具纤毛;花通常白色,有时带淡红色;花柄不等长。果实卵圆形,棱上有白色刺毛。花期5～7月。

·分布区域

分布于欧洲及东南亚地区。河南广泛生长于山坡路旁、旷野或田间。

·评价

野胡萝卜嫩叶可作蔬菜食用或调味用,它富含糖类、胡萝卜素、多种维生素和人体必需的微量元素锌、铜、锰、铁等。云南人民采其嫩叶炒食或凉拌食用,味道清香,风味独特,是一道无公害特色野菜。野胡萝卜的茎叶、根和果实均可入药,在《四川中药志》《分类草药性》中均有记载。野胡萝卜的果实可用来治疗性欲减退、湿寒性胃病、闭尿、闭经等病症,具有较好的疗效。可见,野胡萝卜是一种药食兼用,具有较大开发价值的野生植物资源。但其在油菜田中生长迅速,影响油菜的产量与品质。建议对野胡萝卜多糖的体内抗氧化活性进行研究,为开发安全性高的天然抗氧化剂及保健产品提供科学依据和参考。

096 茴香

别名:蘹蒒、小茴香　**学名:***Foeniculum vulgare* Mill.　**科名:**伞形科　**属名:**茴香属

·识别特征

多年生草本。茎直立,光滑,灰绿色或苍白色,多分枝。中部或上部的叶柄部分或全部成鞘状,叶鞘边缘膜质;叶片轮廓为阔三角形,4～5回羽状全裂,末回裂片线形,复伞形花序顶生与侧生;伞辐6～29,不等长;小伞形花序有花14～39;花柄纤细,不等长;无萼齿;花瓣黄色,倒卵形或近倒卵圆形,先端有内折的小舌片,中脉1条;花丝略长于花瓣,花药卵圆形,淡黄色;花柱基圆锥形,花柱极短,向外叉开或伏贴在花柱基上。果实长圆形,

主棱 5 条,尖锐;每棱槽内有油管 1,合生面油管 2;胚乳腹面近平直或微凹。花期 5～6月,果期 7～9 月。

· 分布区域

原产地中海地区。我国各省区都有栽培。

· 评价

茴香始载于《唐本草》,为多年生草本植物。茴香是一种常用调味香料,也是我国常用的传统中药。其性味辛、温;具温肾散寒、和胃理气功效。用于治寒病,小腹冷痛,肾虚腰痛,胃痛,呕吐,干、湿脚气等。同时,还是常用的蒙药,蒙药名照尔古达素、高尼要德,蒙医主要用于医治"赫依"症。功用:镇"赫依"症、解毒、健胃、明目、消肿,用于虚热、头晕眼花、胃寒胀痛、恶心、疝气等症。维吾尔族、藏族、壮族、白族、苗族、畲族等少数民族也均把小茴香作为一种草药长期使用。但其易受白粉病、根腐病、蚜虫等病虫害的影响。建议在水肥条件良好的地区规模化种植茴香,深入研究茴香药用机制,充分实现茴香的药用价值。

097 香根芹

别名:水芹三七、野胡萝卜 学名:*Osmorhiza aristata*(Thunb.)Makino et Yabe Bot.
科名:伞形科 属名:香根芹属

· 识别特征

多年生草本。主根圆锥形,有香气。茎圆柱形,有分枝,草绿色或稍带紫红色,嫩时有毛,老后光滑。基生叶片的轮廓呈阔三角形或近圆形,通常 2～3 回羽状分裂或 2 回三出式羽状复叶,羽片 2～4 对,下部第二回羽片卵状长圆形或三角状卵形,边缘有缺刻,羽状浅裂以至羽状深裂,有短柄,末回裂片卵形、长卵形以至卵状披针形,顶端钝或渐尖,边缘有粗锯齿,缺刻或羽状浅裂,表面深绿,背面淡绿,两面被白色粗硬毛,有时仅在脉上有毛;叶柄基部有膜质叶鞘;茎生叶的分裂形状如基生叶。花丝短于花瓣,花药卵圆形;花柱基圆锥形,花柱略长于花柱基;子房被白色而扁平的软毛。果实线形或棍棒状,基部尾状尖,果棱有刺毛,基部的刺毛较密;分生果横剖面圆状五角形,胚乳腹面内凹。花果期 5～7 月。

· 分布区域

主要分布于亚洲。豫西山区有分布。生长在海拔 250～1 120 m 的山坡林下、溪边及路旁草丛中。

· 评价

根药用,散寒发表、止痛,治风寒感冒、头顶痛、周身疼痛(摘自《西藏常用中草药》)。

香根芹与花椰菜套种时可提高香根芹的产量与品质。建议将香根芹种到花椰菜地两旁空地,让其攀缘生长结果,综合利用土地、空间和光能,形成花椰菜、香根芹互利共生。

098　长春花

学名:*Catharanthus roseus*(L.) G. Don　科名:夹竹桃科　属名:长春花属

·识别特征

半灌木。略有分枝,有水液,全株无毛或仅有微毛;茎近方形,有条纹,灰绿色;叶膜质,倒卵状长圆形,先端浑圆,有短尖头,基部广楔形至楔形,渐狭而成叶柄;叶脉在叶面扁平,在叶背略隆起,侧脉约 8 对。聚伞花序腋生或顶生,有花 2～3 朵;花萼 5 深裂,内面无腺体或腺体不明显,萼片披针形或钻状渐尖,花冠红色,高脚碟状,花冠筒圆筒状,内面具疏柔毛,喉部紧缩,具刚毛;花冠裂片宽倒卵形,雄蕊着生于花冠筒的上半部,但花药隐藏于花喉之内,与柱头离生;子房和花盘与属的特征相同。蓇葖双生,直立,平行或略叉开;外果皮厚纸质,有条纹,被柔毛;种子黑色,长圆状圆筒形,两端截形,具有颗粒状小瘤。花期、果期几乎全年。

·分布区域

原产非洲东部,现栽培于各热带和亚热带地区。河南少量用于公园绿地。

·评价

长春花在中医临床时全株入药,作为一种重要的药用植物被广泛应用。其味微苦、性凉,具有抗癌、镇静安神、平肝、降压、解毒等功效,具有小毒,可引起人体细胞的萎缩、白细胞及血小板的减少,引起肌肉无力、四肢麻痹等症状。目前,在化学成分研究方面,对长春花各部位(包括根、茎叶、花等)分离得到的有生物碱、黄酮及其他成分。但长春花易受到茎腐病、红蜘蛛、蚜虫等病虫害的侵袭。建议对长春花有效成分、药理作用及机制进行研究,使长春花的临床应用更为广泛,促进以长春花为原料的成品药得到不断开发。

099　蕹菜

别名:空心菜　学名:*Ipomoea aquatica* Forsk.　科名:旋花科　属名:番薯属

·识别特征

一年生草本。蔓生或漂浮于水。茎圆柱形,有节,节间中空,节上生根,无毛。叶片形状、大小有变化,卵形、长卵形、长卵状披针形或披针形,顶端锐尖或渐尖,具小短尖头,基部心形、戟形或箭形,偶尔截形,全缘或波状,或有时基部有少数粗齿,两面近无毛或偶有稀疏柔毛;无毛。聚伞花序腋生花序基部被柔毛,向上无毛,具1~3(5)朵花;苞片小鳞片状,无毛;萼片近于等长,卵形,顶端钝,具小短尖头,外面无毛;花冠白色、淡红色或紫红色,漏斗状,雄蕊不等长,花丝基部被毛;子房圆锥状,无毛。蒴果卵球形至球形,无毛。种子密被短柔毛或有时无毛。

· 分布区域

分布遍及亚洲、非洲和大洋洲热带地区。河南作蔬菜广泛栽培。

· 评价

蕹菜含有大量维生素和微量元素,具有清热、解毒、利尿、凉血的功效。蕹菜叶片较薄,叶片面积较大,含水量较高,采后流通、销售过程中,品质极易下降,特别是在炎热的夏季。品质降低主要表现在叶片失水萎蔫,维生素、叶绿素等含量下降,菌落数量上升。通过控制采后空心菜储藏条件可以维持其品质。蕹菜无菌种苗对其生产的可持续发展具有重要意义。建议对蕹菜进行无菌种苗处理,处理后的蕹菜有早产、产量高、品质佳的特点,能够大大提高蕹菜的食用价值。

100 番薯

**别名:甘薯、红薯、红苕、白薯　学名:*Ipomoea batatas*(L.)Lam.　科名:旋花科
属名:番薯属**

· 识别特征

一年生草本。地下部分具圆形、椭圆形或纺锤形的块根,块根的形状、皮色和肉色因品种或土壤不同而异。茎平卧或上升,偶有缠绕,多分枝,圆柱形或具棱,绿或紫色,被疏柔毛或无毛,茎节易生不定根。叶片形状、颜色常因品种不同而异,也有时在同一植株上具有不同叶形,通常为宽卵形,全缘或3~5(7)裂,裂片宽卵形、三角状卵形或线状披针形,叶片基部心形或近于平截,顶端渐尖,两面被疏柔毛或近于无毛,叶色有浓绿、黄绿、紫绿等,顶叶的颜色为品种的特征之一;萼片长圆形或椭圆形,不等长,顶端骤然成芒尖状,无毛或疏生缘毛;花冠粉红色、白色、淡紫色或紫色,钟状或漏斗状,外面无毛。种子1~4粒,通常2粒,无毛。由于番薯属于异花授粉,自花授粉常不结实,所以有时只见开花不见结果。

· 分布区域

番薯原产南美洲及大、小安第列斯群岛,现已广泛栽培在全世界的热带、亚热带地区(主产于北纬40°以南)。河南省大多数地区都普遍栽培。

· 评价

番薯营养价值丰富,含有多种人体所必需的营养物质。据研究分析,每100 g番薯中

约含蛋白质 1.8 g、脂肪 0.2 g、糖类 29.5 g、钙 18 mg、磷 20 mg、铁 0.2 mg、钾 503 mg、胡萝卜素 1.31 mg、维生素 C 30 mg、维生素 B1 0.12 mg、维生素 B2 0.04 mg 及烟酸 0.5 mg。现代科学研究表明，番薯茎、叶中富含各种化学成分，其提取物具有广泛的医疗和保健作用。研究证实，番薯叶黄酮化合物具有抗癌、抗肿瘤、抗心脑血管疾病、抗炎镇痛、免疫调节、降血糖、治疗骨质疏松、抗菌抗病毒、抗氧化、抗衰老、抗辐射、治疗腹泻等多重作用，经常食用番薯叶有美容护肤、延年益寿的功效。番薯病害主要有黑斑病、软腐病等，虫害主要有番薯天蛾、叶甲、龟甲、潜叶蛾等。建议关注番薯的营养和加工现状，更好地将番薯营养结合到加工生产中，促进番薯的营养和加工工艺创新研究，提高番薯食品营养水平、增加食用口感，创新番薯食品类型，提升其食用价值与经济价值。

101　橙红茑萝

别名：圆叶茑萝　学名：*Quamoclit coccinea*（L.）Moench　科名：旋花科　属名：茑萝属

·识别特征

一年生草本。茎缠绕，平滑，无毛。叶心形，骤尖，全缘，或边缘为多角形，或有时多角状深裂，叶脉掌状；叶柄细弱，几与叶片等长。聚伞花序腋生，有花 3~6 朵，总花梗细弱，较叶柄长，有 2 小苞片；萼片 5，不相等，卵状长圆形，顿头，有长芒类，着生于萼片顶端稍下方；花冠高脚碟状，橙红色，喉部带黄色，于喉部骤然展开，冠檐 5 深裂；雄蕊 5，显露于花冠之外，稍不等长，花丝丝状，基部肿大，有小鳞毛，花药小，雌蕊稍长于雄蕊；花柱丝状，柱头头状，2 裂；蒴果小，卵圆形，或球形。

·分布区域

原产南美洲，河南省各地庭院常栽培。

·评价

橙红茑萝人为有意引进栽培，在我国主要是作为庭院栽培植物被记载，已在自然生境中定居。地上部分能够攀缘到相邻植物上，攀缘及密闭度较高，缠绕相邻植物或覆盖在相邻植物顶端，使其对光照的利用受到影响；地下部分又能与相邻植物竞争水分和养分等资源。橙红茑萝具有极大的入侵潜力，应当加大对橙红茑萝的研究力度，调查和监测归化种群，并加强监督防范工作，规范引种和栽培，禁止随意引种和随便丢弃到自然生境中，避免其演变成入侵植物。橙红茑萝具有潜在入侵危害。在台湾地区已成为归化植物。2012年，报道其为在云南首次发现的外来入侵植物。由于该植物在我国出现时间短，目前不了解详细情况而无法确定其未来发展趋势，因此在《中国入侵植物名录》中的入侵等级暂定为 5 级。橙红茑萝在我国的危害虽然较少被报道，但在巴西，该植物为农业杂草，可使甘蔗减产 46%，对玉米、豆类等其他农作物也有危害。橙红茑萝在汤加王国、帕劳共和国等多个国家和地区已产生危害，成为外来入侵植物。此外，在我国，橙红茑萝与入侵严重的近缘植物五爪金龙和圆叶牵牛原产地相同,后两种植物已被列为1级入侵植物,在国家层面上已经对经济效益或生态效益造成巨大的损失和严重的影响。

橙红茑萝蔓叶纤细秀丽,花叶俱美,细致动人,是庭院花架、花窗、花门、花篱、花墙的优良绿化植物,还可作地被花卉,随其爬覆地面,遮挡不雅之物,也可盆栽陈设于室内。

药用价值:橙红茑萝为清热解毒的良药,它的全草或根入药,药物名为金凤毛,可治痢疾、肠风下血、崩漏、痔、便血等症。

102 牵牛

别名:喇叭花、筋角拉子、大牵牛花、黑丑、朝颜、碗公花、牵牛花、勤娘子
学名:*Pharbitis nil*(L.)Choisy　科名:旋花科　属名:牵牛属

·识别特征

一年生茎缠绕草本。全株上被倒向的短柔毛及杂有倒向或开展的粗硬毛,有分枝。叶互生,宽卵形,3裂;中裂片长圆形或卵圆形,基部向内凹陷,掌状脉,基部心形,叶渐尖或骤尖,侧裂片较短,叶两面被微硬的柔毛,叶柄同茎被粗硬毛。花腋生1~3朵生于花序梗顶,花序梗长通常短于叶柄,有时较长,被长柔毛;萼片5,近等长,花期披针状,果期基部卵圆形,先端长渐尖,外弯,其中3片较宽,内面2片稍狭,外面被金黄色毛,基部密,有时也杂有短柔毛;花冠漏斗状,天蓝色、蓝紫色渐变为淡紫色、紫红色或粉红色,花冠管色淡。蒴果扁球形,3瓣裂;种子卵状三棱形,黑褐色或米黄色,被褐色短茸毛。花期6~9月,果期9~10月。

·分布区域

本种原产热带美洲,现已广植于热带和亚热带地区。河南省大部分地区都有分布、逸生或栽培。

·评价

牵牛适应能力强,攀缘及密闭度较高,为一般性杂草,入侵性强。生境为田边、宅院、苗圃、果园、荒地,发生量较小,部分苗圃、果园受害严重。主要在华南、西北、华北、东北地区展现出一定入侵危害,也有学者认为其为非入侵植物。

生于海拔100~1 600 m的山坡灌丛、干燥河谷路边、园边宅旁、山地路边,虽没有对植被造成严重破坏,但对生态平衡的潜在威胁明显。

牵牛除栽培供观赏外,种子为常用中药,名丑牛子(云南)、黑丑、白丑、二丑(黑、白种子混合),入药多用黑丑,白丑较少用。有泻水利尿、逐痰、杀虫的功效。

103 裂叶牵牛

别名:喇叭花子   学名:*Pharbitis nille*(L.)Choisy   科名:旋花科   属名:牵牛属

· 识别特征

一年生茎缠绕草本。全株上被倒向的短柔毛及杂有倒向或开展的粗硬毛。叶宽卵形或近圆形,通常深或浅的 3 裂,偶 5 裂,中裂片长圆形或卵圆形,基部不向内凹陷,渐尖或骤尖,侧裂片较短,三角形,裂口锐或圆,叶两面同茎被微硬的柔毛。花腋生,通常 2 朵着生于花序梗顶,花序梗长短不一,同茎被粗硬毛,苞片线形或叶状;萼片 5,披针状,先端长渐尖,不向外卷,其中 3 片较宽,内面 2 片稍狭,外面被开展的白色长毛,基部毛更密;花冠漏斗状,蓝紫色渐变为淡紫色或粉红色,花冠管色淡。蒴果近圆球形,3 瓣裂,种子卵状三角形,黑褐色或米黄色,被褐色短茸毛;花期 6~9 月,果期 9~10 月。

· 分布区域

本种原产热带美洲,现已广植于热带和亚热带地区。河南省大部分地区都有分布、逸生或栽培。

· 评价

裂叶牵牛适应能力强,攀缘及密闭度较高,为一般性杂草,入侵性强。生境为田边、宅院、苗圃、果园、荒地,发生量较小,部分苗圃、果园受害严重。主要在华南、西北、华北、东北地区展现出一定入侵性,也有学者认为其为非入侵植物。

裂叶牵牛生于海拔 100~1 600 m 的山坡灌丛、干燥河谷路边、园边宅旁、山地路边。虽没有对植被造成严重破坏,但对生态平衡的潜在威胁明显。除栽培供观赏外,种子为常用中药,作用同牵牛。

104 圆叶牵牛

别名:毛牵牛、牵牛花、紫花牵牛   学名:*Pharbitis parpurta*(L.)Volgt   科名:旋花科属名:牵牛属

· 识别特征

一年生缠绕草本植物。叶片圆心形或宽卵状心形,基部圆,心形,顶端锐尖、骤尖或渐尖,两面疏或密被刚伏毛。花腋生,着生于花序梗顶端成伞形聚伞花序,花序梗比叶柄短或近等长,苞片线形,萼片渐尖,花冠漏斗状,紫红色、红色或白色,花冠管通常白色,花丝基部被柔毛;子房无毛,柱头头状;花盘环状。蒴果近球形,种子卵状三棱形,黑褐色或米黄色,被极短的糠粃状毛。花期5～10月,果期8～11月。与牵牛和裂叶牵牛区别之处在叶形,牵牛和裂叶牵牛均三裂,圆叶牵牛不裂叶,且全缘。

· 分布区域

本种原产热带美洲,现已广植于热带和亚热带地区。河南省大部分地区都有分布、逸生或栽培。

· 评价

圆叶牵牛适应能力强,攀缘及密闭度较高,为一般性杂草,入侵性强。生境为田边、宅院、苗圃、果园、荒地,发生量较小,部分苗圃、果园受害严重。主要在华南、西北、华北、东北地区展现出一定入侵危害,也有学者认为其为非入侵植物。

圆叶牵牛生于海拔100～1 600 m的山坡灌丛、干燥河谷路边、园边宅旁、山地路边。虽没有对植被造成严重破坏,但对生态平衡的潜在威胁明显。除栽培供观赏外,种子为常用中药。

105 茑萝松

别名:茑萝、五角星花、羽叶茑萝、锦屏封、金丝线、绕龙花
学名:*Quamoclit pennata*(Desr.)Boj.　　科名:旋花科　　属名:茑萝属

· 识别特征

一年生柔弱缠绕草本,无毛。叶卵形或长圆形,羽状深裂至中脉,具10～18对线形至丝状平展的细裂片,裂片先端锐尖,叶柄基部常具假托叶。花序腋生,由少数花组成聚伞花序,总花梗大多超过叶,花直立,花柄较花萼长,在果时增厚成棒状;萼片绿色,稍不等长,椭圆形至长圆状匙形,先端钝而具小凸尖;花冠高脚碟状,深红色,无毛,管柔弱,上部稍膨大,冠檐开展,5浅裂;雄蕊及花柱伸出,花丝基部具毛,子房无毛。蒴果卵形,4室,4瓣裂,隔膜宿存,透明,种子4,卵状长圆形,黑褐色。

· 分布区域

原产热带美洲,现广布于全球温带及热带。河南省有栽培。

· 评价

茑萝松为人为有意引进栽培,已在自然生境中定居,攀缘及密闭度较高,具有潜在入侵性。为美丽的庭园观赏植物。江西、江苏、浙江一带人们常用茑萝松全草及根入药,具清热消肿的功效,主治神经衰弱、感冒发热和痈疮肿毒。

106 三裂叶薯

别名:红花野牵牛、三裂叶牵牛、小花假番薯　学名:*Ipomoea triloba* Linnaeus
科名:旋花科　属名:番薯属

· 识别特征

一年生藤本。茎缠绕或有时平卧,无毛或散生毛,且主要在节上。叶宽卵形至圆形,全缘或有粗齿或深 3 裂,基部心形,两面无毛或散生疏柔毛,叶柄无毛或有时有小疣。花序腋生,1 朵花或少花至数朵花成伞形状聚伞花序,花序梗多少具棱,有小瘤突,较叶柄粗壮,无毛,明显有棱角,顶端具小疣;萼片近相等或稍不等,外萼片稍短,背部散生疏柔毛,内萼片有时稍宽,无毛或散生毛;花冠漏斗状,无毛,淡红色或淡紫红色,冠檐裂片短而钝,有小短尖头,雄蕊内藏,花丝基部有毛,子房有毛。蒴果近球形,具花柱基形成的细尖,被细刚毛,2 室,4 瓣裂,种子 4 粒或较少,无毛。

· 分布区域

本种原产热带美洲。豫南地区有分布,生于丘陵路旁、荒草地或田野。

· 评价

三裂叶薯是华南地区常见的藤本植物,现已成为热带地区的杂草,攀缘及密闭度较高,已形成入侵危害。因其对低温耐受能力较弱,对华北及北方地区潜在入侵性减弱。

107 聚合草

别名:爱国草、肥羊草、友益草、友谊草、紫根草、康复力、外来聚合草、西门肺草、紫草根
学名:*Symphytum officinale* Linnaeus　科名:紫草科　属名:聚合草属

· 识别特征

丛生型多年生草本。高 30～90 cm,全株被向下稍弧曲的硬毛和短伏毛,茎数条,直立或斜生,有分枝。基生叶具长柄,叶片带状披针形、卵状披针形至卵形,稍肉质,先端渐尖,茎中部和上部叶较小,无柄,基部下延。花序含多数花,花萼裂至近基部,裂片披针形,先端渐尖,花冠淡紫色、紫红色至黄白色,裂片三角形,先端外卷,喉部附属物披针形,不伸出花冠檐。花药顶端有稍突出的药隔,子房通常不育,偶尔个别花内成熟 1 个小坚果,小坚果歪卵形,黑色,平滑,有光泽。花期 5～10 月。

· 分布区域

原产俄罗斯欧洲部分及高加索,生长于山林地带,为典型的中生植物。我国 1963 年引进,江苏省、福建省、湖北省、四川省等现在广泛栽培。河南有栽培。

·评价

适应能力极强,已展现出一定入侵性。茎叶可作家畜青饲料,由于其含有大量的尿囊素和维生素 B12,可预防和治疗畜禽肠炎,在饲料家族中名列前茅。聚合草花朵色彩丰富多变,从基部至花瓣由淡紫到淡黄、黄白色,盛开时繁花似锦,美丽异常。可作庭园植物、地被植物和盆栽等。

108 薄荷

别名:银丹草、野薄荷、夜息香　学名:*Mentha haplocalyx* Briq.　科名:唇形科
属名:薄荷属

·识别特征

多年生草本。茎直立,高 30 ~ 60 cm,下部数节具纤细的须根及水平匍匐根状茎,锐四棱形,具四槽,上部被倒向微柔毛,下部仅沿棱上被微柔毛,多分枝。叶片长圆状披针形、披针形、椭圆形或卵状披针形,稀长圆形,先端锐尖,基部楔形至近圆形,边缘在基部以上疏生粗大的牙齿状锯齿,侧脉 5 ~ 6 对,与中肋在上面微凹陷,下面显著,上面绿色;沿脉上密生、余部疏生微柔毛或近于无毛,叶柄腹凹背凸,被微柔毛。轮伞花序多花腋生,轮廓球形,花小,花冠淡紫色,唇形,具梗或无梗,外面略被微柔毛,内面在喉部以下被微柔毛;花萼管状钟形,外被微柔毛及腺点;雄蕊4,均伸出于花冠之外,花丝丝状,无毛,花柱略超出雄蕊,花盘平顶。花后结小坚果卵珠形,暗紫棕色,具小腺窝。花期 7 ~ 9 月,果期10 月。

·分布区域

原产热带亚洲、俄罗斯远东地区、朝鲜、日本及北美洲(南达墨西哥),分布于河南各地。生于水旁潮湿地,海拔可高达 3 500 m。

·评价

对环境条件适应能力较强,具有一定的耐寒能力,具有潜在入侵性。薄荷具有医用和食用双重功能,也是中国常用中药,幼嫩茎尖可做菜食,全草又可入药,薄荷味辛、性凉,归肺、肝经,有发散风热、清利咽喉、透疹解毒、疏肝解郁和止痒等功效,适用于感冒发热、头痛、咽喉肿痛、无汗、风火赤眼、风疹、皮肤发痒、疝痛、下痢及瘰疬等症,外用有轻微的止痛作用,用于神经痛等。晒干的薄荷茎叶亦常用作食品的矫味剂和作清凉食品饮料,有祛风、兴奋、发汗等功效。

109　留兰香

别名:绿薄荷、香花菜、香薄荷、青薄荷、荷兰薄荷、土薄荷、鱼香菜、假薄荷、土薄荷、香花菜
学名:*Mentha spicata* Linnaeus　科名:唇形科　属名:薄荷属

·识别特征

多年生草本。茎绿色直立,高40～130 cm,无毛或近于无毛,钝四棱形,具槽及条纹,不育枝贴地生。叶无柄或近于无柄,卵状长圆形或长圆状披针形,先端锐尖,基部宽楔形至近圆形,边缘具尖锐而不规则的锯齿,草质,上面绿色,下面灰绿色,侧脉与中脉在上面多少凹陷,下面明显隆起且带白色。轮伞花序生于茎及分枝顶端,呈间断向上密集的圆柱形穗状花序,紫色或白色;花萼钟形,三角状披针形,花冠淡紫色,冠檐具4裂片;小苞片线形,长过于花萼,无毛,花梗无毛;雄蕊4,伸出,花丝丝状,无毛,花柱伸出花冠很多,花盘平顶。子房褐色,无毛。花期7～9月。

·分布区域

原产南欧、加那利群岛、马德拉群岛、俄罗斯。河南多地有栽培或逸为野生。

·评价

对环境条件适应能力较强,具有一定的耐寒能力,是具有潜在入侵性的外来种。留兰香味辛、甘,微温,归肝、脾、胃经,祛风散寒,止咳,消肿解毒,用于感冒、咳嗽、胃痛、腹胀、神经性头痛等症,外用于跌打肿痛、目赤红痛、小儿疮疖等。

110　罗勒（原变种）

别名:零陵香,兰香、香菜、翳子草、矮糠、薰草、佩兰、家佩兰、光明子、香草、香叶草、荆芥、香荆芥、缠头花椒、家薄荷、香草头、光阴子、茹香、鱼香、薄荷树、鸭香、小叶薄荷、九重塔、九层塔、千层塔、省头草、蒿黑　学名:*Ocimum basilicum* Linnaeus
科名:唇形科　属名:罗勒属

·识别特征

一年生草本,高20～80 cm,具圆锥形主根及自其上生出的密集须根;茎直立,钝四棱形,上部微具槽,基部无毛,上部被倒向微柔毛,绿色,常染有红色,多分枝。叶卵圆形至卵圆状长圆形,先端微钝或急尖,基部渐狭,两面近无毛;叶柄近于扁平,向叶基多少具狭翅,被微柔毛。总状花序顶生于茎、枝上,各部均被微柔毛,多数具6花交互对生的轮伞花序,上部轮伞花序靠近,下部远离,花梗明显,先端明显下弯;花萼钟形,外面被短柔毛,齿边缘均具缘毛,果时花萼宿存,明显增大下倾,脉纹显著;花冠淡紫色,或上唇白色、下唇紫红色,伸出花萼,外面在唇片上被微柔毛,内面无毛;雄蕊略超出花冠,插生于花冠筒中部,花丝丝状,花柱超出雄蕊之上,花盘平顶。小坚果卵珠形,黑褐色,有具腺的穴陷,基部有1白色果脐。花期通常7~9月,果期9~12月。

·分布区域

原产于非洲、美洲至亚洲温暖地带地区。河南各地有栽培。

·评价

对环境条件适应能力较强,耐热但不耐寒,无潜在入侵性。罗勒的很多研究着重于香料的提取和成分分析方面。其主要用于意式、法式希腊料理,在印度及泰国烹调也经常使用。罗勒在中国国内一般作为蔬菜栽培,其作为一种新型的特种蔬菜具有很大的发展空间。全草入药,治胃痛、胃痉挛、胃肠胀气、消化不良、肠炎腹泻、外感风寒、头痛、胸痛、跌打损伤、瘀肿、风湿性关节炎、小儿发热、肾脏炎、蛇咬伤,可煎水洗湿疹及皮炎。

111 朱唇

别名:小红花(云南蒙自)、红花鼠尾草 学名:*Salvia coccinea* Linn 科名:唇形科 属名:鼠尾草属

·识别特征

一年生或多年生草本。根纤维状,密集,茎直立,高达70 cm,四棱形,具浅槽,被开展的长硬毛及向下弯的灰白色疏柔毛;单一或多分枝,分枝细弱伸长。叶片卵圆形或三角状卵圆形,先端锐尖,基部心形或近截形,边缘具锯齿或钝锯齿,草质,上面绿色,被短柔毛,下面灰绿色,被灰色的短茸毛;叶柄被向下的疏柔毛及开展的长硬毛或仅被茸毛状柔毛。轮伞花序4至多花,疏离,组成顶生总状花序,花梗与花序轴密被白色向下的短疏柔毛;花萼筒状钟形,外被短疏柔毛及微柔毛,其间混生浅黄色腺点,内面在中部及以上被微硬伏毛,二唇形,上唇卵圆形,下唇与上唇近等长;花冠深红或绯红色,外被短柔毛,内面无毛,雄蕊2,伸出,花丝极纤细,近伸直,花柱伸出,花盘平顶。小坚果倒卵圆形,黄褐色,具棕色斑纹。花期4~7月。

·分布区域

原产美洲,河南公园绿地有栽培。

·评价

具有一定的抗性和耐热性,不耐寒,无潜在入侵性。花美观,供观赏用;全草又可入药,治血崩、高热、腹痛不适。

112　一串红

别名:爆仗红、炮仔花、西洋红、墙下红、象牙红、象牙海棠、拉尔维亚、洋赪桐
学名:*Salvia splendens Ker – Gawl.*　**科名**:唇形科　**属名**:鼠尾草属

・**识别特征**

亚灌木状草本。高可达90 cm,茎钝四棱形,具浅槽,无毛。叶卵圆形或三角状卵圆形,先端渐尖,基部截形或圆形,边缘具锯齿,上面绿色,下面较淡,两面无毛,下面具腺点。轮伞花序2~6花,组成顶生总状花序,花序长20 cm以上;苞片卵圆形,较大,红色,在花开前包裹着花蕾,先端尾状渐尖;花梗密被染红的具腺柔毛,花序轴被微柔毛;花萼钟形,红色,外面沿脉上被染红的具腺柔毛;花冠红色,外被微柔毛,内面无毛,冠筒筒状,直伸,在喉部略增大,冠檐二唇形,上唇直伸,下唇比上唇短,3裂,中裂片半圆形,侧裂片长卵圆形,比中裂片长;花柱与花冠近相等,花盘等大。小坚果椭圆形,暗褐色,顶端具不规则极少数的皱褶突起,边缘或棱具狭翅,光滑。花期3~10月。

・**分布区域**

原产巴西、南美洲,河南省各地庭园中广泛栽培。

・**评价**

耐热、耐寒性差,无潜在入侵性。作观赏用,常用于公园绿地及花海。

113　颠茄

别名:野山茄、美女草、别拉多娜草、颠茄草　**学名**:*Atropa belladonna* L.
科名:茄科　**属名**:颠茄属

・**识别特征**

多年生草本,或因栽培为一年生。高0.5~2 m;根粗壮,圆柱形;茎下部单一,带紫色,上部叉状分枝,嫩枝绿色,多腺毛,老时逐渐脱落。叶互生或在枝上部大小不等2叶双生,叶片卵形、卵状椭圆形或椭圆形,顶端渐尖或急尖,基部楔形并下延到叶柄,上面暗绿色或绿色,下面淡绿色,两面沿叶脉有柔毛,叶柄幼时生腺毛。花俯垂,花梗密生白色腺毛,花萼长约为花冠之半,裂片三角形,顶端渐尖,生腺毛,花后稍增大,果时成星芒状向外开展;花冠筒状钟形,下部黄绿色,上部淡紫色,筒中部稍膨大,5浅裂,被腺毛,内面筒基部有毛;花丝下端生柔毛,上端向下弓曲,花药椭圆形,黄色,花盘绕生于子房基部,花柱柱头带绿色。浆果球状,成熟后紫黑色,光滑,汁液紫色,种子扁肾脏形,褐色。花果期6~

9 月。

·分布区域

原产欧洲中部、西部和南部。河南省有引种栽培。

·评价

怕寒冷,忌高温,无潜在入侵性。药用,根和叶含有莨菪碱(Hyoscyamine)、阿托品(Atropine)、东莨菪碱(Scopolamine)、颠茄碱(Belladonin)等。叶作镇痉及镇痛药;根治盗汗,并有散瞳的效能。

114 辣椒

别名:牛角椒、长辣椒、菜椒、灯笼椒　学名:*Capsicum annuum* Linnaeus　科名:茄科 属名:辣椒属

·识别特征

一年生或有限多年生植物。高 40~80 cm,茎近无毛或微生柔毛,分枝稍之字形折曲。叶互生,枝顶端节不伸长而成双生或簇生状,矩圆状卵形、卵形或卵状披针形,全缘,顶端短渐尖或急尖,基部狭楔形。花单生,俯垂,花萼杯状,不显著 5 齿,花冠白色,裂片卵形,花药灰紫色;果梗较粗壮,俯垂,果实长指状,顶端渐尖且常弯曲,未成熟时绿色,成熟后呈红色、橙色或紫红色,味辣。种子扁肾形,淡黄色。花果期 5~11 月。

·分布区域

原分布区在墨西哥到哥伦比亚,现在世界各国普遍栽培,河南各地广泛栽培。

·评价

无潜在入侵性。重要的蔬菜和调味品,种子油可食用,果亦有驱虫和发汗等药效。

115 毛曼陀罗

别名:陀罗、毛花曼陀罗、软刺曼陀罗、凤茄花、串筋花　学名:*Datura innoxia* Miller 科名:茄科　属名:曼陀罗属

·识别特征

一年生直立草本或半灌木状。高 1~2 m,茎粗壮,下部灰白色,分枝灰绿色或微带紫色,全体密被细腺毛和短柔毛。叶片广卵形,顶端急尖,基部不对称近圆形,全缘而微波状或有不规则的疏齿,且密生白色柔毛。花梗初直立,花萎谢后渐转向下弓曲,花萼圆筒状而不具棱角,向下渐稍膨大,5裂,裂片狭三角形,有时不等大;花后宿存部分随果实增大而渐大呈五角形,果时向外反折;花冠长漏斗状,下半部带淡绿色,上部白色,花开放后呈喇叭状。蒴果俯垂,近球状或卵球状,密生细针刺,针刺有韧曲性,全果亦密生灰白色柔毛,成熟后淡褐色,由近顶端不规则开裂,种子扁肾形,褐色。花果期6~9月。

· 分布区域

广布于欧亚大陆及南北美洲;河南省广泛分布。

· 评价

于明代末期作为药用植物引入中国,《本草纲目》有记载。全株有毒,果实和种子毒性较大。生境为路旁、荒地、旱地、果园和苗圃杂草,发生量较小,具有潜在入侵危害。以花、种子、叶和根入药,有镇痉、镇静、镇痛、麻醉的功能。中药名:洋金花、曼陀罗子、曼陀罗叶和曼陀罗根。

116　曼陀罗

别名:洋金花、醉仙桃、醉心花、枫茄花、狗核桃、万桃花、野麻子、闹羊花、赛斯哈塔肯、沙斯哈多那、土木特张姑　学名:*Datura stramonium* Linnaeus　科名:茄科　属名:曼陀罗属

· 识别特征

草本或半灌木状。全体近于平滑或在幼嫩部分被短柔毛;茎粗壮,圆柱状,淡绿色或带紫色,下部木质化。叶广卵形,顶端渐尖,基部不对称楔形,边缘有不规则波状浅裂,裂片顶端急尖,有时亦有波状牙齿;花单生于枝杈间或叶腋,直立,有短梗,花萼筒状,筒部有5棱角。花冠漏斗状,下半部带绿色,上部白色或淡紫色,檐部5浅裂,裂片有短尖头,雄蕊不伸出花冠。蒴果直立生,卵状,表面生有坚硬针刺或有时无刺而近平滑,成熟后淡黄色,规则4瓣裂,种子卵圆形,稍扁,黑色。花期6~10月,果期7~11月。

· 分布区域

原产于墨西哥,广泛分布于世界温带至热带地区。河南省广泛分布。

· 评价

全株有毒,果实和种子毒性较大,具有一定潜在入侵危害,主要危害棉花、豆类、薯类、蔬菜等。也有作药用或观赏而栽培。含莨菪碱,药用,有镇痉、镇静、镇痛、麻醉的功能,种子油可制肥皂和掺和油漆用。生境为路旁、荒地、住宅旁或草地上,发生量较小,具有潜在入侵危害。

117 洋金花

别名:白花曼陀罗、白曼陀罗、曼陀罗、洋伞花、喇叭花、闹羊花、枫茄子、枫茄花
学名:*Datura metel* Linnaeus 科名:茄科 属名:曼陀罗属

· 识别特征

一年生直立草本而呈半灌木状。植株呈淡紫色,高 0.5~1.5 m,全体无毛或仅幼嫩部分有稀疏短柔毛,茎基部稍木质化。叶卵形或广卵形,顶端渐尖,基部不对称圆形、截形或楔形,边缘有不规则的短齿或浅裂或者全缘,微波状。花单生于枝杈间或叶腋,花冠长漏斗状,筒中部之下较细,向上扩大呈喇叭状,裂片顶端有小尖头,白色、黄色或浅紫色;花萼筒状,裂片狭三角形或披针形,果时宿存部分增大成浅盘状。蒴果斜生至横向生,近球状或扁球状,表面针刺短而粗壮,不规则 4 瓣裂,种子淡褐色。花果期 3~12 月。

· 分布区域

分布于热带及亚热带地区,温带地区普遍栽培。河南省有少量栽培。

· 评价

叶和花含莨菪碱和东莨菪碱,花为中药的"洋金花",作麻醉剂。全株有毒,而以种子最毒,生境为路旁、荒地、向阳的山坡草地或住宅旁,发生量较小,偶见小面积集中发生,具有一定潜在入侵危害。

118 番茄

别名:番柿、西红柿 学名:*Lycopersicon esculentum* Miller. 科名:茄科 属名:番茄属

· 识别特征

一年生或多年生草本植物。体高 0.6~2 m,全体生黏质腺毛,茎易倒伏,有强烈气味。叶羽状复叶或羽状深裂,小叶极不规则,大小不等,常 5~9 枚,卵形或矩圆形,边缘有不规则锯齿或裂片。花序常 3~7 朵花,花冠辐状,黄色,花萼辐状,裂片披针形,果时宿存。浆果扁球状或近球状,肉质而多汁液,橘黄色或鲜红色,光滑,种子黄色。花果期夏秋季。

· 分布区域

原产南美洲,17 世纪传入菲律宾,后传到其他亚洲国家,中国南北各省区广泛栽培。

· 评价

果实为盛夏家常的蔬菜和水果。不具有潜在入侵危害。

119 烟草

别名:烟叶　学名:*Nicotiana tabacum* L.　科名:茄科　属名:烟草属

· 识别特征

一年生或有限多年生草本。全体被腺毛,茎高 0.7～2 m,基部稍木质化根粗壮。叶矩圆状披针形、披针形、矩圆形或卵形,顶端渐尖,基部渐狭至茎成耳状而半抱茎,柄不明显或成翅状柄。花序顶生,多花圆锥状,花萼筒状或筒状钟形,裂片三角状披针形,长短不等;花冠漏斗状,淡红色,筒部色更淡,稍弓曲,裂片急尖;雄蕊中 1 枚显著较其余 4 枚短,不伸出花冠喉部,花丝基部有毛。蒴果卵状或矩圆状,长约等于宿存萼,种子圆形或宽矩圆形,褐色。夏秋季开花结果。

· 分布区域

原产南美洲。主要分布于南美洲、南亚、中国,我国南北各省区广为栽培。

· 评价

烟草在欧洲殖民者抵达美洲之前,美洲土著居民种植、使用烟草已有上千年的历史,在中国的应用历史悠久,甚至有"烟草原产于中国"之说。在台湾,烟草从外来物转变为原住民部落具有特定社会价值和文化意义的原生物,也成了推动原住民社会经济发展的重要指标,具有重要的当代价值和现实意义。烟草是烟草工业的原料,其危害是当今世界严重的公共卫生问题之一,众多的科学证据表明,吸烟和二手烟暴露(被动吸烟)严重危害人类健康。烟草具有一定的药效,清朝汪昂的《本草备要》和吴仪洛的《本草从新》均有记载,烟,辛温有毒,宣阳气,行经络,治风寒湿痹、滞气停痰,可药用,作麻醉、发汗、镇静和催吐剂,全株亦也可作农药杀虫剂。

120 碧冬茄

别名:矮牵牛、灵芝牡丹、撞羽牵牛　学名:*Petunia hybrida* Vilmorin　科名:茄科属名:碧冬茄属

· 识别特征

一年生草本。高 30～60 cm,全体生腺毛。叶有短柄或近无柄,卵形,顶端急尖,基部阔楔形或楔形,全缘,侧脉不显著。花单生于叶腋,花萼 5 深裂,裂片条形,顶端钝,果时宿存;花冠白色或紫堇色,有各式条纹,漏斗状,筒部向上渐扩大,檐部开展,有折襞,5 浅裂,雄蕊 4长 1 短,花柱稍超过雄蕊。蒴果圆锥状 2 瓣裂,各裂瓣顶端又 2 浅裂,种子极小,近球形,褐色。

·分布区域

主要分布于南美洲,在世界各国花园中普遍栽培。

·评价

我国南北城市公园中普遍栽培观赏,有着"花坛皇后"之美誉,已成为城市绿化花坛摆放的主要用花。研究者发现,碧冬茄的挥发性化学成分具有很好的驱蚊作用。不具有潜在入侵危害。

121 假酸浆

别名:鞭打绣球、冰粉、大千生、田珠、水晶凉粉、蓝花天仙子、木本炮仔草
学名:*Nicandra physalodes* L. Gaertner   科名:茄科   属名:假酸浆属

·识别特征

一年生直立草本植物。高 50~80 cm,多分枝;茎直立棱状圆柱形,有 4~5 条纵沟,绿色,无毛,有时带紫色,上部三叉状分枝;主根长锥形,有纤细的须根。叶卵形或椭圆形,单叶互生,草质,顶端急尖或短渐尖,基部楔形,边缘有具圆缺的粗齿或浅裂,两面有稀疏毛。花单生于枝腋而与叶对生,花冠漏斗状,淡紫色,花筒内面基部有 5 个紫斑,檐部有折襞,5 浅裂,通常具较叶柄长的花梗,俯垂。浆果球状,黄色,外包 5 个宿存萼片,花萼 5 深裂,裂片顶端尖锐,基部心脏状箭形,有 2 尖锐的耳片;种子淡褐色,直径约 1 mm。花果期夏秋季。

·分布区域

原产于秘鲁。中国南北均有作药用或观赏栽培,分布于中国云南、广西等地,贵州地区亦有栽培。河北、甘肃、四川、贵州、云南、西藏等省区有逸为野生。

·评价

因其花色淡紫或蓝紫,清秀幽雅,被作为观赏植物。全草、果及种子入药,性平,味微苦、甘、酸,具有镇静、祛痰、清热解毒等功效,用于治疗狂犬病、精神病、癫痫、风湿痛、鼻渊、感冒、泌尿道感染以及疮疖。假酸浆种子可加工成凉粉、果冻,是消炎利尿、消暑解渴的夏季保健品。现代研究表明,假酸浆具有降糖、利尿、麻醉、抗氧化等药理作用,国外亦作镇痛、驱虫、抗菌、消炎、退热、利尿、散瞳剂使用。假酸浆种子果胶可被用来制作各种低糖、低热值疗效食品,以供糖尿病、肥胖病等病人食用。生于田边、荒地或住宅区,具有一定潜在入侵性。

122　苦蘵

别名:灯笼泡、灯笼草、灯笼果、黄姑娘、苦蘵酸浆、小酸浆。　学名:*Physalis angulata* L.
科名:茄科　属名:酸浆属

· 识别特征

一年生草本。茎多分枝,分枝纤细,被疏短柔毛或近无毛,高常 30 ~ 50 cm。单叶互生,叶片卵圆形或长圆形,顶端渐尖或急尖,基部阔楔形或楔形,全缘或有不等大的牙齿,两面近无毛。花冠钟形,5 中裂,裂片披针形,花冠生缘毛,浅黄色,近冠管基部有紫色斑纹;花药蓝紫色或有时黄色,花梗纤细,和花萼一样生短柔毛。果萼卵球状,薄纸质,浆果球形,黄色;宿萼绿色,增大如灯笼,被毛,有明显而突出的棱角 5 条,包围浆果之外,种子圆盘状。花果期 5 ~ 12 月。

· 分布区域

原产美洲,日本、印度、澳大利亚和美洲亦有分布,常生于海拔 500 ~ 1 500 m 的山谷林下及村边路旁。集中分布于我国华东、华中、华南及西南部,数量较少。

· 评价

全草具有清热、利尿、解毒、消肿等功效,富含甾体类化合物,该类化合物在抗菌消炎、细胞免疫及抗肿瘤方面表现出显著的生物活性。常用于治疗感冒、肺热咳嗽、咽喉肿痛、牙龈肿痛、湿热黄疸、痢疾、水肿、热淋、天疱疮、疔疮、前列腺炎、慢性乙肝、消化和肠道疾病等症。果实可食用。具有潜在入侵危害。

123　毛酸浆

别名:洋姑娘、姑茑、姑娘、菇娘儿　学名:*Physalis philadelphica* L.　科名:茄科
属名:酸浆属

· 识别特征

一年生草本。茎生柔毛,常多分枝,分枝毛较密。叶阔卵形,顶端急尖,基部歪斜心形,边缘通常有不等大的尖牙齿,两面疏生毛但脉上毛较密,叶柄密生短柔毛。花单独腋生,花梗密生短柔毛;花萼钟状,密生柔毛,裂片披针形,急尖,边缘有缘毛;花冠淡黄色,喉部具紫色斑纹,雄蕊短于花冠,花药淡紫色;果萼卵状,具 5 棱角和 10 纵肋,顶端萼齿闭合,基部稍凹陷。浆果球状,成熟后黄色,种子近圆盘状。花果期 5 ~ 11 月。

·分布区域

原产美洲;河南有栽培或逸为野生。

·评价

果实成熟后可以直接食用,口味酸甜,色泽鲜艳。可以以毛酸浆为原料加工生产各种果汁、罐头、果冻、果酱和果脯。毛酸浆富含功能性成分,有解除疲劳、消除肌肉疼痛、降低血压、预防动脉硬化和心血管疾病的发生及保护皮肤等作用。现代药理研究表明,毛酸浆富含脂肪酸及人体所需的 18 种氨基酸、多种维生素和矿物质,具有较高的营养价值,还具有显著的抗肿瘤、抗菌、抗氧化、利尿、免疫等药理活性,是一种很有开发前景的保健品。毛酸浆要求的土壤条件不很严格,多生于草地或田边、路旁,具有潜在入侵危害。

124　牛茄子

别名:番鬼茄、颠茄、大颠茄、颠茄子、油辣果、刺茄、金银茄　学名:*Solanum Surattense Burm. f.*　科名:茄科　属名:茄属

·识别特征

直立草本至亚灌木。高30～100 cm,植物体除茎、枝外,各部均被具节的纤毛,茎及小枝具淡黄色细直刺。叶阔卵形,先端短尖至渐尖,基部心形,5～7 浅裂或半裂,裂片三角形或卵形,边缘浅波状,上面深绿色,被稀疏纤毛;下面淡绿色,无毛或脉上分布稀疏纤毛,边缘变较密;侧脉与裂片数相等,在上面平,在下面凸出,分布于每裂片的中部,脉上均具直刺;叶柄粗壮,微具纤毛及较长大的直刺。聚伞花序腋外生,短而少花,单生或多至 4 朵,花梗纤细,被直刺及纤毛,萼杯状,外面具细直刺及纤毛;花冠白色,筒部隐于萼内,裂片披针形,端尖。浆果扁球状,初绿白色,成熟后橙红色,具细直刺;种子干后扁而薄,边缘翅状。

·分布区域

原产地巴西,广泛分布于热带地区。中国分布于云南、四川、贵州、广西、湖南、广东、海南、江西、福建、台湾、江苏、河南(栽培)、辽宁(栽培)等省。

·评价

1895 年在香港发现,喜生于路旁荒地、疏林或灌木丛中,海拔 350～1 180 m。入侵地包括我国江苏、江西、湖南、福建、广东、广西、海南、台湾、四川、贵州、云南等省区。西南地区是牛茄子入侵的集中适生区和重灾区。具刺杂草,植株及果含龙葵碱,果有毒,不可食,但色彩鲜艳,可供观赏,误食后可导致人畜中毒。药用:味苦、性辛,性温。有毒。用于活血散瘀、麻醉止痛、风湿腰腿痛、跌打损伤、慢性咳嗽痰喘、胃脘痛、慢性骨髓炎、瘰疬、冻疮、脚癣及痈疮肿毒。

125　银毛龙葵

学名：*Solanum elaeagnifolium* Cav.　　**科名**：茄科　　**属名**：茄属

·识别特征

多年生灌木状草本。高30～80 cm,茎圆柱形直立,上部多分支;冬季干枯,被黄色、淡红色或褐色直刺,这些直刺也偶见于叶柄、叶片或萼片上;地下根系发达,常形成克隆分株,表面有稠密的星状银白色茸毛,稀微红色。单叶,互生,下部叶椭圆状披针形,边缘波状或浅裂,尖端锐尖或钝,基部圆形或楔形,叶脉上常具刺。总状聚伞花序,聚1～7花,花冠蓝色至蓝紫色,稀白色,具5个联合的花瓣形成的花冠和5个黄色的花药。浆果光滑、圆球形,基部被萼片覆盖,绿色具白色条纹,成熟后黄色至橘红色,种子轻且圆,平滑,暗棕色,两侧压扁。

·分布区域

它原产于美国西南部和墨西哥北部,被认为能适应不同的气候带,在美国、墨西哥、阿根廷、巴西、智利、印度、南非、澳大利亚均有分布。河南有少量分布。

·评价

从20世纪初开始随饲料干草传入其他地区,几乎蔓延到美国全境,被21个州列为有害杂草。银毛龙葵现广泛分布于世界各地,常生长于麦田和牧场等地,并已成为草地、荒野、路边,尤其是人工干扰较强的农田、牧场主要杂草,能和众多农作物竞争水分和营养,严重侵害棉花、苜蓿、高粱、小麦和玉米等农作物生产,这种侵害对于干旱地带更加严重,可使棉花减产75%,因此它被列为澳大利亚需要优先生物防治的70多种杂草的第5位。此外,银毛龙葵繁殖能力极强,可通过营养体和种子双重方式进行繁殖扩散,可产生大量的种子(每株1 500～7 200粒),且其种子具有休眠特性,可在土壤中存活10年。2002年该物种在台湾地区出现。此外,银毛龙葵还显示出化感作用,对农作物特别是棉花和牧草造成很大的危害。

入侵地包括:

北美地区:美国、墨西哥。

中南美洲:洪都拉斯、危地马拉、波多黎各、阿根廷、智利、巴拉圭、乌拉圭。

欧洲及地中海地区:克罗地亚、塞浦路斯、丹麦、法国、希腊、意大利、马其顿、摩洛哥、西班牙、瑞士、英国。

非洲:阿尔及利亚、南非、埃及、莱索托、摩洛哥、突尼斯、津巴布韦。

亚洲:印度、以色列、巴基斯坦、叙利亚、中国。

大洋洲:澳大利亚。

银毛龙葵是适应能力和入侵性极强的恶性杂草,由于种子和根都极易繁殖,全身有毒,被列入《中华人民共和国进境植物检疫潜在危险性病、虫、杂草名录》。一旦暴发将对农牧业造成严重危害,必须采取有效的防控措施降低其生态危害。目前,还没有一个对银毛龙葵单一有效的治理方法,需要联合多种措施进行长期治理。在澳大利亚,银毛龙葵平均使每个农场每年损失 8 000 美元,而要花费 1 700 美元控制,南澳洲控制该物种每年花费高达 1 000 万美元。因此,建议有关部门提高对银毛龙葵检疫和监测的重视。近年来,在中国台湾(2002 年)和山东省济南市(2012 年)相继发现了该入侵植物。而且最新调查发现,银毛龙葵在山东济南的种群已经开始扩散蔓延。此外,近 3 年来中国检疫部门也多次在进口粮谷中截获其种子。因此,急需制定早期监测预警措施,阻止其再次入侵,抑制其已入侵种群的进一步扩散。

126 毛龙葵

别名:多毛龙葵   学名:*Solanum sarrachoides* Sendtn   科名:茄科   属名:茄属

· 识别特征

一年生草本。高 10~50 cm,植株平卧,茎斜生,全株密被白色长腺毛,带黏性,具有特殊气味。叶卵形,先端短尖,互生,基部广楔形或楔形,下延至叶柄,边缘具深波状齿,有缘毛,两面被短柔毛或腺状长柔毛,叶柄短于叶片。总花梗和花梗被腺状长柔毛,花冠白色,花萼较大,花萼裂片卵状三角形,果期稍增大,包裹成熟浆果一半以上,密被腺毛。浆果球形,成熟时黄绿色至淡黄褐色,种子淡黄色,微具同心圆的方格状网纹。花期 7~8 月,果期 9 月。

· 分布区域

原产于南美洲,现已传入北美洲、亚洲、欧洲等地,中国最早发现于东北地区。河南省有分布。

· 评价

常见于路边、荒地、农田以及林中旷地,具有一定的潜在入侵性,在山东村旁路边、荒地有发现,新的归化植物。

127 蔓柳穿鱼

**别名:梅花草、小兔子花、常春藤柳穿鱼、铙钹花   学名:*Cymbalaria muralis* P. Gartner
科名:玄参科   属名:蔓柳穿鱼属**

· 识别特征

蔓生多年生草本。茎纤细,长达 60 cm,下部节生细长不定根。单叶互生,叶片心脏圆形或圆肾形半圆形,掌状 5~7 裂,裂片深达叶片 1/3,有时侧裂片又 2 浅裂,裂片先端具短尖头;叶基深心形,叶柄细弱,长为叶片的 2~3 倍。花单生叶腋,花梗细,花萼 5 裂,达基部,裂片披针形;花冠蓝紫色或浅蓝色,花冠筒末端有与萼片等长的短矩,上唇 2 裂,直立,下唇 3 裂,中裂片隆起呈纵折,封住喉部,纵折呈黄色或白色,具腺毛;雄蕊 4,2 强;子房球形,花柱单一,柱头细小。种子球形,黑色,具瘤状突起,蒴果无毛,长度超过花萼,不规则开裂。花期春季和秋季。

· 分布区域

蔓柳穿鱼属原产欧洲地中海沿岸,现被世界范围内广泛引种。我国北京植物园、庐山植物园和河南鸡公山曾先后引种栽培蔓柳穿鱼属蔓柳穿鱼(梅花草)作吊盆观赏。蔓柳穿鱼在河南信阳地区广泛逸生,已归化,为河南新记录归化种,该属也是中国新记录归化属。

· 评价

蔓柳穿鱼在温暖潮湿环境中常自然滋生,是一种容易自播的植物,但仅喜温暖、荫蔽、湿润环境,要求保水力较好而潮湿的土壤。蔓柳穿鱼花冠蓝紫色或浅蓝色,形如小兔,十分美观可爱,可做岩石园和墙壁观赏植物。开花之后,花朵有强趋光性,花朵授粉之后则有强避光性,使得其种子不易被收集。不具有潜在入侵危害。

128　毛地黄

**别名:洋地黄、自由钟、指顶花、金钟、心脏草、吊钟花　学名:*Digitalis purpurea* L.
科名:玄参科　属名:毛地黄属**

· 识别特征

一年生或多年生草本。高 60～120 cm。茎单生或数条成丛,除花冠外,全体被灰白色短柔毛和腺毛,有时茎上几无毛。叶片卵形或长椭圆形,先端尖或钝,基部渐狭,边缘具带短尖的圆齿,少有锯齿;基生叶多数成莲座状,叶柄具狭翅,茎生叶下部的与基生叶同形,向上渐小,叶柄短直至无柄而成为苞片。花冠紫红色,内面具斑点,裂片很短,先端被白色柔毛;萼钟状,果期略增大,5 裂几达基部。蒴果卵形,种子短棒状,除被蜂窝状网纹外,尚有极细的柔毛。花期 5～6 月。

· 分布区域

原产欧洲西部,中国各地有栽培。河南广泛用于公园绿地及花海。

· 评价

植株强健,较耐寒、耐干旱,忌炎热,耐瘠薄土壤,可形成浓密的植丛,具有一定潜在入侵性,有大量归化。叶药用,有强心之效,是提制西药强心剂洋地黄的原料。园林上因其花穗长、花量繁多、植株生长开花一致性好等优势,可在花境、花坛、岩石园中应用,是大型盆栽、园林花境、切花的优异选择,也可作自然式花卉布置。但其花有毒,要防孩童入口。

129 蓝猪耳

别名:花公草、夏堇、蝴蝶花、晨之赞礼、蓝月亮、大百合草、朝颜、蚌壳草、散胆草、老蛇药、倒胆草、单色翼萼　**学名:***Torenia fournieri* Linden. ex Fournier.　**科名:**玄参科　**属名:**蝴蝶草属

· 识别特征

一年生直立草本植物。高 25 ~ 40 cm;茎光滑无毛,具 4 窄棱,多分枝,茎斜向上生。叶为单叶,具短柄,叶形椭圆形、长卵形或卵形,先端略尖或短渐尖,基部楔形,边缘具带短尖的粗锯齿。花顶生或腋生,具长梗,花冠筒淡青紫色,背黄色,雌蕊 4 枚,通常在枝的顶端排列成总状花序;唇形花冠,花冠唇裂,下唇阔 3 裂,上唇直立,浅蓝色,宽倒卵形,顶端微凹,下唇裂片矩圆形或近圆形,彼此几相等,紫蓝色,中裂片的中下部有一黄色斑块,花丝不具附属物;苞片条形,萼椭圆形,绿色或顶部与边缘略带紫红色。蒴果长椭圆形,种子小,黄色,圆球形或扁圆球形,表面有细小的凹窝。花期 7 ~ 10 月,果期 10 ~ 12 月。

· 分布区域

原产越南、亚洲热带、非洲林地。河南主要用作观赏花卉,有时在路旁、墙边或旷野草地也偶有逸生的发现。

· 评价

可形成浓密的植丛,但贫瘠土壤生存力弱,不具有潜在入侵危险。园林上适合花坛或盆栽,是很好的镶边材料,还适合垂吊栽培,布置于阳台或街头。药用,味甘、性凉。清热利湿、止咳止呕,主治黄疸、血淋、呕吐、腹泻、风热咳嗽、跌打损伤、蛇伤、疔毒。

130 直立婆婆纳

别名:脾寒草、玄桃　**学名:***Veronica arvensis* L.　**科名:**玄参科　**属名:**婆婆纳属

· 识别特征

越年生草本。茎直立不分枝或下部斜生,略铺散分枝,高 10 ~ 30 cm,基部分支,枝斜上伸长,全株有白色长柔毛。叶对生,卵形至卵圆形,常 3 ~ 5 对,下部的有短柄,中上部的无柄,边缘具圆或钝齿,两面被硬毛。总状花序长而多花,各部分被多细胞白色腺毛,花梗极短;花冠蓝紫色或蓝色,花小,花梗极短;裂片圆形至长矩圆形,排列成疏松的穗形总状花序,花柄很短;苞片互生,倒披针形或披针形,花萼裂片狭椭圆形或披针形,长于蒴果;蒴果倒心形,强烈侧扁,边缘有腺毛,凹口很深,几乎为果半长;裂片圆钝,宿存的花柱不伸出凹口,有

细毛而边毛特长;种子细小、光滑,圆形或长圆形。花期4～5月。

·分布区域

原产于欧洲,北温带广布,其他地方归化。分布于河南各地。

·评价

作为入侵种,在美国的密苏里州随处可见,主要是入侵到农田或牧场中,竞争养分。19世纪中期至20世纪传入中国,2013年广西首次记录入侵植物。在贫瘠土壤能生存,可形成浓密的植丛,具有一定潜在入侵性,是一般杂草,对旱地作物及草坪构成一定危害,生境为草坪、荒地、苗圃、农田等,有时发生量较大。在新的草坪栖息地,直立婆婆纳竞争能力往往强于处于相似生态位的草坪草,处于主要入侵种的优势地位,如不及时做好外来杂草的防除,它们会在较短的时间内改变生境的杂草种类和组成。药用,清热,除疟。景观适于花境栽植。

131 阿拉伯婆婆纳

别名:波斯婆婆纳   学名:*Veronica persica* Poiret.   科名:玄参科   属名:婆婆纳属

·识别特征

越年生铺散多分枝草本。自基部分枝,下部伏生地面,斜上,高10～50 cm,全体被有柔毛。叶卵状长圆形或卵圆形,在茎基部对生,具短柄,2～4对;上部叶(也称苞片)无柄,互生,叶腋内生花;叶基部浅心形,平截或浑圆,边缘具钝齿,两面疏生柔毛。总状花序很长,苞片互生,与叶同形且几乎等大;花梗比苞片(或苞片叶)长,有的超过1倍;花冠蓝色、紫色或蓝紫色,有放射状蓝色条纹,有花柄,花大,花梗长,长于苞片。蒴果肾形,宽大于长,被腺毛,成熟后几乎无毛;网脉明显,2深裂,倒扁心形,顶部2深裂,2裂片叉开角度90°以上,裂片卵形至圆形,喉部疏被毛,裂片顶端钝尖不浑圆;种子舟形或长圆形,腹面凹入,背面具深的横纹。花期3～5月。

·分布区域

原产于亚洲西部及欧洲。中国分布于华东、华中及贵州、云南、西藏东部及新疆。广泛分布于河南各地。

·评价

为归化的路边及荒野杂草,1920年传入中国,在贫瘠土壤能生存,可形成浓密的植丛,具有一定潜在入侵性,是一般杂草,对旱地作物及草坪构成一定危害,生境为草坪、荒地、苗圃、农田等,有时发生量较大。在新的草坪栖息地,阿拉伯婆婆纳竞争能力往往强于处于相似生态位的草坪草,处于主要入侵种的优势地位,如不及时做好外来杂草的防除,它们会在较短的时间内改变生境的杂草种类和组成。药用,味辛、苦、咸,性平。有祛风除湿、壮腰、截疟功效。在中国寒冷的北方,是极少适宜冬季栽植的草本花卉。

132 婆婆纳

别名:豆豆蔓、花花裹兜、老蔓盘子、老鸦枕头　　学名:*Veronica didyma* Tenore
科名:玄参科　　属名:婆婆纳属

·识别特征

1~2年生铺散多分枝草本。多少被长柔毛。叶仅2~4对(腋间有花的为苞片),具短柄,叶片心形至卵形,每边有2~4个深刻的钝齿,两面被白色长柔毛。总状花序很长;苞片叶状,下部的对生或全部互生;花梗比苞片略短;花萼裂片卵形,顶端急尖,果期稍增大,三出脉,疏被短硬毛;花冠淡紫色、蓝色、粉色或白色,直径数毫米,裂片圆形至卵形;雄蕊比花冠短。蒴果近于肾形,密被腺毛,略短于花萼,凹口约为90°,裂片顶端圆,脉不明显,宿存的花柱与凹口齐或略过之。种子背面具横纹。花期3~10月。

·分布区域

原产于西亚,归化于北温带和亚热带地区。河南各地均有分布。

·评价

婆婆纳在荒地、路边、湿地、草坪、河谷地等均有发生,多见于荒地、菜园,生命力极强,喜肥沃向阳的土地,但在贫瘠的土壤上亦能生存。婆婆纳是外来入侵的主要杂草之一,它改变了道路、宅旁、荒地、水边的景观,对环境造成生物污染。草坪是一种特殊生境,场地位置好,水肥供应充足,非常利于婆婆纳滋生。草坪地上,婆婆纳的大量积累,不但有损景观,也会造成危害。一方面,它与草坪草争光、争水、争肥及争夺生长空间,导致草坪草生长势弱,草地寿命缩短;另一方面,婆婆纳也是许多草坪病虫害的转寄。婆婆纳的侵入干扰了本地农作物正常生长,并伴随大量害虫天敌减少,作物病虫害加重。清除婆婆纳人力、财力消耗巨大,且效果不明显。可针对其形态特征及生物学特性加以利用,控制或延缓其向有害方面的演变。

婆婆纳利用价值:

(1)药用功能。婆婆纳味淡、性凉,全草可入药,用于理气止痛和吐血、疝气、睾丸炎、白带的治疗。

(2)作为观赏植物美化环境。波斯婆婆纳常于春夏之交形成优势杂草群落,开蓝色、紫色或蓝紫色小花,可形成美丽的自然景观。目前,我国已有花店销售波斯婆婆纳的种子。

(3)改良土壤、控制水土流失。婆婆纳是外来物种,生存竞争能力强,覆地面积大,可将其用于控制水土流失、改良土壤环境。《中国入侵植物名录》将其列为4级(一般入侵类)。据调查,婆婆纳在河南属于一般入侵植物,在河南危害不明显。应加以防控,合理利用。

133　长叶车前

别名:车辙子、老牛舌、欧车前、窄叶车前　　**学名:***Plantago lanceolata* L.　　**科名:**车前科
属名:车前属

·识别特征

多年生草本。直根粗长。根茎粗短,不分枝或分枝。叶基生呈莲座状,无毛或散生柔毛;叶片纸质,线状披针形、披针形或椭圆状披针形,先端渐尖至急尖,边缘全缘或具极疏的小齿,基部狭楔形,下延,脉(3)5(7)条;叶柄细,基部略扩大成鞘状,有长柔毛。花序梗直立或弓曲上升,长 10~60 cm,有明显的纵沟槽,棱上多少贴生柔毛;穗状花序幼时通常呈圆锥状卵形,成长后变短圆柱状或头状,长 1~5(8)cm,紧密;苞片卵形或椭圆形,先端膜质,尾状,龙骨突匙形,密被长粗毛。花萼萼片龙骨突不达顶端,背面常有长粗毛,膜质侧片宽,前对萼片至近顶端合生,宽倒卵圆形,边缘有疏毛,两条龙骨突较细,不联合,后对萼片分生,宽卵形,龙骨突成扁平的脊。花冠白色,无毛,冠筒约与萼片等长或稍长,裂片披针形或卵状披针形,先端尾状急尖,中脉明显,干后淡褐色,花后反折。雄蕊着生于冠筒内面中部,与花柱明显外伸,花药椭圆形,先端有卵状三角形小尖头,白色至淡黄色。胚珠 2~3。蒴果狭卵球形,于基部上方周裂。种子(1)2,狭椭圆形至长卵形,淡褐色至黑褐色,有光泽,腹面内凹成船形;子叶左右向排列。花期 5~6 月,果期 6~7 月。

·分布区域

原产于欧洲。生于海滩、河滩、草原湿地、山坡多石处或沙质地、路边、荒地。河南驻马店地区有分布。

·评价

长叶车前属于一般性杂草。部分农田常见,但数量不多,危害不重,是多种作物(甜菜、番薯、番茄、芜菁、瓜类、烟草、蚕豆)上病毒、害虫及病菌的寄主。长叶车前萌发后很快形成莲座形茎生叶,叶质肥厚,细嫩多汁,是早春主要牧草之一,为各种家畜所采食,尤其鸭、鹅、猪喜食。种子油也是工业用油。长叶车前具有较高的药用价值,其种子味甘、性寒,具有清热、明目、利尿、止泻、降血压、镇咳、祛痰等功效;全草味甘、性寒,具有清热、利尿、祛痰、凉血、解毒功效。《中国入侵植物名录》将其列为 3 级(局部入侵类)。据调查,长叶车前在河南的入侵性有待观察,在河南有逸生。应加以防控,防止其进一步蔓延,可合理加以利用。

134　北美车前

别名:北美毛车前、白籽车前、弗吉尼亚车前、毛车前　　**学名**:*Plantago virginica* L.
科名:车前科　**属名**:车前属

· 识别特征

一年生或二年生草本。直根纤细,有细侧根。根茎短。叶基生呈莲座状,平卧至直立;叶片倒披针形至倒卵状披针形,先端急尖或近圆形,边缘波状、疏生牙齿或近全缘,基部狭楔形,下延至叶柄,两面及叶柄散生白色柔毛,脉(3)5 条;叶柄具翅或无翅,基部鞘状。花序 1至多数;花序梗直立或弓曲上升,有纵条纹,密被开展的白色柔毛,中空;穗状花序细圆柱状,下部常间断;苞片披针形或狭椭圆形,龙骨突宽厚,宽于侧片,背面及边缘有白色疏柔毛。花冠淡黄色,无毛,冠筒等长或略长于萼片;花两型,能育花的花冠裂片卵状披针形,直立,雄蕊着生于冠筒内面顶端,被直立的花冠裂片所覆盖,花药狭卵形,长仅 0.25～0.3 mm,淡黄色,干后黄色,具狭三角形小尖头,花柱内藏或略外伸,以闭花受粉为主。胚珠 2。蒴果卵球形,于基部上方周裂。种子 2,卵形或长卵形,腹面凹陷呈船形,黄褐色至红褐色,有光泽;子叶背腹向排列。花期 4～5 月,果期 5～6 月。

· 分布区域

原产于北美洲,在中美洲、欧洲、日本及中国归化。河南桐柏、罗山、新县有分布。

· 评价

北美车前在我国最早是 1951 年见于江西南昌市,目前该种在江西、浙江、上海、江苏、安徽、福建、四川、湖南、广东等地有较广的分布,多见于路边、住宅四周、抛荒地、干旱作物田、公路两侧、疏林果园、田埂和部分蔬菜地,具有较大的危害性。北美车前分布最广泛的生境为弃耕旱地,其次是路边、住宅四周。北美车前种群扩散迅速,种群数量大,呈现出生态爆发态势,是一种典型的生态入侵种,且北美车前具较强的抗人为干扰的能力,对城市里退化或者管理不善的草坪危害也较大,增加了管理成本。防除与控制方面,人工除草破坏其根部;通过水旱轮作或者间作、套种形成荫蔽的条件;根据生境地要求使用草甘膦及 2 - 甲 - 4 -氯两种除草剂,以二者的混合配方为好。实验研究发现,北美车前对铜、铅、镉和铬有较强的耐受和富集能力,可以考虑用其对污染的土壤进行植物修复,保护脆弱的生态环境。北美车前种子具有一定药用价值,可加以利用。《中国入侵植物名录》将其列为 2 级(严重入侵类)。据调查,北美车前在河南的入侵性有待观察,在河南有逸生。应严格防控其蔓延,合理利用。

135 藿香蓟

别名:白花草、白花臭草、白毛苦、重阳草、臭炉草、绿升麻、脓包草、胜红蓟、胜红菊、水丁药、咸虾花、紫花毛草 **学名**:*Ageratum conyzoides* L. **科名**:菊科 **属名**:藿香蓟属

· 识别特征

一年生草本。无明显主根。茎粗壮,或少有纤细的,不分枝或自基部或自中部以上分枝,或下基部平卧而节常生不定根。全部茎枝淡红色,或上部绿色,被白色尘状短柔毛或上部被稠密开展的长茸毛。叶对生,有时上部互生,常有腋生的不发育的叶芽。中部茎叶卵形或椭圆形或长圆形;自中部叶向上向下及腋生小枝上的叶渐小或小,卵形或长圆形,有时植株全部叶小形。全部叶基部钝或宽楔形,基出三脉或不明显五出脉,顶端急尖,边缘圆锯齿,有叶柄,两面被白色稀疏的短柔毛且有黄色腺点,上面沿脉处及叶下面的毛稍多,有时下面近无毛,上部叶的叶柄或腋生幼枝及腋生枝上的小叶叶柄通常被白色稠密开展的长柔毛。头状花序 4~18 个,在茎顶排成通常紧密的伞房状花序;少有排成松散伞房花序式的。花梗被尘球短柔毛。总苞钟状或半球形。总苞片 2 层,长圆形或披针状长圆形,外面无毛,边缘撕裂。花冠外面无毛或顶端有尘状微柔毛,檐部 5 裂,淡紫色。瘦果黑褐色,5 棱,有白色稀疏细柔毛。冠毛膜片 5 或 6 个,长圆形,顶端急狭或渐狭成长或短芒状,或部分膜片顶端截形而无芒状渐尖。花果期全年。

· 分布区域

原产于中南美洲。我国有栽培,也有归化野生分布的。在河南逸生分布。

· 评价

藿香蓟生长于较湿润的环境,曾作为园林花卉植物引进中国,其生态适应性强,化感效应明显,常在入侵地形成单优群落,大肆排挤本地植物,广泛分布于长江以南各地的农田、路旁、荒地等,目前在华南地区已经成为一种危害较为严重的入侵杂草。藿香蓟植株生长迅速,自然资源丰富,能散发出一种浓烈的气味。生产实践证明,藿香蓟整株具有较强的驱虫、杀菌和抑草效应。对藿香蓟的研究主要集中在其生物学特性、入侵机制及化感作用等方面,在非洲、美洲居民中,用该植物全草作清热解毒用和消炎止血用。在南美洲,当地居民对用该植物全草治妇女非子宫性阴道出血,有极高评价。我国民间用全草治感冒发热、疔疮湿疹、外伤出血、烧烫伤等。藿香蓟系花、药、肥兼备的多功能植物,且是捕食螨的中间寄主植物,可作为果蔬林木、经济作物天然卫士栽培。《中国入侵植物名录》将其列为 1 级(恶性入侵类)。据调查,藿香蓟在河南的入侵性有待观察,在河南有逸生。应严加防控,合理利用。

136 熊耳草

别名:紫花藿香蓟　　**学名:**_Ageratum houstonianum_ Miller　　**科名:**菊科　　**属名:**藿香蓟属

·识别特征

一年生草本。无明显主根。茎直立,不分枝,或自中上部或自下部分枝而分枝斜升,或下部茎枝平卧而节生不定根。全部茎枝淡红色或绿色或麦秆黄色,被白色茸毛或薄绵毛,茎枝上部及腋生小枝上的毛常稠密,开展。叶对生,有时上部的叶近互生,宽或长卵形,或三角状卵形。自中部向上及向下和腋生的叶渐小或小。全部叶有叶柄,边缘有规则的圆锯齿,齿大或小,或密或稀,顶端圆形或急尖,基部心形或平截,三出基脉或不明显五出脉,两面被稀疏或稠密的白色柔毛,下面及脉上的毛较密,上部叶的叶柄、腋生幼枝及幼枝叶的叶柄通常被开展的白色长茸毛。头状花序 5～15 或更多在茎枝顶端排成伞房或复伞房花序;花序梗被密柔毛或尘状柔毛。总苞钟状;总苞片 2 层,狭披针形,全缘,顶端长渐尖,外面被较多的腺质柔毛。花冠檐部淡紫色,5 裂,裂片外面被柔毛。瘦果黑色,有 5 纵棱。冠毛膜片状,5 个,分离,膜片长圆形或披针形,顶端芒状长渐尖,有时冠毛膜片顶端截形,而无芒状渐尖。花果期全年。

·分布区域

原产墨西哥及其毗邻地区。我国有栽培或栽培逸生的。在河南逸生分布。

·评价

熊耳草或逸生为园区、草地、湿地杂草,其特性类似藿香蓟,或逸生为恶性杂草。主要危害旱田作物,对甘蔗、花生、大豆危害较大,对果园及橡胶园都能危害。熊耳草主要靠人类活动或交通工具传播,传播的概率较低,没有广泛入侵,其总的潜在适生区也比较广泛,但较等级高适生区集中在我国西南地区的云南、四川东北部、重庆一带。熊耳草全草药用,味微苦、性凉,有清热解毒功效。在美洲(危地马拉)居民中,用全草以消炎,治咽喉痛。熊耳草株丛有良好的覆盖效果,是夏秋常用的观花植物,用作花坛、地被、窗台花池、花境、盆栽、吊篮、切花等,是目前园林主流草本花卉之一。《中国入侵植物名录》将其列为 2 级(严重入侵类)。据调查,熊耳草在河南的入侵性有待观察,在河南有逸生。应严格防控,可合理加以利用。

137　豚草

别名:艾叶破布草、艾叶豚草、美洲艾、美洲豚草、普通豚草、豕草
学名:*Ambrosia artemisiifolia* L.　科名:菊科　属名:豚草属

・识别特征

一年生草本。茎直立,上部有圆锥状分枝,有棱,被疏生密糙毛。下部叶对生,具短叶柄,二次羽状分裂,裂片狭小,长圆形至倒披针形,全缘,有明显的中脉,上面深绿色,被细短伏毛或近无毛,背面灰绿色,被密短糙毛;上部叶互生,无柄,羽状分裂。雄头状花序半球形或卵形,具短梗,下垂,在枝端密集成总状花序。总苞宽半球形或碟形;总苞片全部结合,无肋,边缘具波状圆齿,稍被糙伏毛。花托具刚毛状托片;每个头状花序有 10 ~ 15 个不育的小花;花冠淡黄色,有短管部,上部钟状,有宽裂片;花药卵圆形;花柱不分裂,顶端膨大成画笔状。雌头状花序无花序梗,在雄头花序下面或在下部叶腋单生,或 2 ~ 3 个密集成团伞状,有 1 个无被能育的雌花,总苞闭合,具结合的总苞片,倒卵形或卵状长圆形,顶端有围裹花柱的圆锥状嘴部,在顶部以下有 4 ~ 6 个尖刺,稍被糙毛;花柱 2 深裂,丝状,伸出总苞的嘴部。瘦果倒卵形,无毛,藏于总苞中。花期 8 ~ 9 月,果期 9 ~ 10 月。

・分布区域

原产北美。在我国长江流域已驯化野生成为路旁杂草。河南信阳地区有分布。

・评价

豚草有很强的生长繁殖能力,能很快形成单品种优势种群,生态可塑性强,竞争性采肥、采光,使原有的植物衰退和消失,抑制周围农作物和野生植物的生长,造成粮食和经济作物减少。若将豚草混杂在奶牛饲料中,可使牛奶和奶制品产生异味,影响牛奶和奶制品的质量。豚草花粉是引起季节性过敏性鼻炎(花粉症)的主要过敏源,是过敏性鼻炎和哮喘发病的重要原因之一。豚草是中国最具有危害性的外来入侵植物之一,目前已在我国 30 多个省(区、市)广泛分布。豚草是一种对人类健康和生态环境、农牧业生产危害极大的恶性杂草,已被我国环保部门列为重要入侵的有害植物。豚草治理涉及多种学科以及管理部门,需加强生物防治及综合治理。《中国入侵植物名录》将其列为 1 级(恶性入侵类)。据调查,豚草在河南属于严重入侵植物。应严加防控。

138 钻叶紫菀

别名:剪刀菜、美洲紫菀、扫帚菊、燕尾来、窄叶紫菀、钻形紫菀
学名:*Aster subulatus* Michx 科名:菊科 属名:紫菀属

· 识别特征

多年生草本。茎直立,无毛,有条棱,稍肉质,上部略分枝。基生叶倒披针形,花后凋落;茎中部叶线状披针形,主脉明显,侧脉不显著,无柄;上部叶渐狭窄,全缘,无柄,无毛。头状花序,多数在茎顶端排成圆锥状,总苞钟状,总苞片3~4层,外层较短,内层较长,线状钻形,边缘膜质,无毛;舌状花细狭,淡红色,长与冠毛相等或稍长;管状花多数,花冠短于冠毛。瘦果长圆形或椭圆形,有5纵棱,冠毛淡褐色。花果期9~11月。

· 分布区域

原产北美洲。河南各地均有分布。

· 评价

钻叶紫菀往往形成单优势群落,侵入农田危害棉花、花生、大豆、甘薯、水稻等作物,也常侵入浅水湿地,影响湿地生态系统及其景观。全草入药,药名瑞连草,味苦、酸,性凉,具有清热燥湿功效,主治痈肿、湿疹。《中国入侵植物名录》将其列为1级(恶性入侵类)。据调查,钻叶紫菀在河南属于恶性入侵植物,在河南分布已趋近饱和。应严加防控,合理利用。

139 雏菊

别名:延命菊、马兰头花 学名:*Bekkis perennis* L. 科名:菊科 属名:雏菊属

· 识别特征

多年生或一年生葶状草本。叶基生,匙形,顶端圆钝,基部渐狭成柄,上半部边缘有疏钝齿或波状齿。头状花序单生,花葶被毛;总苞半球形或宽钟形;总苞片近2层,稍不等长,长椭圆形,顶端钝,外面被柔毛。舌状花一层,雌性,舌片白色带粉红色,开展,全缘或有2~3齿,管状花多数,两性,均能结实。瘦果倒卵形,扁平,有边脉,被细毛,无冠毛。花期3~6月,果期5~7月。

· 分布区域

原产欧洲。现在我国各地栽培为观赏植物。河南有栽培。

· 评价

雏菊生长势强,易栽培,花期长,耐寒能力强。其花梗高矮适中,花朵整齐,色彩明媚素净,可用作盆栽、花境、切花等,尤其适合作为早春地被花卉。雏菊由于其较高的观赏价值和药用价值而受到人们的关注,具有较高的利用价值。《中国入侵植物名录》将其列为 6 级(建议排除类)。

140 白花鬼针草

别名:三叶鬼针草、虾钳草、蟹钳草、对叉草、粘人草、粘连子、一包针、引线包、豆渣草、豆渣菜、盲肠草 学名:*Bidens pilosa* var. *radiata* 科名:菊科 属名:鬼针草属

· 识别特征

一年生草本。茎直立,钝四棱形,无毛或上部被极稀疏的柔毛。茎下部叶较小,3 裂或不分裂,通常在开花前枯萎,中部叶具无翅的柄,3 出,小叶 3 枚,很少为具 5(7) 小叶的羽状复叶,两侧小叶椭圆形或卵状椭圆形,先端锐尖,基部近圆形或阔楔形,有时偏斜,不对称,具短柄,边缘有锯齿。顶生小叶较大,长椭圆形或卵状长圆形,先端渐尖,基部渐狭或近圆形,具长 1~2 cm 的柄,边缘有锯齿,无毛或被极稀疏的短柔毛,上部叶小,3 裂或不分裂,条状披针形。头状花序直径 8~9 mm,有花序梗。总苞基部被短柔毛,苞片 7~8 枚,条状匙形,上部稍宽,草质,边缘疏被短柔毛或几无毛,外层托片披针形,干膜质,背面褐色,具黄色边缘,内层较狭,条状披针形。无舌状花,盘花筒状,冠檐 5 齿裂。瘦果黑色,条形,略扁,具棱,上部具稀疏瘤状突起及刚毛,顶端芒刺 3~4 枚,具倒刺毛。

· 分布区域

原产美洲。豫南地区有分布。

· 评价

白花鬼针草在我国南部有较大适生区,主要集中在南部沿边和沿海地区,生于村旁、路边及荒地中。在美国,白花鬼针草被认为是危害最严重的世界性杂草之一,在我国广东省也是分布范围较广、危害较大的外来入侵杂草之一。白花鬼针草往往呈大面积单一种群出现,是一种防控难、危害大、传播快的潜在性恶性害草,容易入侵番薯、花生、大豆等农田,以及郁闭度不高的果园、林地和草地等,造成土壤肥力下降,作物减产,对当地的农业、林业、畜牧业及生态环境造成巨大影响。广布于亚洲和美洲的热带、亚热带地区。为我国民间常用草药,有清热解毒、散瘀活血的功效,主治上呼吸道感染、咽喉肿痛、急性阑尾炎、急性黄疸型肝炎、胃肠炎、风湿性关节疼痛、疟疾,外用治疮疖、毒蛇咬伤、跌打肿痛。《中国入侵植物名录》将其列为 1 级(恶性入侵类)。据调查,白花鬼针草在河南属于严重入侵植物。对白花鬼针草应严加防控,防止其进一步蔓延。

141　婆婆针

别名:刺针草、鬼针草　学名:*Bidens bipinnata* L.　科名:菊科　属名:鬼针草属

· 识别特征

　　一年生草本。茎直立,下部略具四棱,无毛或上部被稀疏柔毛。叶对生,具柄,背面微凸或扁平,腹面有沟槽,槽内及边缘具疏柔毛,叶片二回羽状分裂,第一次分裂深达中肋,裂片再次羽状分裂,小裂片三角状或菱状披针形,具 1~2 对缺刻或深裂,顶生裂片狭,先端渐尖,边缘有稀疏不规整的粗齿,两面均被疏柔毛。头状花序;花序梗长 1~5 cm(果时长 2~10 cm)。总苞杯形,基部有柔毛,外层苞片 5~7 枚,条形,草质,先端钝,被稍密的短柔毛,内层苞片膜质,椭圆形,花后伸长为狭披针形,背面褐色,被短柔毛,具黄色边缘;托片狭披针形。舌状花通常 1~3 朵,不育,舌片黄色,椭圆形或倒卵状披针形,先端全缘或具 2~3 齿,盘花筒状,黄色,冠檐 5 齿裂。瘦果条形,略扁,具 3~4 棱,具瘤状突起及小刚毛,顶端芒刺 3~4 枚,很少 2 枚的,具倒刺毛。

· 分布区域

　　原产美洲。河南各地均有分布。

· 评价

　　婆婆针产于华东、华中、华南和西南等地,几乎遍布全国。由于其繁殖力强和具有庞大的种子库的生物学特征,已成为华南地区危害最严重的入侵杂草之一,防治效果不佳。婆婆针全草入药,有清热解毒、散瘀活血的功效,主治上呼吸道感染、咽喉肿痛、急性阑尾炎、急性黄疸型肝炎、胃肠炎、风湿性关节疼痛、疟疾,外用治疮疖、毒蛇咬伤、跌打肿痛。《中国入侵植物名录》将其列为 3 级(局部入侵类)。据调查,婆婆针在河南属于局部入侵植物。应严格防控,合理利用。

142　大狼杷草

别名:大花咸丰草、接力草、外国脱力草　学名:*Bidens frondosa* L.　科名:菊科 属名:鬼针草属

· 识别特征

　　一年生草本。茎直立,分枝,被疏毛或无毛,常带紫色。叶对生,具柄,为一回羽状复叶,小叶 3~5 枚,披针形,先端渐尖,边缘有粗锯齿,通常背面被稀疏短柔毛,至少顶生者具明显的柄。头状花序单生茎端和枝端。总苞钟状或半球形,外层苞片 5~10 枚,通常 8 枚,披针形或匙状倒披针形,叶状,边缘有缘毛,内层苞片长圆形,膜质,具淡黄色边缘,无舌状花或舌状花不发育,极不明显,筒状花两性,花冠冠檐 5 裂;瘦果扁平,狭楔形近无毛或被糙伏毛,顶端芒刺 2 枚,有倒刺毛。

· 分布区域

原产北美洲。河南各地均有分布。

· 评价

大狼杷草适应性强,山坡、山谷、溪边、草丛及路旁均可生长,喜温暖、潮湿环境。生于水边湿地、沟渠及浅水滩,亦生于路边荒野,常发生在稻田边,是常见杂草。全草入药,有强壮、清热解毒的功效。主治体虚乏力、盗汗、咯血、痢疾、疳积、丹毒。《中国入侵植物名录》将其列为 1 级(恶性入侵类)。据调查,大狼杷草在河南属于局部入侵植物。对大狼杷草应严格防控,防止其进一步蔓延。

143　鬼针草

**别名:白花鬼针草、大花咸丰草、婆婆针、三叶鬼针草、引线草　　学名:*Bidens pilosa* L.
科名:菊科　属名:鬼针草属**

· 识别特征

一年生草本。茎直立,钝四棱形,无毛或上部被极稀疏的柔毛,基部直径可达 6 mm。茎下部叶较小,3 裂或不分裂,通常在开花前枯萎,中部叶具无翅的柄,3 出,小叶 3 枚,很少为具 5(7)小叶的羽状复叶,两侧小叶椭圆形或卵状椭圆形,先端锐尖,基部近圆形或阔楔形,有时偏斜,不对称,具短柄,边缘有锯齿,顶生小叶较大,长椭圆形或卵状长圆形,先端渐尖,基部渐狭或近圆形,具柄,边缘有锯齿,无毛或被极稀疏的短柔毛,上部叶小,3 裂或不分裂,条状披针形。头状花序,有花序梗。总苞基部被短柔毛,苞片 7 ~ 8 枚,条状匙形,上部稍宽,草质,边缘疏被短柔毛或几无毛,外层托片披针形,干膜质,背面褐色,具黄色边缘,内层较狭,条状披针形。无舌状花,盘花筒状,长约 4.5 mm,冠檐 5 齿裂。瘦果黑色,条形,略扁,具棱,上部具稀疏瘤状突起及刚毛,顶端芒刺 3 ~ 4 枚,具倒刺毛。

· 分布区域

原产美洲。河南各地均有分布。

· 评价

鬼针草因其生命周期短、繁殖迅速、生态适应性强,在入侵地能够短时间内形成大面积密集成丛的单优植物群落,对生物多样性、生态系统安全和区域经济发展等均造成不同程度的危害,应及时防除。目前,已广泛分布于我国的华东、华中、华南、中南、西南等地。鬼针草的防除措施主要是人工铲除和化学防除,都只能在局部范围内起短期作用。在防除难度大的情况下,积极开展鬼针草的有效利用研究是一种综合性的有效防除途径。鬼针草为我国民间常用草药,有清热解毒、散瘀活血的功效,主治上呼吸道感染、咽喉肿痛、急性阑尾炎、急性黄疸型肝炎、胃肠炎、风湿性关节疼痛、疟疾,外用治疮疖、毒蛇咬伤、跌打肿痛。《中国入侵植物名录》将其列为1级(恶性入侵类)。据调查,鬼针草在河南属于恶性入侵植物,在河南分布已趋近饱和。应严加防控,合理利用。

144 矢车菊

别名:翠兰、蓝芙蓉、荔枝菊、车轮花　学名:*Centaurea cyanus* L.　科名:菊科
属名:矢车菊属

· 识别特征

一年生或二年生草本。直立,自中部分枝,极少不分枝。全部茎枝灰白色,被薄蛛丝状卷毛。基生叶及下部茎叶长椭圆状倒披针形或披针形,不分裂,边缘全缘无锯齿或边缘疏锯齿至大头羽状分裂,侧裂片1~3对,长椭圆状披针形、线状披针形或线形,边缘全缘无锯齿,顶裂片较大,长椭圆状倒披针形或披针形,边缘有小锯齿。中部茎叶线形、宽线形或线状披针形,顶端渐尖,基部楔状,无叶柄边缘全缘无锯齿,上部茎叶与中部茎叶同形,但渐小。全部茎叶两面异色或近异色,上面绿色或灰绿色,被稀疏蛛丝毛或脱毛,下面灰白色,被薄茸毛。头状花序多数或少数在茎枝顶端排成伞房花序或圆锥花序。总苞椭圆状,有稀疏蛛丝毛。总苞片约7层,全部总苞片由外向内椭圆形、长椭圆形。全部苞片顶端有浅褐色或白色的附属物,中外层的附属物较大,内层的附属物较大,全部附属物沿苞片短下延,边缘有流苏状锯齿。边花增大,超长于中央盘花,蓝色、白色、红色或紫色,檐部5~8裂,盘花浅蓝色或红色。瘦果椭圆形,有细条纹,被稀疏的白色柔毛。冠毛白色或浅土红色,2列,外列多层,向内层渐长,内列1层,极短;全部冠毛刚毛状。花果期2~8月。

· 分布区域

原产欧洲。河南有栽培。

· 评价

矢车菊是农田中与作物争肥的一种强势杂草。也是一种观赏植物,其花色丰富,花形别致,品种丰富,是地栽、盆栽以及切花的好材料。生产中,矢车菊主要采用播种繁殖。矢车菊又是一种良好的蜜源植物和药用植物,边花利尿,全株浸出液明目,瘦果含油。《中国入侵植物名录》将其列为5级(有待观察类)。据调查,矢车菊在河南属于潜在入侵植物。应合理发展利用。

145 菊苣

别名:欧洲菊苣、山菊苣、咖啡草、菊苣菜、苦叶生菜、欧菊苣、蓝菊
学名:*Cichorium intybus* L. 科名:菊科 属名:菊苣属

· 识别特征

多年生草本。茎直立,单生,分枝开展或极开展,全部茎枝绿色,有条棱,被极稀疏的长而弯曲的糙毛或刚毛或几无毛。基生叶莲座状,花期生存,倒披针状长椭圆形,包括基部渐狭的叶柄,基部渐狭有翼柄,大头状倒向羽状深裂或羽状深裂或不分裂,而边缘有稀疏的尖锯齿,侧裂片3~6对或更多,顶侧裂片较大,向下侧裂片渐小,全部侧裂片镰刀形或不规则镰刀形或三角形。茎生叶少数,较小,卵状倒披针形至披针形,无柄,基部圆形或戟形扩大半抱茎。全部叶质地薄,两面被稀疏的多细胞长节毛,但叶脉及边缘的毛较多。头状花序多数,单生或数个集生于茎顶或枝端,或2~8个为一组沿花枝排列成穗状花序。总苞圆柱状;总苞片2层,外层披针形,上半部绿色,草质,边缘有长缘毛,背面有极稀疏的头状具柄的长腺毛或单毛,下半部淡黄白色,质地坚硬,革质;内层总苞片线状披针形,下部稍坚硬,上部边缘及背面通常有极稀疏的头状具柄的长腺毛并杂有长单毛。舌状小花蓝色,有色斑。瘦果倒卵状、椭圆状或倒楔形,外层瘦果压扁,紧贴内层总苞片,3~5棱,顶端截形,向下收窄,褐色,有棕黑色色斑。冠毛极短,2~3层,膜片状。花果期5~10月。

· 分布区域

原产欧洲。河南有栽培。

· 评价

菊苣在我国分布于西北、东北及华北各地,在我国四川(成都)及广东等有引种栽培。近年来,随着食用菊苣和饲用菊苣的大量引进,危害菊苣及其他作物的病虫害随之传入我国的可能性不断增加。菊苣适应性强,栽培容易,叶质鲜嫩,营养价值高,而且可多次多年利用,不但是动物的优质饲草,也是营养价值高的食品。菊苣在医药上也有很大的用途。它的根含菊糖及芳香族物质,可提制代用咖啡,促进人体消化器官活动。其根系中提取的苦味物质可入药,具有清肝利胆、健胃消食、利尿消肿等功效。《中国入侵植物名录》将其列为4级(一般入侵类)。据调查,菊苣在河南属于潜在入侵植物。应合理发展利用。

146　金鸡菊

别名:金光菊　　学名:*Coreopsis drummondii* Torr. et Gray　　科名:菊科　　属名:金鸡菊属

·识别特征

一年生或二年生草本。疏生柔毛,多分枝。叶具柄,叶片羽状分裂,裂片圆卵形至长圆形,或在上部有时线形。头状花序单生枝端,或少数成伞房状,具长梗;外层总苞片与内层近等长,舌状花8,黄色,基部紫褐色,先端具齿或裂片;管状黑紫色。瘦果倒卵形,内弯,具1条骨质边缘。花期7~9月。

·分布区域

原产北美洲。河南有栽培。

·评价

金鸡菊在各地公园、庭院常见栽培。其花朵繁盛鲜艳,冬叶长绿,至冬不凋,花期长达2个月,栽培繁殖容易,为很好的观花常绿植物。其枝、叶、花可供切花用。金鸡菊含有的化学成分主要为黄酮类、皂苷类、有机酸、鞣质、糖类、挥发油或油脂类和酚性成分。研究表明有降血糖、抗氧化、降血压、降血脂等药理活性,有潜在的药用价值。《中国入侵植物名录》将其列为5级(有待观察类)。应合理发展利用。

147　大花金鸡菊

别名:大花波斯菊、大波斯菊、剑叶波斯菊、金鸡菊
学名:*Coreopsis grandiflora* Hogg ex Sweet　　科名:菊科　　属名:金鸡菊属

·识别特征

多年生草本。茎直立,下部常有稀疏的糙毛,上部有分枝。叶对生;基部叶有长柄,披针形或匙形;下部叶羽状全裂,裂片长圆形;中部及上部叶3~5深裂,裂片线形或披针形,中裂片较大,两面及边缘有细毛。头状花序单生于枝端,具长花序梗。总苞片外层较短,披针形,顶端尖,有缘毛,内层卵形或卵状披针形;托片线状钻形。舌状花6~10个,舌片宽大,黄色;管状花长5 mm,两性。瘦果广椭圆形或近圆形,边缘具膜质宽翅,顶端具2短鳞片。花期5~9月。

·分布区域

原产美国。在我国各地常栽培,有时归化逸为野生。河南有栽培。

- 评价

大花金鸡菊是我国主要外来杂草之一,极易形成单优种群,表现出很强的竞争优势,已对多地的物种多样性造成破坏。大花金鸡菊属于栽培观赏草花,我国各地常有栽培。目前对于大花金鸡菊的研究主要还是侧重于作为一种观赏性的花卉植物,由于具有观赏性及其生长的抗逆性,可作为公路或城市中的其他地段水土保持的植被,亦可做切花。《中国入侵植物名录》将其列为 5 级(有待观察类)。据调查,大花金鸡菊在河南属于潜在入侵植物。应加以防控,合理发展利用。

148 两色金鸡菊

别名:二色金鸡菊、绮丽菊、金星菊梅、小波斯菊、孔雀菊、绛丽菊、金钱菊、蛇目菊、紫心梅
学名:*Coreopsis tinctoria* Nuttall   科名:菊科   属名:金鸡菊属

- 识别特征

一年生草本。无毛。茎直立,上部有分枝。叶对生,下部及中部叶有长柄,二次羽状全裂,裂片线形或线状披针形,全缘;上部叶无柄或下延成翅状柄,线形。头状花序多数,有细长花序梗,排列成伞房或疏圆锥花序状。总苞半球形,总苞片外层较短,内层卵状长圆形,顶端尖。舌状花黄色,舌片倒卵形,管状花红褐色、狭钟形。瘦果长圆形或纺锤形,两面光滑或有瘤状突起,顶端有 2 细芒。花期 5~9 月,果期 8~10 月。

- 分布区域

原产美国。在我国各地常见栽培。河南有栽培。

- 评价

两色金鸡菊生命力很强,如果不加控制,任其无限发展,就会夺取经济作物的营养,影响庄稼的生长。在有的地方已将它列为毒草之一,被称作"美丽的杀手"。两色金鸡菊枝叶密集,花大色艳,可观叶,也可观花。在屋顶绿化中作覆盖材料效果极好,还可作花境材料,亦是极好的疏林地被。两色金鸡菊具有清热解毒、活血化瘀、和胃健脾的功效,用花泡茶饮,可治疗燥热烦渴、高血压、心慌、胃肠不适、食欲不振、痢疾及疮疖肿毒,具有重要的药用价值和经济价值。《中国入侵植物名录》将其列为 5 级(有待观察类)。据调查,两色金鸡菊在河南属于潜在入侵植物。应加以防控,合理发展利用。

149 秋英

别名：波斯菊、大波斯菊、八瓣梅、格桑花、扫帚梅　**学名**：*Cosmos bipinnatus Cav.*
科名：菊科　**属名**：秋英属

· 识别特征

一年生或多年生草本。根纺锤状，多须根，或近茎基部有不定根。茎无毛或稍被柔毛。叶 2 次羽状深裂，裂片线形或丝状线形。头状花序单生；花序梗长 6 ~ 18 cm。总苞片外层披针形或线状披针形，近革质，淡绿色，具深紫色条纹，上端长狭尖，较内层与内层等长，内层椭圆状卵形，膜质。托片平展，上端成丝状，与瘦果近等长。舌状花紫红色、粉红色或白色；舌片椭圆状倒卵形，有 3 ~ 5 钝齿；管状花黄色，管部短，上部圆柱形，有披针状裂片；花柱具短突尖的附器。瘦果黑紫色，无毛，上端具长喙，有 2 ~ 3 尖刺。花期 6 ~ 8 月，果期 9 ~ 10 月。

· 分布区域

原产于墨西哥和美国西南部。在我国栽培甚广，云南、四川西部有大面积归化。河南有栽培。

· 评价

秋英适应性强，能自行繁衍，具有一定入侵性。秋英叶形雅致，花色丰富，有粉、白、深红等色，在我国各地作为观赏草花广为栽培。适于布置花境，在草地、树丛周围及路旁成片栽植美化绿化，也可作为边坡护坡植物。重瓣品种可做切花材料。秋英花序、种子或全草入药，具有清热解毒、明目化湿的功效。《中国入侵植物名录》将其列为 5 级（有待观察类）。据调查，秋英在河南属于潜在入侵植物。应加以防控，合理发展利用。

150 硫黄菊（黄秋英）

别名：硫磺菊、波斯菊、枫茅草、合好乌、黄波斯菊、黄花波斯菊、硫华菊、芒果菜、黄芙蓉、考司莫司　**学名**：*Cosmos sulphureus Cav.*　**科名**：菊科　**属名**：秋英属

· 识别特征

与秋英的主要区别是舌状花金黄色或橘黄色；叶 2 ~ 3 次羽状深裂，裂片较宽，披针形至椭圆形；瘦果有粗毛，喙纤弱。花期 7 ~ 8 月。

· 分布区域

原产于墨西哥。在我国云南西南、南部常见归化。河南有栽培。

·评价

硫黄菊在我国南北各省均有栽培,其花期长、播期广,花色艳丽,且有较强适应性、易栽、成本低、收效快等特点,是美化、彩化较为经济和理想的实用品种之一,在花卉景观的利用中具有非常重要的地位。园艺市场出售的基本上是重瓣品种。其非常适合丛植,在特色的城市景观、城市道路绿化、高速道路景观、景区生态大道建设中被广泛采用,一般性的景观培养可选择花期较长的混色品种。《中国入侵植物名录》将其列为3级(局部入侵类)。据调查,硫黄菊在河南属于潜在入侵植物。应加以防控,合理发展利用。

151 野茼蒿

别名:安南草、革命菜、山野茼、昭和草　学名:*Crassocephalum crepidioides*(Bentham) S. Moore　科名:菊科　属名:野茼蒿属

·识别特征

一年生直立草本。茎有纵条棱,无毛叶膜质,椭圆形或长圆状椭圆形,顶端渐尖,基部楔形,边缘有不规则锯齿或重锯齿,或有时基部羽状裂,两面无或近无毛;具叶柄。头状花序数个在茎端排成伞房状,总苞钟状,基部截形,有数枚不等长的线形小苞片;总苞片1层,线状披针形,等长,具狭膜质边缘,顶端有簇状毛,小花全部管状,两性,花冠红褐色或橙红色,檐部5齿裂,花柱基部呈小球状,分枝,顶端尖,被乳头状毛。瘦果狭圆柱形,赤红色,有肋,被毛;冠毛极多数,白色,绢毛状,易脱落。花期7~12月。

·分布区域

原产于非洲。河南信阳地区有分布。

·评价

野茼蒿是一种在泛热带广泛分布的一种杂草,广泛分布于我国南方,在山坡路旁、水边、灌丛中常见,属于果园和蔬菜地的恶性杂草。野茼蒿味辛、性平,全草入药,有健脾、消肿的功效,治消化不良、脾虚浮肿等症。野茼蒿质地细嫩、味道鲜美,易栽培,目前有人工栽培,是一种可利用的食用及药用的速生新型野生蔬菜。《中国入侵植物名录》将其列为2级(严重入侵类)。据调查,野茼蒿在河南的入侵性有待观察,在河南有逸生分布。河南野茼蒿分布较少,应严格防控,合理利用。

152   大丽花

别名:大丽菊、大理花、大理菊、天竺牡丹、西番莲、洋菊花、洋牡丹、洋芍药、红苕花

学名:*Dahlia pinnata* Cavanilles   科名:菊科   属名:大丽花属

· 识别特征

多年生草本,有巨大棒状块根。茎直立,多分枝,粗壮。叶 1~3 回羽状全裂,上部叶有时不分裂,裂片卵形或长圆状卵形,下面灰绿色,两面无毛。头状花序大,有长花序梗,常下垂。总苞片外层约 5 个,卵状椭圆形,叶质,内层膜质,椭圆状披针形。舌状花 1 层,白色、红色或紫色,常卵形,顶端有不明显的 3 齿,或全缘;管状花黄色,有时在栽培种全部为舌状花。瘦果长圆形,黑色,扁平,有 2 个不明显的齿。花期 6~12 月,果期 9~10 月。

· 分布区域

原产于墨西哥。河南各地均有栽培。

· 评价

大丽花适应性强,是全世界栽培最广的观赏植物,约有 3 000 个栽培品种。我国南北各省广泛栽培,在云南有时变野生。大丽花品种可分为单瓣、细瓣、菊花状、牡丹花状、球状等类型。适于花坛、花径丛栽,另有矮生品种适于盆栽。根内含菊糖,在医药上有与葡萄糖同样的功效。大丽菊根味甘、微苦,性凉,具有清热解毒、消肿的功效。大丽花花叶病毒病流行最广,发病最重,应注意防治。《中国入侵植物名录》将其列为 6 级(建议排除类)。大丽花具有很高的利用价值,可大力开发栽培。

153   鳢肠

别名:毛鳢肠、旱莲草、墨草、黑旱莲、野向日、葵水凤仙、水凤仙、水旱莲、鲤肠、墨菜

学名:*Eclipta prostrata* L.   科名:菊科   属名:鳢肠属

· 识别特征

一年生草本。茎直立,斜升或平卧,通常自基部分枝,被贴生糙毛。叶长圆状披针形或披针形,无柄或有极短的柄,顶端尖或渐尖,边缘有细锯齿或有时仅波状,两面被密硬糙毛。头状花序,有长 2~4 cm 的细花序梗;总苞球状钟形,总苞片绿色,草质,5~6 个排成 2 层,长圆形或长圆状披针形,外层较内层稍短,背面及边缘被白色短伏毛;外围的雌花 2 层,舌状,舌片短,顶端 2 浅裂或全缘,中央的两性花多数,花冠管状,白色,顶端 4 齿裂;花柱分枝钝,有乳头状突起;花托凸,有披针形或线形的托片。托片中部以上有微毛;瘦果暗褐色,雌花的瘦果三棱形,两性花的瘦果扁四棱形,顶端截形,具1~3个细齿,基部稍缩小,边缘具白色的肋,表面有小瘤状突起,无毛。花期6~9月。

·分布区域

原产于美洲。河南各地均有分布。

·评价

鳢肠生于山坡、路旁、河滩、秋田间,具有生长力旺盛、繁殖力强、适应性强等特性,它与多种作物竞争,是秋熟作物田尤其是棉田主要阔叶杂草之一,可造成作物产量损失。在我国发生危害逐年加重。鳢肠含有三萜皂苷、芳杂环类、甾体生物碱等化学成分,全草入药,有凉血、止血、消肿、强壮等功效,具有保肝、免疫调节、抗炎、抗蛇毒和抗诱变等生物活性,能够滋补肝肾、清热解毒。《中国入侵植物名录》将其列为4级(一般入侵类)。据调查,鳢肠在河南属于一般性入侵植物,危害不明显,难以形成新的入侵发展趋势。应加以防控,合理利用。

154　一年蓬

别名:白顶飞蓬、治疟草、千层塔、野蒿、蓬头草、一年逢、白马兰、白头蒿、野菊
学名:*Erigeron annuus* L. Persoon　　科名:菊科　属名:飞蓬属

·识别特征

一年生或二年生草本。茎粗壮,直立,上部有分枝,绿色,下部被开展的长硬毛,上部被较密的上弯的短硬毛。基部叶花期枯萎,长圆形或宽卵形,少有近圆形,顶端尖或钝,基部狭成具翅的长柄,边缘具粗齿,下部叶与基部叶同形,但叶柄较短,中部和上部叶较小,长圆状披针形或披针形,顶端尖,具短柄或无柄,边缘有不规则的齿或近全缘,最上部叶线形,全部叶边缘被短硬毛,两面被疏短硬毛,或有时近无毛。头状花序数个或多数,排列成疏圆锥花序,总苞半球形,总苞片3层,草质,披针形,近等长或外层稍短,淡绿色或多少褐色,背面密被腺毛和疏长节毛;外围的雌花舌状,2层,管部长1~1.5 mm,上部被疏微毛,舌片平展,白色,或有时淡天蓝色,线形,顶端具2小齿,花柱分枝线形;中央的两性花管状,黄色,管部长约0.5 mm,檐部近倒锥形,裂片无毛;瘦果披针形,长约1.2 mm,扁压,被疏贴柔毛;冠毛异形,雌花的冠毛极短,膜片状连成小冠,两性花的冠毛2层,外层鳞片状,内层为10~15条刚毛。花期6~9月。

·分布区域

原产于北美洲。在我国已驯化。河南各地均有分布。

·评价

一年蓬作为入侵性杂草,适合生长于人为干扰较强的干旱环境。广布于我国的吉林、河北、河南、山东、江苏、浙江、安徽、江西、福建、湖北、湖南、四川等地。由于其强大的入侵和适应能力,已对入侵地的植物群落造成了严重影响。据适生区预测,一年蓬在我国的适生区仍大于其实际分布区,河南北部、山西、陕西、辽宁中西部和吉林西部属于最适适生区,预测一年蓬还将会继续扩散,因此应采取紧急措施防止一年蓬侵入和扩散。一年蓬全草可入药,有治疟的良效。其还具有消食止泻、清热解毒的功效,可用于治疗消化不良、胃肠炎、齿龈炎、毒蛇咬伤。《中国入侵植物名录》将其列为 1 级(恶性入侵类)。据调查,一年蓬在河南属于恶性入侵植物,在河南入侵面积已经趋于饱和。应严加防控,合理利用。

155　香丝草

别名:草蒿、黄蒿、黄花蒿、黄蒿子、灰绿白酒草、美洲假蓬、野塘蒿
学名:*Erigeron bonariensis* L.　　**科名**:菊科　　**属名**:白酒草属

· 识别特征

一年生或二年生草本。根纺锤状,常斜升,具纤维状根。茎直立或斜升,稀更高,中部以上常分枝,常有斜上不育的侧枝,密被贴短毛,杂有开展的疏长毛。叶密集,基部叶花期常枯萎,下部叶倒披针形或长圆状披针形,顶端尖或稍钝,基部渐狭成长柄,通常具粗齿或羽状浅裂,中部和上部叶具短柄或无柄,狭披针形或线形,中部叶具齿,上部叶全缘,两面均密被贴糙毛。头状花序多数,在茎端排列成总状或总状圆锥花序,花序梗长 10 ~ 15 mm;总苞椭圆状卵形,总苞片 2 ~ 3 层,线形,顶端尖,背面密被灰白色短糙毛,外层稍短或短于内层之半,内层具干膜质边缘。花托稍平,有明显的蜂窝孔;雌花多层,白色,花冠细管状,无舌片或顶端仅有 3 ~ 4 个细齿;两性花淡黄色,花冠管状,管部上部被疏微毛,上端具 5 齿裂;瘦果线状披针形,扁压,被疏短毛;冠毛 1 层,淡红褐色。花期 5 ~ 10 月。

· 分布区域

原产于南美洲。河南各地均有分布。

· 评价

香丝草产于我国中部、东部、南部至西南部各省区,常生于荒地、田边、路旁,常于桑、茶及果园中危害,发生量大,危害重,是区域性的恶性杂草,也是路埂、宅旁及荒地发生数量大的杂草之一。香丝草生长在人类活动较为频繁的地区,具有较强的环境适应力、突出的繁殖能力及显著的化感作用,常形成较大规模的入侵种群成片出现在路边或荒地,对本地的物种形成了巨大的生存挑战,尤其是其作为一种棉铃虫的中间寄主,对一些秋收作物的生长产生了较为严重的影响。调查预测显示,香丝草的地理分布还没有达到其潜在分布的最大范围,还有继续扩散的趋势,入侵后很难进行治理而将其根除。香丝草全草入药,具有疏风解表、行气止痛、祛风除湿的功效,治风热感冒、脾胃气滞、风湿热痹、疟疾、急性关节炎及外伤出血等症。《中国入侵植物名录》将其列为 2 级(严重入侵类)。据调查,香丝草在河南属于严重

入侵植物,河南北部、中北部属于其最佳及高适生区。应严格防控,合理利用。

156　小蓬草

别名:飞蓬、加拿大飞蓬、加拿大蓬、小白酒草、小飞蓬、野塘蒿
学名:*Erigeron canadensis* L.　科名:菊科　属名:白酒草属

· 识别特征

一年生草本。根纺锤状,具纤维状根。茎直立,圆柱状,多少具棱,有条纹,被疏长硬毛,上部多分枝。叶密集,基部叶花期常枯萎,下部叶倒披针形,顶端尖或渐尖,基部渐狭成柄,边缘具疏锯齿或全缘,中部和上部叶较小,线状披针形或线形,近无柄或无柄,全缘或少有具1~2个齿,两面或仅上面被疏短毛,边缘常被上弯的硬缘毛。头状花序多数,小,排列成顶生多分枝的大圆锥花序;花序梗细,总苞近圆柱状;总苞片2~3层,淡绿色,线状披针形或线形,顶端渐尖,外层约短于内层之半,背面被疏毛,边缘干膜质,无毛;花托平,具不明显的突起;雌花多数,舌状,白色,舌片小,稍超出花盘,线形,顶端具2个钝小齿;两性花淡黄色,花冠管状,长2.5~3 mm,上端具4或5个齿裂,管部上部被疏微毛;瘦果线状披针形,稍扁压,被贴微毛;冠毛污白色,1层,糙毛状。花期5~9月。

· 分布区域

原产于北美洲。河南各地均有分布。

· 评价

小蓬草在我国各地均有分布,是我国分布最广的入侵物种之一,常生长于旷野、荒地、田边和路旁。其借冠毛随风扩散,蔓延极快,并能以块根、珠芽、断枝高效率繁殖,生长迅速,珠芽滚落或人为携带,极易扩散蔓延,由于其枝叶的密集覆盖,从而导致下面被覆盖的植物死亡。小蓬草能通过分泌化感物质抑制邻近其他植物的生长,也是棉铃虫和棉蟓象的中间寄主,对秋收作物、果园和茶园危害严重,为一种常见的杂草。小蓬草嫩茎、叶可作猪饲料;全草入药对消炎止血、祛风湿,对血尿、水肿、肝炎、胆囊炎、小儿头疮等症有疗效。据国外文献记载,北美洲用于治痢疾、腹泻、创伤以及驱蠕虫;欧洲中部,常用新鲜的植株作止血药,但其液汁和捣碎的叶有刺激皮肤的作用。《中国入侵植物名录》将其列为1级(恶性入侵类)。据调查,小蓬草在河南属于恶性入侵植物,在河南入侵面积已经趋于饱和。应严加防控,合理利用。

157 苏门白酒草

别名:苏门白酒菊 **学名:*Erigeron sumatrensis Retzius*** **科名:菊科** **属名:白酒草属**

· 识别特征

一年生或二年生草本。根纺锤状,直或弯,具纤维状根。茎粗壮,直立,具条棱,绿色或下部红紫色,中部或中部以上有长分枝,被较密灰白色上弯糙短毛,杂有开展的疏柔毛。叶密集,基部叶花期凋落,下部叶倒披针形或披针形,顶端尖或渐尖,基部渐狭成柄,边缘上部每边常有4~8个粗齿,基部全缘,中部和上部叶渐小,狭披针形或近线形,具齿或全缘,两面特别是下面密被糙短毛。头状花序多数,在茎枝端排列成大而长的圆锥花序;花序梗长3~5 mm;总苞卵状短圆柱状,总苞片3层,灰绿色,线状披针形或线形,顶端渐尖,背面被糙短毛,外层稍短或短于内层之半,边缘干膜质;花托稍平,具明显小窝孔;雌花多层,管部细长,舌片淡黄色或淡紫色,极短细,丝状,顶端具2细裂;两性花6~11朵,花冠淡黄色,檐部狭漏斗形,上端具5齿裂,管部上部被疏微毛;瘦果线状披针形,扁压,被贴微毛;冠毛1层,初时白色,后变黄褐色。花期5~10月。

· 分布区域

原产于南美洲。河南各地有分布。

· 评价

苏门白酒草在热带和亚热带地区广泛分布,我国主要产于云南、贵州、广西、广东、海南、江西、福建、台湾。常生于山坡草地、旷野、路旁,是一种常见的区域性恶性杂草,扩散方式及危害性同小蓬草,但植株更高大,可产生更多的果实。苏门白酒草的入侵性惊人,特别是人为干扰较多的地方,由于原有植被被破坏,这种植物乘虚而入,抢先生长,形成优势。研究表明,开阔荒地和公路边的苏门白酒草生长旺盛,现存单位面积生物量远远高于林缘,使开阔荒地和公路边生境的本地植物群落比常绿阔叶林下的本地植物群落面临较大的竞争压力,加速落叶阔叶林下和公路边生境的本地植物群落的衰退。苏门白酒草全草入药,具有温肺止咳、祛风通络、温经止血的功效。可用于寒痰壅滞所致的咳嗽、气喘、胸满胁痛等症,也可用于治疗寒凝阻滞经络所致的肢体关节疼痛、麻木不仁、筋骨疼痛等症,还可用于治疗妇女子宫出血、崩漏、出血量多、淋漓不尽、色淡质清、畏寒肢冷、小便清长、舌质淡、苔薄白、脉沉细等症。《中国入侵植物名录》将其列为1级(恶性入侵类)。据调查,苏门白酒草在河南属于局部入侵植物,具有一定危害性。应严格防控,合理利用。

158 黄顶菊

别名:二齿黄菊、三脉黄顶菊　学名:*Flaveria bidentis* L. Kuntze　科名:菊科
属名:黄顶菊属

· 识别特征

一年生草本植物。茎直立,紫色,被微茸毛;茎叶多汁而近肉质;叶交互对生,叶长椭圆形至披针状椭圆形,亮绿色,基生三出脉呈黄白色,侧脉在叶下面明显边缘基部以上具稀疏而整齐的锯齿,多数叶具叶柄,叶柄基部近于合生,茎上部叶片无柄或近无柄;头状花序,多数于主枝及分枝顶端密集成蝎尾状聚伞花序;总苞片一般为3,也有的为4;管状花3~8朵,也有的为2朵;花冠鲜黄色,非常醒目;瘦果黑色,稍扁,倒披针形或近棒状,无冠毛,具10条纵肋。

· 分布区域

原产于南美洲。河南黄河以北有分布。

· 评价

黄顶菊根系发达,耐盐碱、耐瘠薄,抗逆性强,生长迅速、结实量大,种子适应性强,繁殖速度惊人,能严重挤占其他植物的生存空间。黄顶菊具有极强的生理适应能力和进化趋势;喜生于富含矿物质及盐分的生长环境,具有喜光、喜湿、嗜盐习性,特别是盐碱含量偏高的土壤适宜其生长繁殖。黄顶菊根系发达,最高可以长到2 m,在与周围植物争夺阳光和养分的竞争中,严重挤占其他植物的生存空间,特别是对绿地生态系统有极大的破坏性,使许多植物灭绝,势必会破坏植物的多样性,因此又被称为"生态杀手"。黄顶菊根系能产生一种化感物质,这种化感物质会抑制其他植物生长,并最终导致其他植物死亡。在生长过黄顶菊的土壤里种小麦、大豆,其发芽能力会变得很低。黄顶菊的花期长,花粉量大,花期与大多数土著菊科交叉重叠。如果黄顶菊与发生区域内的其他土著菊科植物产生天然的菊科植物属间杂交,就有可能导致形成新的危害性更大的物种。控制黄顶菊的传播与扩散主要采取综合防治的措施,主要以人工拔除和化学处置相结合为原则。《中国入侵植物名录》将其列为1级(恶性入侵类)。据调查,黄顶菊在河南属于恶性入侵植物,在河南入侵面积已经趋于饱和。对黄顶菊应严加防控。

159 天人菊

别名:虎皮菊、老虎皮菊、忠心菊、六月菊、美丽天人菊
学名:*Gaillardia pulchella* Fougeroux   科名:菊科   属名:天人菊属

·识别特征

一年生草本。茎中部以上多分枝,分枝斜升,被短柔毛或锈色毛。下部叶匙形或倒披针形,边缘波状钝齿、浅裂至琴状分裂,先端急尖,近无柄,上部叶长椭圆形、倒披针形或匙形,全缘或上部有疏锯齿或中部以上3浅裂,基部无柄或心形半抱茎,叶两面被伏毛。头状花序。总苞片披针形,边缘有长缘毛,背面有腺点,基部密被长柔毛。舌状花黄色,基部带紫色,舌片宽楔形,顶端2~3裂;管状花裂片三角形,顶端渐尖成芒状,被节毛。瘦果,基部被长柔毛。有冠毛。花果期6~8月。

·分布区域

原产于美洲。河南各地有栽培。

·评价

天人菊在我国没有表现出入侵为害的特征,在我国各地广为栽培。其萌发早,分蘖力极强,绿色期长,花姿娇娆,色彩艳丽,花期长,具有很长的观赏期,可作花坛、花丛的材料。天人菊抗寒、抗旱、抗病虫害,耐盐碱、耐贫瘠、耐粗放管理,具有一次栽植多年开花的优点,是很好的绿化、美化、定沙草本植物,很适合北方高寒地区的城市绿化。《中国入侵植物名录》将其列为5级(有待观察类)。据调查,天人菊在河南属于潜在的外来入侵植物。应加以防控,合理利用。

160 牛膝菊

别名:辣子草、向阳花、小米菊、铜锤草、珍珠草   学名:*Galinsoga parviflora*   科名:菊科 属名:牛膝菊属

·识别特征

一年生草本。茎纤细,或粗壮,不分枝或自基部分枝,分枝斜升,全部茎枝被疏散或上部稠密的贴伏短柔毛和少量腺毛,茎基部和中部花期脱毛或稀毛。叶对生,卵形或长椭圆状卵形,基部圆形、宽或狭楔形,顶端渐尖或钝,基出三脉或不明显五出脉,有叶柄;向上及花序下部的叶渐小,通常披针形;全部茎叶两面粗涩,被白色稀疏贴伏的短柔毛,边缘浅或钝锯齿或波状浅锯齿,在花序下部的叶有时全缘或近全缘。头状花序半球形,有长花梗,多数在茎枝顶端排成疏松的伞房花序,花序径约 3 cm。总苞半球形或宽钟状;总苞片 1～2 层,约 5 个,顶端圆钝,白色,膜质。舌状花 4～5 个,舌片白色,顶端 3 齿裂,筒部细管状,外面被稠密白色短柔毛;管状花花冠黄色,下部被稠密的白色短柔毛。瘦果,3 棱或中央的瘦果 4～5 棱,黑色或黑褐色,常压扁,被白色微毛。花果期 7～10 月。

· 分布区域

原产于南美洲。在我国归化。河南各地均有分布。

· 评价

牛膝菊喜潮湿、日照长、光照强度高的环境,在适应的环境条件下,营养生长迅速,使其成为农田中的一种恶性杂草。牛膝菊生长迅速,开花早,同一生长季节可发生多代,种子量大,适生环境广泛,发生量大且难以去除。在对牛膝菊生活环境的调查中发现,在牛膝菊的发生区总会以密集成片的单优势植物群落出现,大肆排挤本地植物,影响当地植物及栽培植物的生长。牛膝菊会与作物,尤其是与灌溉的矮秆作物竞争营养和生态位,甚至影响作物收成。牛膝菊对大豆和花生也具有一定的化感作用,影响种子的萌发和胚根的伸长。对其可采取生态防治和化学防治。牛膝菊嫩茎叶可食,有特殊香味,风味独特;全草药用,有止血、消炎的功效,对外伤出血、扁桃体炎、咽喉炎、急性黄疸型肝炎有一定的疗效。《中国入侵植物名录》将其列为 2 级(严重入侵类)。据调查,牛膝菊在河南属于严重入侵植物。应严格防控,合理利用。

161 非洲菊

别名:灯盏花、舞娘花、扶郎花、大火草　**学名**:*Gerbera jamesonii Bolus*　**科名**:菊科
属名:大丁草属

· 识别特征

多年生、被毛草本。根状茎短,为残存的叶柄所围裹,具较粗的须根。叶基生,莲座状,叶片长椭圆形至长圆形,顶端短尖或略钝,基部渐狭,边缘不规则羽状浅裂或深裂,上面无毛,下面被短柔毛,老时脱毛;中脉两面均突起,下面粗而尤著,侧脉 5～7 对,离缘弯拱连接,网脉略明显;叶柄具粗纵棱,多少被毛。花葶单生,无苞叶,被毛,头状花序单生于花葶之顶,于花期舌瓣展开;总苞钟形,约与两性花等长;总苞片 2 层,外层线形或钻形,内层长圆状披针形,边缘干膜质,背脊上被疏柔毛;花托扁平,裸露,蜂窝状;外围雌花 2 层,外层花冠舌状,舌片淡红色至紫红色,或白色及黄色,长圆形,花冠管短,退化雄蕊丝状;内层雌花比两性花纤细,管状二唇形,二唇等长,退化雄蕊 4～5 枚;中央两性花多数,管状二唇形,外唇大,具 3 齿,内唇 2 深裂;花药长约 4 mm,具长尖的尾部;雌花和两性花的花柱分枝均短,顶端钝。瘦果圆柱形,密被白色短柔毛。冠毛略粗糙,鲜时污白色,干时带浅褐色,基部联合。花期 11 月至翌年 4 月。

· 分布区域

原产于非洲。河南有栽培。

· 评价

非洲菊在中国各地常见栽培,在设施栽培条件下,可周年产花。其风韵秀美,花色艳丽,装饰性强,且耐长途运输,切花瓶插期长,为理想的切花花卉,与菊花、唐菖蒲、月季、康乃馨一起被誉为"世界五大切花"。非洲菊也宜盆栽观赏,用于装饰、点缀。在温暖地区,将其做宿根花卉,应用于庭院丛植、布置花境、装饰草坪边缘等,均有极好的效果。非洲菊具有清除因装修而造成的甲醛和苯污染的功能,是抵抗甲醛和苯的绿色武器,可保持室内空气清新。因其以上特点,非洲菊深受花卉种植者及消费者的欢迎。《中国入侵植物名录》将其列为6级(建议排除类)。可合理加强开发利用。

162 茼蒿

别名:花环菊、同蒿、蒿菜、塘蒿、蓬花菜、桐花菜、杆子蒿、割谷花、蓬蒿、春菊
学名:*Glebionis coronaria* L. Cassini ex Spach   **科名**:菊科   **属名**:茼蒿属

· 识别特征

一年生或二年生草本。光滑无毛或几光滑无毛。茎高,不分枝或自中上部分枝。基生叶花期枯萎。中下部茎叶长椭圆形或长椭圆状倒卵形,无柄,2回羽状分裂。1回为深裂或几全裂,侧裂片4~10对。2回为浅裂、半裂或深裂,裂片卵形或线形。上部叶小。头状花序单生茎顶或少数生茎枝顶端,但并不形成明显的伞房花序。花黄色或白色。总苞径1.5~3 cm。总苞片4层,顶端膜质扩大成附片状。舌状花瘦果有3条突起的狭翅肋,肋间有1~2条明显的间肋。管状花瘦果有1~2条椭圆形突起的肋及不明显的间肋。花果期6~8月。

· 分布区域

原产于地中海。我国河北、山东等地有野生。河南有栽培。

· 评价

茼蒿喜冷凉,不耐高温,但适应性较广。其作为蔬菜在东亚和欧洲部分地区广泛栽培,在欧洲和中国部分地区,也作为观赏植物来栽培。茼蒿在我国栽培已有千余年的历史,是人们长期食用的蔬菜品种之一。茼蒿易于种植,产量高,具有重要的经济价值。茼蒿具有调胃健脾、降压补脑等效用,对咳嗽痰多、脾胃不和、记忆力减退、习惯性便秘均有较好的疗效。据中国古药书载,茼蒿味甘、辛,性平,无毒,有安心气、养脾胃、消痰饮、利肠胃的功效。茼蒿整个植株具有特殊的清香气味,对病虫有独特的驱避作用,从其中提取具有生物活性的化合物符合综合防治的要求。茼蒿提取物具有良好的杀螨活性;茼蒿根粉能降低线虫的增殖能

力;从茼蒿中提取制作的茼蒿精油对害虫具有拒食性;从茼蒿中提取的茼蒿素可杀虫;茼蒿挥发油对多种农业病原菌具有一定的抑制活性,主成分是樟脑、α-蒎烯、β-蒎烯和Lyraty-lacetate等。《中国入侵植物名录》将其列为5级(有待观察类)。据调查,茼蒿在河南属于潜在的外来入侵植物。应加以防控,合理加强开发利用。

163 菊芋

别名:五星草、洋羌、番羌　　学名:*Helianthus tuberosus* L.　　科名:菊科　　属名:向日葵属

·识别特征

多年生草本。有块状的地下茎及纤维状根。茎直立,有分枝,被白色短糙毛或刚毛。叶通常对生,有叶柄,但上部叶互生;下部叶卵圆形或卵状椭圆形,有长柄,基部宽楔形或圆形,有时微心形,顶端渐细尖,边缘有粗锯齿,有离基三出脉,上面被白色短粗毛,下面被柔毛,叶脉上有短硬毛,上部叶长椭圆形至阔披针形,基部渐狭,下延成短翅状,顶端渐尖,短尾状。头状花序较大,少数或多数,单生于枝端,有1~2个线状披针形的苞叶,直立,总苞片多层,披针形,顶端长渐尖,背面被短伏毛,边缘被开展的缘毛;托片长圆形,背面有肋,上端不等三浅裂。舌状花通常12~20个,舌片黄色,开展,长椭圆形;管状花花冠黄色。瘦果小,楔形,上端有2~4个有毛的锥状扁芒。花期8~9月。

·分布区域

原产于北美,在我国各地广泛栽培。

·评价

菊芋是一种很好的生态经济型植物,块茎可以生产菊粉、果糖浆、色素等食品工业原料。菊粉是一种全水溶性的膳食纤维,是人体肠道中双歧杆菌的增殖因子,具有特殊的保健和抗癌作用。菊芋块茎中经过特殊工艺可提纯出丰富的菊粉,具有双向调节血糖的作用,一方面,可使糖尿病患者血糖降低;另一方面,又能使低血糖患者血糖升高。利用现代生物技术对菊芋进行深加工精制而成的菊粉、低聚果糖和超高果糖浆,具有特殊的保健作用,是国内外保健食品行业的全新多功能配料。但菊芋作为水土保持优良植物种,其在遏制土壤侵蚀、减轻水土流失危害等方面研究不足。建议继续深入研究菊芋在医学上的作用机制,为进一步临床应用提供理论基础。同时开展其根系对土壤的固结作用、对土壤团聚体等有关土壤可蚀性方面的研究,发挥其在生态修复领域的应用。

164　莴苣

别名:千金菜、莴笋、石苣、青笋、笋菜　**学名:***Lactuca sativa* L.　**科名:**菊科
属名:莴苣属

・识别特征

一年生或二年草本。根垂直直伸。茎直立,单生,上部圆锥状花序分枝,全部茎枝白色。基生叶及下部茎叶大,不分裂,倒披针形、椭圆形或椭圆状倒披针形,顶端急尖、短渐尖或圆形,无柄,基部心形或箭头状半抱茎,边缘波状或有细锯齿,向上的渐小,与基生叶及下部茎叶同形或披针形,圆锥花序分枝下部的叶及圆锥花序分枝上部的叶极小,卵状心形,无柄,基部心形或箭头状抱茎,边缘全缘,全部叶两面无毛。头状花序多数或极多数,在茎枝顶端排成圆锥花序。总苞果期卵球形;总苞片5层,最外层宽三角形,外层三角形或披针形,中层披针形至卵状披针形,内层线状长椭圆形,全部总苞片顶端急尖,外面无毛。舌状小花约15枚。瘦果倒披针形,压扁,浅褐色,每面有6～7条细脉纹,顶端急尖成细喙,喙细丝状,与瘦果几等长。冠毛2层,纤细,微糙毛状。花果期2～9月。

・分布区域

全国各地栽培,亦有野生。

・评价

莴苣是一种广泛食用的叶类蔬菜。莴苣中所含营养丰富,含有胡萝卜素、抗氧化物及多种维生素。近年来,紫色叶用莴苣,因外形美观,富含花青素,常用作盆栽观叶花卉,广受大众欢迎。研究表明,花青素具有极强的抗氧化作用,可消除活性氧,抵抗肌肤衰老,并提高人体免疫力。但莴苣易受到褪绿心腐病危害,建议探索莴苣褪绿心腐病绿色防控技术,综合应用防虫网覆盖育苗、及时拔除病株、悬挂黄板诱杀和适时喷药防治虫媒等绿色防控措施,为充分利用莴苣的食用价值和医用价值提供物质基础。

165　滨菊

学名:*Leucanthemum vulgare* Lam.　**科名:**菊科　**属名:滨菊属**

・识别特征

滨菊为多年生草本。茎直立,通常不分枝,被茸毛或卷毛至无毛。基生叶花期生存,长椭圆形、倒披针形、倒卵形或卵形,基部楔形,渐狭成长柄,柄长于叶片自身,边缘圆或钝锯齿。中下部茎叶长椭圆形或线状长椭圆形,向基部收窄,耳状或近耳状扩大半抱茎,中部以

下或近基部有时羽状浅裂。上部叶渐小,有时羽状全裂。全部叶两面无毛,腺点不明显。头状花序单生茎顶,有长花梗,或茎生 2 ~ 5 个头状花序,排成疏松伞房状。全部苞片无毛,边缘白色或褐色膜质。瘦果无冠毛或有侧缘冠齿。花果期 5 ~ 10 月。

· 分布区域

世界上分布于欧洲、北美洲、亚洲。我国分布于河南、江西、甘肃等地,生长于山坡草地或河边。

· 评价

滨菊具有良好的耐水性和观赏性,是菊花耐涝性育种稀缺的核心种质资源。其在公园、绿地、景区与其他植物搭配,具有较高的观赏价值。建议建立组培快繁体系对其进行大量规模化的繁殖,为滨菊的引种驯化和杂交育种工作提供丰富的原材料,为其在园林中的应用提供物质基础。

166 假臭草

学名:_Praxelis clematidea_(Griseb.) R. M. King et H. Rob. **科名:**菊科 **属名:**泽兰属

· 识别特征

全株被长柔毛,茎直立,叶片对生,卵圆形至菱形,先端急尖,基部圆楔形,揉搓叶片可闻到类似猫尿的刺激性味道。头状花序,总苞钟形,总苞片可达 5 层,小花,藏蓝色或淡紫色。瘦果黑色,条状,种子顶端具一圈白色冠毛,花期长达 6 个月,在海南等地区几乎全年开花结果。

· 分布区域

世界上分布于南美洲、亚洲、非洲。河南有少量分布。

· 评价

假臭草中含有各种有活性的黄酮类物质,黄酮类化合物广泛分布于植物界,具有多种多样的生物活性和药理功能,且毒性较低,备受重视,对于研究和开发利用意义重大。但假臭草抗逆性强,繁殖速度快,对土壤肥力吸收能力强,并通过竞争或化感作用抑制周围作物或自然植被的生长,最终可导致其他植物的死亡。因此,假臭草具快速入侵并覆盖生境的能力,可入侵危害林地、水源保护林、农田作物、耕荒地等。建议开发假臭草的医学价值,用经济手段鼓励公司企业除草入药,变废为宝。

167　黑心金光菊

别名:黑心菊　**学名:**Rudbeckia hirta L.　**科名:**菊科　**属名:**金光菊属

· 识别特征

一年或二年生草本。茎不分枝或上部分枝,全株被粗刺毛。下部叶长卵圆形、长圆形或匙形,顶端尖或渐尖,基部楔状下延,有 3 出脉,边缘有细锯齿,有具翅的柄;上部叶长圆披针形,顶端渐尖,边缘有细至粗疏锯齿或全缘,无柄或具短柄,两面被白色密刺毛。头状花序,有长花序梗。总苞片外层长圆形;内层较短,披针状线形,顶端钝,全部被白色刺毛。花托圆锥形;托片线形,对折呈龙骨瓣状,边缘有纤毛。舌状花鲜黄色;舌片长圆形,通常 10 ~ 14 个,顶端有 2 ~ 3 个不整齐短齿。管状花暗褐色或暗紫色。瘦果四棱形,黑褐色,无冠毛。

· 分布区域

原产北美,河南省各地庭园常见栽培,供观赏。

· 评价

黑心菊为菊科金光菊属多年生草本植物,其开花期长,可作窗台植物、背景植物,也可做花坛、花境以及空隙地的绿化材料。黑心菊在北方寒冷地区可露地越冬,是城市园林绿化中重要的观赏植物之一,其在应用于城市景观绿化系列组合、山区道路绿化组合、高尔夫球场各角落的绿化组合、高尔夫球场路边坡地绿化组合和路边林下的花卉组合上已取得了一定的成效。但其在南方的应用仍不足。建议研究黑心菊的抗旱性生理生化特性,掌握黑心菊在南方地区的适应范围,从而更科学地将其应用于园林植物配置中,同时更好地提高城市地被植物配置的多样性和观赏性。

168　金光菊

别名:黑眼菊、黄菊、黄菊花、假向日葵、肿柄菊　**学名:**Rudbeckia laciniata L.
科名:菊科　**属名:**金光菊属

· 识别特征

多年生草本。茎上部有分枝,无毛或稍有短糙毛。叶互生,无毛或被疏短毛。下部叶具叶柄,不分裂或羽状 5 ~ 7 深裂,裂片长圆状披针形,顶端尖,边缘具不等的疏锯齿或浅裂;中部叶 3 ~ 5 深裂,上部叶不分裂,卵形,顶端尖,全缘或有少数粗齿,背面边缘被短糙毛。头状花序单生于枝端,具长花序梗。总苞半球形;总苞片 2 层,长圆形,上端尖,稍弯曲,被短毛。花托球形;托片顶端截形,被毛,与瘦果等长。舌状花金黄色;舌片倒披针形,长约为总苞片的 2 倍,顶端具 2 短齿;管状花黄色或黄绿色。瘦果无毛,压扁,稍有 4 棱,顶端有具 4 齿的小冠。花期 7 ~ 10 月。

·分布区域

原产于北美,是一种美丽的观赏植物。河南省各地庭园常见栽培。

·评价

金光菊株形较大,盛花期繁花似锦,能形成长达半年之久的艳丽花海景观,不仅适合做花坛、花境的材料,也是切花、瓶插的精品。花叶清热解毒,可广泛应用于医药工业及园林绿化当中,是集观赏价值和经济价值于一身的优良草本植物。建议对其进行萌芽生物学特性研究,以找到提高种子萌芽率的有效方法,为金光菊的播种育苗及园林应用提供一定的科学理论依据。

169　蛇目菊

别名:小波斯菊、金钱菊、孔雀菊　学名:*Sanvitalia procumbens* Lam.　科名:菊科属名:蛇目菊属

·识别特征

一年生草本。茎平卧或斜升,多少被毛;叶菱状卵形或长圆状卵形,全缘,少有具齿,两面被疏贴伏短毛。头状花序单生于茎、枝顶端,总苞片被毛,外层总苞片基部软骨质,上部草质;雌花 10 ~ 12 个,舌状,黄色或橙黄色,顶端具 3 齿;两性花暗紫色,顶端 5 齿裂;托片膜质,长圆状披针形麦秆黄色;雌花瘦果扁压,三棱形,顶端具 3 芒刺;两性花瘦果三棱形至扁,暗褐色,顶端有 2 刺芒或无刺芒,边缘有狭翅,外面有白色瘤状突起或无小瘤而成细纵肋。

·分布区域

原产于墨西哥,河南有栽培或逸为野生。

·评价

蛇目菊作为园林景观提升的重要植物材料,具有适应性强、管理成本低、景观效果好等优点,在园林绿化中得到了广泛的应用。但其作为外来物种,会在一定程度上影响本地植物的生长。建议在人工监管下,规模化种植蛇目菊,充分发挥其美学价值。

170 水飞蓟

别名：奶蓟草、老鼠筋、水飞雉、奶蓟　学名：*Silybum marianum*（L.）Gaertn.
科名：菊科　属名：水飞蓟属

・识别特征

一年生或二年生草本。茎直立，分枝，有条棱，极少不分枝，全部茎枝有白色粉质覆被物，被稀疏的蛛丝毛或脱毛。莲座状基生叶与下部茎叶有叶柄，全形椭圆形或倒披针形，羽状浅裂至全裂；中部与上部茎叶渐小，长卵形或披针形，羽状浅裂或边缘浅波状圆齿裂，基部尾状渐尖，基部心形，半抱茎，最上部茎叶更小，不分裂，披针形，基部心形抱茎。全部叶两面同色，绿色，具大型白色花斑，无毛，质地薄，边缘或裂片边缘及顶端有坚硬的黄色针刺，针刺长达5 mm。头状花序较大，生枝端，植株含多数头状花序，但不形成明显的花序式排列。总苞球形或卵球形。花丝短而宽，上部分离，下部由于被黏质柔毛而黏合。瘦果压扁，长椭圆形或长倒卵形，褐色，有线状长椭圆形的深褐色斑，顶端有果缘，果缘边缘全缘，无锯齿。冠毛多层，刚毛状，白色，向中层或内层渐长；冠毛刚毛锯齿状，基部连合成环，整体脱落；最内层冠毛极短，柔毛状，边缘全缘，排列在冠毛环上。花果期5～10月。

・分布区域

分布于欧洲、地中海地区、北非及亚洲中部。我国各地公园、植物园或庭园都有栽培。河南省有少量引种栽培。

・评价

水飞蓟全草用于治疗肿疡及丹毒；果实及提取物用于治疗肝脏病、脾脏病治疗胆结石、黄疸和慢性咳嗽。水飞蓟具有清热解毒、保肝、利胆、保脑、抗X射线的功效。对急性或慢性肝炎、肝硬化、脂肪肝、代谢中毒性肝损伤、胆石症、胆管炎及肝胆管周围炎等肝、胆炎病均有良好疗效。但水飞蓟栽培和人工栽培其他中药材一样，经过几代栽培后，也会面临物种退化的问题。目前水飞蓟的栽培研究还处于粗浅阶段，还有更多的研究工作要做。建议结合和利用前人的研究成果，通过寻找优良产地筛选和推广优良品种、提高有效成分的含量等有效措施以保证水飞蓟药材质量的稳定性和优良性，促进药用植物和地区经济的良性发展。

171　加拿大一枝黄花

别名:野黄菊、山边半枝香、酒金花、满山黄、百根草　学名:Solidago canadensis L.
科名:菊科　属名:一枝黄花属

· 识别特征

多年生草本。有长根状茎。茎直立,叶披针形或线状披针形。头状花序很小,在花序分枝上单面着生,多数弯曲的花序分枝与单面着生的头状花序形成开展的圆锥状花序。总苞片线状披针形。边缘舌状花很短。

· 分布区域

原产于北美。我国公园及植物园引种栽培,供观赏。河南中部地区已发现野生植株。

· 评价

现有研究发现,加拿大一枝黄花体内含有多种活性成分,其中包括萜类、皂苷类、多酚类、聚炔类等,具有消炎镇痛、祛痰镇咳和治疗泌尿疾病等药用价值。精油作为一种由其植株提取的有效成分,具有广泛的生物学活性,其中含量较高的成分大香叶烯具有明显的抗菌活性。一枝黄花精油的广谱抗菌性使其有潜力开发成为绿色农药,或作为一种环境友好型的生防试剂用于果蔬防腐保鲜。但其抗逆能力强、繁殖迅速,在我国华东地区广泛分布,已成为一种区域性恶性杂草。建议对其化学成分的抑菌活性进行深入研究,为揭示其抑菌机制奠定一定的理论基础,也为加拿大一枝黄花在水果采后病害生物防治上的应用提供一些依据。同时,要避免加拿大一枝黄花的入侵,降低生物多样性。

172　花叶滇苦菜

别名:续断菊　学名:Sonchus asper(L.)Hill　科名:菊科　属名:苦苣菜属

· 识别特征

一年生草本。根倒圆锥状,褐色,垂直直伸。茎单生或少数茎成簇生。茎直立,有纵纹或纵棱,上部长或短总状或伞房状花序分枝,或花序分枝极短缩,全部茎枝光滑无毛或上部及花梗被头状具柄的腺毛。基生叶与茎生叶同型,但较小;中下部茎叶长椭圆形、倒卵形、匙状或匙状椭圆形,包括渐狭的翼柄,顶端渐尖、急尖或钝,基部渐狭成短或较长的翼柄,柄基耳状抱茎或基部无柄,耳状抱茎;上部茎叶披针形,不裂,基部扩大,圆耳状抱茎。或下部叶或全部茎叶羽状浅裂、半裂或深裂,侧裂片4~5对椭圆形、三角形、宽镰刀形或半圆形。全部叶及裂片与抱茎的圆耳边缘有尖齿刺,两面光滑无毛,质地薄。头状花序少数(5个)或较多(10 个)在茎枝顶端排列成稠密的伞房花序。冠毛白色,柔软,彼此纠缠,基部连合成环。花果期 5 ~ 10 月。

· 分布区域

世界上分布于欧洲、西亚。河南省广泛分布。

· 评价

苦苣菜属植物在我国药用历史悠久,其味苦性寒,具有清热解毒、消肿排脓、凉血化瘀、消食和胃、清肺止咳、益肝利尿的功效,用于治疗急性痢疾、肠炎、痔疮肿痛等症,它们当中有些被长期作为我国民间传统中药,现代研究表明还具有抗肿瘤作用。花叶滇苦菜含有蛋白质、多种氨基酸和多种维生素以及丰富的微量元素,在民间常作为野生蔬菜食用。建议采用 GC – MS 联用技术分析和鉴定其挥发油化学成分,为其开发利用提供实验依据,为挖掘民间用药提供一定的帮助。

173　苦苣菜

别名:苦菜、苦苣、扎库日　　学名:*Sonchus oleraceus* L.　　科名:菊科　　属名:苦苣菜属

· 识别特征

一年生或二年生草本。根圆锥状,垂直直伸,有多数纤维状的须根。茎直立,单生,有纵条棱或条纹,不分枝或上部有短的伞房花序状或总状花序式分枝,全部茎枝光滑无毛,或上部花序分枝及花序梗被头状具柄的腺毛。基生叶羽状深裂,全形长椭圆形或倒披针形,或大头羽状深裂,全形倒披针形,或基生叶不裂,椭圆形、椭圆状戟形、三角形或三角状戟形或圆形,全部基生叶基部渐狭成长或短翼柄;中下部茎叶羽状深裂或大头状羽状深裂,全形椭圆形或倒披针形,基部急狭成翼柄,翼狭窄或宽大,向柄基且逐渐加宽,柄基圆耳状抱茎,顶裂片与侧裂片等大或较大或大。花果期 5 ~ 12 月。

· 分布区域

几乎分布于全球。河南省广泛分布。

· 评价

苦苣菜主要含有萜类、黄酮、甾体、皂苷、香豆素、甘油酸酯、木脂素等成分,以及丰富的氨基酸、脂肪酸、维生素、无机元素等。其味苦、性寒,归心、脾、胃、大肠经,具有清热解毒、消炎止痛、清肺止咳、祛瘀止血、利尿的功效,临床主要用于治疗肠炎、痢疾、黄疸、咽喉肿痛、痈疮肿毒、咯血、尿血、便血、虫蛇咬伤等。但苦苣菜作为杂草,在作物生育期,与作物竞争光照、土壤、水和肥料等资源,严重影响作物的生长和发育,降低作物产量和品质。建议在丘陵地区规模化种植苦苣菜,发挥其医学价值和经济价值。同时,要避免其逸出,危害农作物的生长。

174 万寿菊

别名:臭芙蓉、万寿灯、蜂窝菊、臭菊花、蝎子菊   **学名:***Tagetes erecta* L.   **科名:**菊科
属名:万寿菊属

· 识别特征

一年生草本。茎直立,粗壮,具纵细条棱,分枝向上平展。叶羽状分裂,裂片长椭圆形或披针形,边缘具锐锯齿,上部叶裂片的齿端有长细芒;沿叶缘有少数腺体。头状花序单生,花序梗顶端棍棒状膨大;总苞杯状,顶端具齿尖;舌状花黄色或暗橙色;舌片倒卵形,基部收缩成长爪,顶端微弯缺;管状花花冠黄色,顶端具 5 齿裂。瘦果线形,基部缩小,黑色或褐色,被短微毛;冠毛有 1~2 个长芒和 2~3 个短而钝的鳞片。花期 7~9 月。

· 分布区域

原产于墨西哥。我国各地均有栽培。在广东和云南南部、东南部已归化。

· 评价

万寿菊内含丰富多样的胡萝卜素,以叶黄素最多,叶黄素不但具有增色作用,还具有营养与医疗保健功能,可抗氧化、清除自由基,预防和治疗由老年性视黄斑退化引发的视力退化和失明等症,以及心脑血管硬化、冠心病和肿瘤等疾病,被广泛应用于医药、食品、化妆品、保健品以及饲料等领域。但从万寿菊中提取叶黄素的研究还不够系统,万寿菊叶黄素产业化生产的效益还不高。建议借鉴其他天然色素提取的现代化技术,创新万寿菊叶黄素提取工艺,深入研究万寿菊叶黄素与其功能活性的关系,拓宽叶黄素的应用领域,使万寿菊叶黄素在发展国民经济、促进人类健康生活中发挥更大的作用。

175 孔雀草

别名:小万寿菊、红黄草、西番菊、臭菊花、缎子花   **学名:***Tagetes patula* L.   **科名:**菊科
属名:万寿菊属

· 识别特征

一年生草本。茎直立,通常近基部分枝,分枝斜开展。叶羽状分裂,裂片线状披针形,边缘有锯齿,齿端常有长细芒,齿的基部通常有 1 个腺体。头状花序单生,花序梗顶端稍增粗;总苞长椭圆形,上端具锐齿,有腺点;舌状花金黄色或橙色,带有红色斑;舌片近圆形,顶端微凹;管状花花冠黄色,与冠毛等长,具 5 齿裂。瘦果线形,基部缩小,黑色,被短柔毛,冠毛鳞

片状,其中1~2个长芒状,2~3个短而钝。花期7~9月。

· 分布区域

原产于墨西哥。我国各地庭园常有栽培。在云南中部及西北部、四川中部和西南部及贵州西部均已归化。

· 评价

孔雀草有药用和保健作用,花、叶可以入药,有清热化痰、补血通经的功效。能治疗百日咳、气管炎、感冒。孔雀草具有优良的观赏性,因而广泛用于室内外环境绿化美化,成为花坛、花镜和庭院的主要观花植物,它的黄色、橙色花朵极为醒目耀眼。孔雀草具备 Cd 超富集植物的特征,将孔雀草应用于修复重金属污染土壤,则兼具环保、景观和市场价值,应用前景广阔。建议在特定区域,有规划地种植孔雀草,在改善土壤生态环境的同时,充分发挥其美学价值和医学价值。

176 药用蒲公英

别名:蒲公英、西洋蒲公英　学名:*Taraxacum officinale*　科名:菊科　属名:蒲公英属

· 识别特征

多年生草本。根颈部密被黑褐色残存叶基。叶狭倒卵形、长椭圆形,稀少倒披针形,大头羽状深裂或羽状浅裂,稀不裂而具波状齿,顶端裂片三角形或长三角形,全缘或具齿,先端急尖或圆钝,每侧裂片4~7片,裂片三角形至三角状线形,全缘或具齿,裂片先端急尖或渐尖,裂片间常有小齿或小裂片,叶基有时显红紫色,无毛或沿主脉被稀疏的蛛丝状短柔毛。花葶多数,长于叶,顶端被丰富的蛛丝状毛,基部常显红紫色;头状花序。花果期6~8月。

· 分布区域

世界上分布于欧洲、北美洲。我国分布于新疆。生长于海拔700~2 200 m的低山草原、森林草甸或田间与路边。河南省有栽培及分布。

· 评价

蒲公英具有丰富的营养价值,含有碳水化合物、微量元素、蛋白质、脂肪及维生素,可生吃、做汤、做馅,风味独特。同时,蒲公英植物体中含有胆碱、菊糖、咖啡酸、有机酸、葡糖糖甙等多种健康营养素,具有利尿、缓泻、退黄疸、利胆等功效,主治咽炎、胃炎、肠炎等多种疾病,对癣菌、肿瘤等也有一定抑制作用。此外,蒲公英还具有美容效果。蒲公英属植物种类丰富,资源储蓄量大,分布较广,产量受环境影响小,用来研究开发保健药物、化妆品具有光明的前景。

177　蒙古苍耳

学名:*Xanthium mongolicum* Kitag.　科名:菊科　属名:苍耳属

· 识别特征

一年生草本。根粗壮,纺锤状,具多数纤维状根。茎直立,坚硬,圆柱形,分枝,有纵沟,被短糙伏毛。叶互生,具长柄,宽卵状三角形或心形,3～5浅裂,顶端钝或尖,基部心形,与叶柄连接处成相等的楔形,边缘有不规则的粗锯齿,具三基出脉,叶脉两面微凸,密被糙伏毛,侧脉弧形而直达叶缘,上面绿色,下面苍白色。具瘦果的总苞成熟时变坚硬,椭圆形,绿色,或黄褐色,连喙两端稍缩小成宽楔形,顶端具1或2个锥状的喙,喙直而粗,锐尖,外面具较疏的总苞刺,直立,向上部渐狭,基部增粗,顶端具细倒钩,中部以下被柔毛,上端无毛。瘦果2个,倒卵形。花期7～8月,果期8～9月。

· 分布区域

生长于干旱山坡或砂质荒地。河南省有分布。

· 评价

蒙古苍耳具有抗菌、抗病毒、抗肿瘤、抗氧化、抗炎、镇痛等作用,主治鼻塞流涕、风寒湿痹、皮肤湿疹、麻风、疮疥搔痒等症,是一种资源丰富、药用活性广泛的野生药用植物。蒙古苍耳在种子萌发阶段对各环境因子都有较宽泛的耐受幅度,是一种危害严重的入侵生物,对被入侵地的生物多样性、生态系统稳定性及经济等造成了巨大的威胁和强烈的负面影响。建议在人工监管下,规模化种植,大力开发其医学价值。同时,要避免其逸出,危害当地生态环境。

178　刺苍耳

别名:洋苍耳　学名:*Xanthium spinosum* L.　科名:菊科　属名:苍耳属

· 识别特征

一年生直立草本。茎上部多分枝,节上具三叉状棘刺。叶狭卵状披针形或阔披针形,边缘3～6浅裂或不裂,全缘,中间裂片较长,长渐尖,基部楔形,下延至柄,上面有光泽,中脉下凹明显,下面密被灰白色毛;叶柄细,被茸毛。花单性,雌雄同株。雄花序球状,生于上部,总苞片一层,雄花管状,顶端裂,雄蕊5。雌花序卵形,生于雄花序下部,总苞囊状,具钩刺,先端具2喙,内有2朵无花冠的花,花柱线形,柱头2深裂。总苞内有2个长椭圆形瘦果。果实呈纺锤形,表面黄绿色,着生先端膨大钩刺,外皮(总苞)坚韧,内分2室,各有一纺锤状瘦果,种皮膜质,灰黑色,种子浅灰色,子叶 2 片,胚根位于尖端。花期 7~9 月,果期 9~11 月。

· 分布区域

世界上分布于南美洲、北美洲、欧洲、亚洲。我国分布于辽宁、北京、河南、安徽等地。

· 评价

刺苍耳适应能力、繁殖能力、传播能力极强,并有侵略性,在进入新的生境时,面积迅速扩大,与本地植物争夺养料、水分、光照和生长空间等有限资源,影响当地植物的生长,严重时会使本地植物被排挤出原生长环境,会对原生境中其他植物的生长和繁殖带来影响,破坏当地生物多样性。建议积极开展对刺苍耳药用价值的研究。刺苍耳适应性及抗性强,果实产量大,如其果实能够替代传统常用药材苍耳子入药使用,将会有效控制刺苍耳的大量繁殖扩散。

179 百日菊

别名:百日草　学名:*Zinnia elegans* Jacq.　科名:菊科　属名:百日菊属

· 识别特征

一年生草本。茎直立,被糙毛或长硬毛。叶宽卵圆形或长圆状椭圆形,基部稍心形抱茎,两面粗糙,下面被密的短糙毛,基出 3 脉。头状花序,单生枝端,无中空肥厚的花序梗。总苞宽钟状,总苞片多层,宽卵形或卵状椭圆形,边缘黑色。托片上端有延伸的附片,附片紫红色,流苏状三角形。舌状花深红色、玫瑰色、紫堇色或白色,舌片倒卵圆形,先端 2~3 齿裂或全缘,上面被短毛,下面被长柔毛。管状花黄色或橙色,先端裂片卵状披针形,上面密被黄褐色茸毛。雌花瘦果倒卵圆形,扁平,腹面正中和两侧边缘各有 1 棱,顶端截形,基部狭窄,被密毛;管状花瘦果倒卵状楔形,极扁,被疏毛,顶端有短齿。花期 6~9 月,果期 7~10 月。

· 分布区域

原产于墨西哥。在我国各地栽培很广,有时成为野生。

· 评价

百日菊花大色艳,是夏、秋两季花坛常用花卉。大型品种可用于切花,中型和矮型品种用于花境、花带及花坛布置,是营造花海景观的常用植物。百日菊与其他景观植物搭配,往往能达到较好的美学效果。但百日菊易受到白星病和黑斑病的侵扰,降低其观赏价值。建议在土壤肥沃和供水良好的公园进行人工种植,注意防治病虫害,充分发挥其观赏价值。

180 毒莴苣

别名:刺毛莴苣　学名:*Lactuca virosa*　科名:菊科　属名:莴苣属

· 识别特征

茎直立,多分枝,多于茎中部以上或者基部分枝。叶互生,叶片羽状分裂,裂片不规则,多为浅裂、半裂或深裂羽状;叶长 3～25 cm、宽 1.7 cm,无柄,从基部呈箭形抱茎;叶脉生有稀疏的牙齿状刺。中下部茎叶多为披针形、线形或线状披针形,叶全部或裂片边缘有细齿或刺齿。沿中脉有黄色刺毛。花排列成疏松的大型圆锥状,多为头状花序,每个头状花序产花 7～35 朵,淡黄色花冠,干后变为蓝紫色。每个头状花序可产 6～30 个瘦果,倒卵形或椭卵形,灰褐色或黄褐色,直径 3.2 mm 左右,表面粗糙,且有 10～20 条纵棱,棱上带有突起的毛刺。

· 分布区域

原产于欧洲、中亚,目前在我国主要分布于新疆(塔城、沙湾、昭苏、吐鲁番等地)和辽宁(沈阳)、陕西(西安)、云南(昆明、玉溪)以及浙江(杭州、金华、慈溪、淳安)等地。豫西地区广泛分布。

· 评价

毒莴苣在 2007 年被列入《中华人民共和国进境植物检疫性有害生物名录》,为检疫植物,是一种具有潜在入侵性的有毒有害植物。适应力强,常见于废弃地、放牧草场、农田、果园、马路旁、铁路旁、人行小路等沙质黏土、沙壤土、淡黑钙土等地块。具有高度的危害性,通过抢占其他植物的水分、养料、阳光等作为生长基础。毒莴苣是由种子进行传播的,成熟的种子会借风力、水力等进行大范围扩散。也可通过农产品运输、动物皮毛携带等途径传播。毒莴苣繁殖力很强。由于花数多、花期长、传粉率高,单株最高可产 5 万粒种子,寿命可达 3 年以上,极大地提高了延续后代的概率。毒莴苣全株有毒,人畜误食可能中毒。该植物含有麻醉剂的成分,特别是开花的时候,植物的乳汁中含有一种叫"山莴苣膏(Iactucarium)"的物质,有弱鸦片碱的作用,但不会引起消化系统紊乱和成瘾。普通剂量易引起嗜睡,而过多则引起焦虑不安,如果太过量,则会导致心脏停搏而死亡。毒莴苣是一种对水果、谷类、豆类作物和紫花苜蓿等危害十分严重的入侵植物,一旦侵入农业生态系统中,可危害牧场、果园以及耕地上的栽培植物,抢夺农作物养分,降低农作物的产量和质量。对农业生产和经济发展产生不良影响。毒莴苣虽然具有毒性,但其叶子及乳汁中含有莴苣苦素(又称莴苣苦内酯),是镇静、镇咳药莴苣阿片的有效成分。因此,可以从毒莴苣的有效成分方面着手进行科研,开发其在医用方面的价值。

181 薤白

别名:小根蒜、山蒜、苦蒜、小么蒜、小根菜、大脑瓜儿、野蒜、野葱、野蒮
学名:*Allium macrostemon*　　**科名**:百合科　　**属名**:葱属

· 识别特征

　　鳞茎近球状,基部常具小鳞茎(因其易脱落,故在标本上不常见);鳞茎外皮带黑色,纸质或膜质,不破裂,但在标本上多因脱落而仅存白色的内皮。叶3~5枚,半圆柱状,或因背部纵棱发达而为三棱状半圆柱形,中空,上面具沟槽,比花葶短。花葶圆柱状,1/4~1/3被叶鞘;总苞2裂,比花序短;伞形花序半球状至球状,具多而密集的花,或间具珠芽或有时全为珠芽;小花梗近等长,比花被片长3~5倍,基部具小苞片;珠芽暗紫色,基部亦具小苞片;花淡紫色或淡红色;花被片矩圆状卵形至矩圆状披针形,内轮的常较狭;花丝等长,比花被片稍长,直到比其长1/3,在基部合生并与花被片贴生,分离部分的基部呈狭三角形扩大,向上收狭成锥形,内轮的基部约为外轮基部宽的1.5倍;子房近球状,腹缝线基部具有帘的凹陷蜜穴;花柱伸出花被外。花果期5~7月。

· 分布区域

　　世界上分布于欧洲、亚洲。分布于河南各山区。

· 评价

　　薤白具有抗氧化、抑制细胞磷脂合成、改善心肌细胞能量代谢的作用。瓜蒌薤白白酒汤、瓜蒌薤白半夏汤、枳实薤白桂枝汤等都用到薤白,具有温中通阳、理气宽胸、还阳散结的功效。建议深入研究其药物作用机制,为更好地发挥其医用价值提供理论基础。

182 风雨花

别名:韭莲　　**学名**:*Zephyranthes grandiflora* Lindl.　　**科名**:石蒜科　　**属名**:葱莲属

· 识别特征

　　多年生草本。鳞茎卵球形。基生叶常数枚簇生,线形,扁平。花单生于花茎顶端,下有佛焰苞状总苞,总苞片常带淡紫红色,下部合生成管;花玫瑰红色或粉红色;花被裂片6,裂片倒卵形,顶端略尖;雄蕊6,长为花被的2/3~4/5,花药丁字形着生;子房下位,3室,胚珠多数,花柱细长,柱头深3裂。蒴果近球形;种子黑色。花期夏秋。

· 分布区域

　　原产于南美洲。我国引种栽培供观赏。河南省有栽培。

·评价

成熟风雨花果实为深蓝色,含有大量天然色素,可作为染料。同时,风雨花具有良好的观赏价值,建议将其种植于乔灌木之下,与各类鸢尾、万年青、阔叶山麦冬、沿阶草等宿根花卉搭配,果熟期采集果实。在丰富地面四季景观的同时发挥其商业价值。

183 葱莲

**别名:玉帘、葱兰、玉莲   学名:*Zephyranthes candida*(Lindl.)Herb.   科名:石蒜科
属名:葱莲属**

·识别特征

多年生草本。鳞茎卵形,具有明显的颈部。叶狭线形,肥厚,亮绿色。花茎中空;花单生于花茎顶端,下有带褐红色的佛焰苞状总苞,总苞片顶端2裂;花白色,外面常带淡红色;几无花被管,花被片6,顶端钝或具短尖头,宽约1 cm,近喉部常有很小的鳞片;雄蕊6,长约为花被的1/2;花柱细长,柱头不明显3裂。蒴果近球形,3瓣开裂;种子黑色,扁平。花期秋季。

·分布区域

原产于南美洲。我国引种栽培供观赏。河南省有栽培。

·评价

葱莲株丛低矮,终年常绿,花朵繁多、花期长,繁茂的白色花朵高出叶端,在丛丛绿叶的烘托下,异常美丽,花期给人以清凉舒适的感觉。适用于林下、边缘或半阴处作园林地被植物,也可作花坛、花径的镶边材料,在草坪中成丛散植,可组成缀花草坪,也可盆栽供室内观赏。葱莲是一种民间草药,有平肝、宁心、熄风镇静的作用,主治小儿惊风、羊癫风。同时,葱莲对人体鼻咽表皮癌细胞具有一定的抗性。建议在苗圃中大规模种植葱莲,注重防范虫害,充分发挥其医学和观赏价值。

184 黄花葱兰

学名:*Zephyranthes citrina*   科名:石蒜科   属名:葱莲属

·识别特征

多年生常绿球根植物,球茎可达2.5 cm。植株高20～30 cm,地下鳞茎长卵形,长3～4 cm,外皮黑褐色。3～5片基生叶,叶片暗绿色,扁圆柱形,约4 cm宽,长25～30 cm,叶较稀

疏,多汁,被白色皮粉。花单生,腋生,总花梗长 25~30 cm,花苞片长 1.6~2.6 cm,花漏斗状,花被柠檬黄,花瓣 6 枚,花被管绿色,长 0.7~1 cm,花被片不反折,雄蕊分裂,花药 5~7 mm,花柱长于花被筒,柱头 3 裂,果径 1~1.5 cm;种子薄片状,黑色。花果期7~9月。

· 分布区域

原产于南美、古巴和西印度群岛。最早由中国东部沿海地区引种栽培,河南有少量引种。

· 评价

黄花葱兰适应性广,栽培容易。性喜温暖、湿润、阳光充足的气候环境,喜疏松、肥沃、潮湿的酸性沙壤,耐荫蔽,耐干旱,耐瘠薄,耐湿。霜后叶有冻害,球茎能耐 −17 ℃的低温。适用于林下、林缘或开阔地作为地被花卉,可大面积种植单一种类,形成地毯式的壮观群体景观。在草坪中丛植或散植,可组成缀花草坪。此外,黄花葱兰也适宜于运用在岩石园、旱溪中作为点缀,也可用于庭院小径旁栽植或盆栽供室内观赏。不耐干热,在郑州地区高温少雨季节会造成枯死。

185 郁金香

别名:洋荷花、草麝香、郁香   **学名**:*Tulipa gesneriana*   **科名**:百合科   **属名**:郁金香属

· 识别特征

鳞茎皮纸质,内面顶端和基部有少数伏毛。叶 3~5 枚,条状披针形至卵状披针形。花单朵顶生,大型而艳丽;花被片红色或杂有白色和黄色,有时为白色或黄色。6 枚雄蕊等长,花丝无毛;无花柱,柱头增大呈鸡冠状。花期 4~5 月。

· 分布区域

原产于欧洲,我国引种栽培。是河南主要早春花海植物。

· 评价

郁金香是荷兰著名的多年生球茎花卉,其品种数量繁多,颜色靓丽,枝干坚挺,形态优美,被世界各地广为栽培。也是目前河南主要的早春花海植物。但郁金香易受到青霉病、根腐病、幼芽褐斑病、灰霉病的侵袭。种球以进口为主,需要提升郁金香本土化价值,进一步发挥其观赏价值。

186　风信子

别名:洋水仙、西洋水仙、五色水仙、时样锦　　学名:*Hyacinthus orientalis* L.
科名:风信子科　属名:风信子属

· 识别特征

风信子是多年生草本球根类植物。鳞茎球形或扁球形,有膜质外皮,外被皮膜呈紫蓝色或白色等,皮膜颜色与花色成正相关。未开花时形如大蒜。叶4～9枚,狭披针形,肉质,基生,肥厚,带状披针形,具浅纵沟,绿色有光。花茎肉质,花葶高15～45 cm,中空,端着生总状花序;小花10～20朵密生上部,多横向生长,少有下垂,漏斗形,花被筒形,上部四裂,花冠漏斗状,基部花筒较长,裂片5枚。向外侧下方反卷。

· 分布区域

原产于欧洲南部地中海沿岸及小亚细亚一带、荷兰,如今世界各地都有栽培。是河南主要早春花海植物。

· 评价

风信子花期早,植株低矮整齐,花序端庄,色彩绚丽,在光洁鲜嫩的绿叶衬托下,恬静典雅。宜作花坛、花境、花丛及疏林边、草地、草坪边自然式成片种植,也可做切花、盆栽或水养观赏。但水培风信子往往随着植株生长,后期植株过高,花枝倒伏,观赏价值明显降低,并且易受到软腐病、菌核病等病害的侵袭。建议采用水培技术,在水培过程中用不同激素、不同浓度浸泡风信子种球,使其株形紧凑,花枝不倒伏,抵抗病害,提高观赏价值。

187　凤眼蓝

别名:水葫芦、凤眼莲、水葫芦苗、水浮莲　　学名:*Eichhornia crassipes*　科名:雨久花科
属名:凤眼蓝属

· 识别特征

浮水草本。须根发达,棕黑色。茎极短,具长匍匐枝,匍匐枝淡绿色或带紫色,与母株分离后长成新植物。叶在基部丛生,莲座状排列,一般5～10片;叶片圆形、宽卵形或宽菱形,顶端钝圆或微尖,基部宽楔形或幼时为浅心形,全缘,具弧形脉,表面深绿色,光亮,质地厚实,两边微向上卷,顶部略向下翻卷;叶柄长短不等,中部膨大成囊状或纺锤形,内有许多多边形柱状细胞组成的气室,维管束散布其间,黄绿色至绿色,光滑;叶柄基部有鞘状苞片,黄绿色,薄而半透明;花葶从叶柄基部的鞘状苞片腋内伸出,多棱;穗状花序;花被裂片6枚,花瓣状,卵形、长圆形或倒卵形,紫蓝色,中央有 1 黄色圆斑,花被片基部合生成筒,外面近基部有腺毛。花期 7～10 月,果期 8～11 月。

· 分布区域

原产于巴西。现广布于我国长江、黄河流域及华南各省。生长于海拔 200～1 500 m 的水塘、沟渠及稻田中。亚洲热带地区也已广泛生长。

· 评价

凤眼莲具有生长迅速、生物量大、吸收氮磷能力强等特点,在削减内源污染负荷方面具有巨大潜力,因此其作为净化水体污染的水生植物,被广泛运用在各类水体污染的治理工程中,在修复污染水体、丰富生物多样性等方面发挥了重要的作用。但其作为入侵物种,抗逆性强,生长迅速,危害了入侵地的生物多样性。建议对凤眼莲进行资源化利用。一是针对目前已经在水生生态系统中造成危害的凤眼莲,从单一的控制清除转变为有效利用;二是开辟凤眼莲集景观美学、水体净化、农牧渔需求一体化的发展道路。

188　唐菖蒲

别名:菖兰、剑兰、扁竹莲、十样锦、十三太保　学名:*Gladiolus gandavensis* Vaniot Houtt
科名:鸢尾科　属名:唐菖蒲属

· 识别特征

多年生草本。球茎扁圆球形,外包有棕色或黄棕色的膜质包被。叶基生或在花茎基部互生,剑形,基部鞘状,顶端渐尖,嵌叠状排成 2 列,灰绿色,有数条纵脉及 1 条明显而突出的中脉。花茎直立,不分枝,花茎下部生有数枚互生的叶;顶生穗状花序,每朵花下有苞片 2,膜质,黄绿色,卵形或宽披针形,中脉明显;无花梗;花在苞内单生,两侧对称,有红、黄、白或粉红等色;花被管长约 2.5 cm,基部弯曲,花被裂片 6,2 轮排列,内、外轮的花被裂片皆为卵圆形或椭圆形,上面 3 片略大(外花被裂片 2,内花被裂片 1),最上面的 1 片内花被裂片特别宽大,弯曲成盔状;雄蕊 3,直立,贴生于盔状的内花被裂片内,花药条形,红紫色或深紫色,花丝白色,着生在花被管上;花柱长约 6 cm,顶端 3 裂,柱头略扁宽而膨大,具短茸毛,子房椭圆形,绿色,3 室,中轴胎座,胚珠多数。蒴果椭圆形或倒卵形,成熟时室背开裂;种子扁而有翅。花期 7～9 月,果期 8～10 月。

· 分布区域

原产于非洲南部。全国各地广为栽培,贵州及云南一些地方常逸为半野生。

· 评价

唐菖蒲叶片线形,挺拔似剑;花梗修长,花穗直立,花形别致,花色鲜艳丰富;各品种花期一致且开花率高,花期长;品种不同则植株高低形态各异,其优秀的线形花姿易与其他类型的花卉灵活搭配,园林观赏价值极高,而且唐菖蒲栽培管理相对简单,是花坛、花境、花海、基础栽植、草坪和地被植物、水体绿化的良好材料。但唐菖蒲易受病虫害的侵袭。建议把不同品系、花色系的唐菖蒲按照一定的设计模式和不同的栽培环境组织在一起,创造独特的园林景观,并注意防范病虫害,充分发挥其美学价值。

189 黄菖蒲

别名:水烛、黄鸢尾、水生鸢尾、黄花鸢尾 学名:*Iris pseudacorus* 科名:鸢尾科 属名:鸢尾属

· 识别特征

多年生草本。植株基部围有少量老叶残留的纤维。根状茎粗壮,斜伸,节明显,黄褐色;须根黄白色,有皱缩的横纹。基生叶灰绿色,宽剑形,顶端渐尖,基部鞘状,色淡,中脉较明显。花茎粗壮,有明显的纵棱,上部分枝,茎生叶比基生叶短而窄;苞片3~4,膜质,绿色,披针形,顶端渐尖;花黄色;花梗长5~5.5 cm;花被管长1.5 cm,外花被裂片卵圆形或倒卵形,爪部狭楔形,中央下陷呈沟状,有黑褐色的条纹,内花被裂片较小,倒披针形,直立;花丝黄白色,花药黑紫色;花柱分枝淡黄色,顶端裂片半圆形,边缘有疏牙齿,子房绿色,三棱状柱形。花期5月,果期6~8月。

· 分布区域

原产于欧洲,我国各地常见栽培。喜生于河湖沿岸的湿地或沼泽地上。

· 评价

黄菖蒲在水体生态系统中占有重要的位置。它不仅能起到净化水体的作用,还能改善水体生态环境,促进退化水体生态系统的恢复。在各种物理、化学和生态修复措施中,黄菖蒲修复净化污染水体效果较好。建议深入研究黄菖蒲净化水体的机制,为水陆交错带生态修复的植物选择提供科学依据。

190 紫竹梅

别名:紫鸭跖草、紫锦草 学名:*Setcreaseapallidacv.* Purple 科名:鸭跖草科 属名:紫竹梅属

· 识别特征

多年生草本。茎多分枝,带肉质,紫红色,下部匍匐状,节上常生须根,上部近于直立。

叶互生,披针形,先端渐尖,全缘,基部抱茎而成鞘,鞘口有白色长睫毛,上面暗绿色,边缘绿紫色,下面紫红色。花密生在二叉状的花序柄上,下具线状披针形苞片;萼片3,绿色,卵圆形,宿存;花瓣3,蓝紫色,广卵形;雄蕊6枚,2枚发育,3枚退化,另有1枚花丝短而纤细,无花药;雌蕊1,子房卵形,3室,花柱丝状而长,柱头头状。蒴果椭圆形,有3条隆起棱线。种子呈三棱状半圆形。花期夏秋。

・分布区域

原产于墨西哥,主要用于室内盆栽,我国南方地区有逸生,豫南地区稀有逸生。

・评价

紫竹梅喜温暖、湿润,不耐寒,忌阳光暴晒,喜半阴。对干旱有较强的适应能力,适宜肥沃、湿润的土壤。一般作为盆栽摆设,家庭种植更为普遍。或作地被植物来绿化花坛、树池、乔灌木树丛之间的空地或大草坪中点缀几团,管理粗放,不需剪、耐阴、耐湿、抗污染,仅施点稀薄的饼肥水。因其茎叶茂密,茎节处很容易生根,具有一定的护坡功能,所以栽于树丛间的缓坡地既实用又有观赏效果。可布置客厅、书房、办公室和卧室,秋季可作为花坛的配色植物。入侵性不强。

191 吊竹梅

别名:吊竹兰、斑叶鸭跖草、花叶竹夹菜、红莲 **学名:***Tradescantia zebrina* **Bosse**
科名:鸭跖草科 **属名:**紫露草属

・识别特征

多年生草本。茎稍柔弱,半肉质,分枝,披散或悬垂。叶互生,无柄;叶片椭圆形、椭圆状卵形至长圆形,先端急尖至渐尖或稍钝,基部鞘状抱茎,叶鞘被疏长毛,腹面紫绿色而杂以银白色,中部和边缘有紫色条纹,背面紫色,通常无毛,全缘。花聚生于1对不等大的顶生叶状苞内:花萼连合成1管,3裂,苍白色;花瓣裂片3,玫瑰紫色;雄蕊6,着生于花冠管的喉部;子房3室,花柱丝状,柱头头状,3圆裂。果为蒴果。花期6~8月。

・分布区域

吊竹梅原产于墨西哥。分布于福建、浙江、广东、海南、广西等地。常用于栽培观赏。

・评价

吊竹梅可作药用,有凉血止血、清热解毒、利尿的功效,可用于急性结膜炎、咽喉肿痛、白带、毒蛇咬伤等的治疗。同时,吊竹梅枝条自然飘曳,独具风姿;叶面斑纹明快,叶色美丽别致,深受人们的喜爱。吊竹梅植株小巧玲珑,又比较耐阴,适于美化卧室、书房、客厅等处,可放在花架、橱顶,或吊在窗前自然悬垂,观赏效果极佳。但土培时滋生细菌,对吊竹梅的生长极为不利。建议找到一种最佳的水培繁殖方法,为工厂化育苗、提高其观赏效果提供理论依据。

192　节节麦

别名:粗山羊草　　**学名:***Aegilops tauschii* Coss.　　**科名:**禾本科　　**属名:**山羊草属

·识别特征

秆高 20～40 cm。叶鞘紧密包茎,平滑无毛,而边缘具纤毛;叶舌薄膜质,微粗糙,上面疏生柔毛。穗状花序圆柱形,含(5)7～10(13)个小穗;小穗圆柱形,含 3～4(5)小花;颖革质,通常具 7～9 脉,或可达 10 脉以上,顶端截平或有微齿;外稃披针形,具 5 脉,脉仅于顶端显著,第一外稃长约 7 mm;内稃与外稃等长,脊上具纤毛。花果期 5～6 月。

·分布区域

产于陕西关中地区及河南新乡。

·评价

节节麦是普通六倍体小麦的 D 染色体组供体,但其 D 染色体遗传多样性远比小麦高,且含有丰富的抗逆、抗病、抗虫等优良基因。因此,节节麦被育种专家广泛用作育种资源,利用其优良基因改善小麦抗逆性、产量及品质性状。但因其遗传背景和生活习性与小麦相近,在生长过程中与小麦竞争水、肥、光照等生长因子,对小麦的生长造成不同程度的影响,从而影响小麦的产量和品质。建议继续利用其优良基因改善小麦性状,同时大力研发生态控草、生物除草、机械除草等绿色控草技术,趋利避害,充分发挥该物种的经济价值。

193　野燕麦

别名:乌麦、铃铛麦、燕麦草　　**学名:***Avena fatua* L.　　**科名:**禾本科　　**属名:**燕麦属

·识别特征

一年生草本。须根较坚韧。秆直立,光滑无毛,具 2～4 节。叶鞘松弛,光滑或基部者被微毛;叶舌透明膜质;叶片扁平,微粗糙,或上面和边缘疏生柔毛。圆锥花序开展,金字塔形,分枝具棱角,粗糙;小穗柄弯曲下垂,顶端膨胀;小穗轴密生淡棕色或白色硬毛,其节脆硬易断落;颖革质,几相等,通常具 9 脉;外稃质地坚硬,背面中部以下具淡棕色或白色硬毛,芒自稃体中部稍下处伸出,膝曲,芒柱棕色,扭转。颖果被淡棕色柔毛,腹面具纵沟。花果期 4～9 月。

·分布区域

世界上分布于欧、亚、非三洲的温寒带地区。我国广布于南北各省。生长于荒芜田野或为田间杂草。

·评价

野燕麦具有一定的药用价值。用于治疗自汗、盗汗、虚汗不止、吐血、崩漏。野燕麦中含有许多普通小麦所不具备的优异基因和特有性状。如抗白粉病、锈病、赤霉病等,同时燕麦具有早熟、耐冷、抗旱、耐瘠薄、蛋白质含量高等特性,是普通小麦遗传改良的重要种质资源。但野燕麦属于麦田恶性杂草,由于其和小麦争夺肥、水、光照,造成覆盖荫蔽,常引起小麦早期倒伏或生长不良,对小麦的产量影响很大。建议远缘杂交,将野燕麦的有益基因转移到栽培燕麦中,创造优良的育种新种质,变害为利,充分发挥其生物学价值。

194 扁穗雀麦

学名:*Bromus catharticus* Vahl.　　科属:禾本科　　属名:雀麦属

·识别特征

一年生。秆直立。叶鞘闭合,被柔毛;叶舌具缺刻;叶片散生柔毛。圆锥花序开展;分枝粗糙;小穗两侧极压扁,轴节间粗糙;颖窄披针形,外稃沿脉粗糙,顶端具芒尖,基盘钝圆,无毛;内稃窄小,两脊生纤毛。颖果与内稃贴生,顶端具茸毛。花果期春季5月和秋季9月。

·分布区域

原产于美洲,各国广泛引种。华东、江苏、台湾及内蒙古等地有引种栽培,常作短期牧草种植,野生常生于山坡荫蔽沟边。河南省各地均有分布,为农田主要杂草之一。

·评价

扁穗雀麦在我国最早是20世纪40年代在南京引种种植,后传入北方及西北地区,为一年生;在南方地区表现为短期多年生。扁穗雀麦喜温暖湿润气候,不耐炎热、积水和寒冷。稍耐旱,能在盐碱土上生长。其适应性较强,有较强的再生性及分蘖能力,产草量较高,抗冬性较强。幼嫩时茎叶有软毛,成熟时毛渐少,适口性次于黑麦草、燕麦等。它种子成熟,茎叶仍为绿色,可保持较高的营养价值。其鲜草含家畜所需要的必需氨基酸较丰富,赖氨酸含量较高,为优良的禾草之一。常作短期牧草种植,牧草产量较高,质地较粗。扁穗雀麦在麦田很容易发生大面积危害。因此,对扁穗雀麦引种要做到因地制宜,适地种草,就要对牧草引种栽培的生态条件进行认真的分析,以充分挖掘资源的潜力,确定引进草种的适宜区。《河南植物志》无该种收录。在河南,扁穗雀麦草已成为麦田的恶性杂草之一,近年来发生危害逐年加重,且呈蔓延趋势。其主要是与小麦争水、争肥,又是小麦白粉病、锈病的中间寄主,对小麦生产造成严重威胁。对于粮食大省河南是一个重要的威胁。利用扁穗雀麦做牧草时,应严格控制其生产地。严防扩散造成对农田的侵害。《中国入侵植物名录》将其列为2级(严重入侵类)。

195 野牛草

别名:水牛草 学名:*Buchloe dactyloides*(Nutt.)Engelm. 科名:禾本科 属名:野牛草属

· 识别特征

多年生低矮草本。秆纤细直立,具匍匐茎。叶鞘疏生柔毛,叶舌短,有柔毛;叶线形,粗糙,疏生柔毛。雌雄异株或同株;雌花序常头状,为膨大叶鞘所包。雄性小穗具2小花,无柄,2列覆瓦状排列于穗一侧;颖宽,1脉。外稃稍长,白色,3脉;内稃几与外稃等长,2脉。外稃膜质,背腹扁,3脉,先端3裂,中裂片较大;内稃等长,2脉。

· 分布区域

原产于美洲中南部,20世纪40年代,野牛草作为水土保持植物引入中国,在甘肃地区首先试种,后在中国西北、华北及东北地区广泛种植。河南郑州、开封、洛阳、新乡、信阳等地有引种栽培,为优良草坪植物,目前河南全省各地均有分布。

· 评价

野牛草是冷季型草坪植物,在北方大量应用,但在广泛栽培利用的同时,设法研究如何延长野牛草的绿色期。野牛草常应用于低养护的地方,如高速公路旁、机场跑道、高尔夫球场等次级高草区。在园林中的湖边、池旁、堤岸上,栽种野牛草作为覆盖地面材料,既能保持水土,防止冲刷,又能增添绿色景观。野牛草具有抗二氧化硫和氟化氢等气体的性能,已广泛用于冶金、化工等污染较重的工矿企业绿地。抗旱性强,适于在缺水地区或浇水不方便的地段铺植。生命力强,与杂草竞争力强,可节省人力、物力。耐盐碱,在含盐量1%时仍能生长良好。抗病虫能力强,可减少施药量,从而减轻对环境的污染。野牛草还具有药用价值,对于治疗咳嗽、喉咙痛与血液循环失调,具有良好的效用,还具有赋活细胞与振奋血管的功效,特别符合男性肌肤的保养需求。野牛草生长迅速、适应性强的特点,使其在河南迅速扩张,目前沟、路、渠、河边均有野生分布。同时,也使其成为农田、果园等农业生产过程中的杂草之一。《中国入侵植物名录》将其列为4级(一般入侵类)。

196　虎尾草

别名:棒锤草、刷子头、盘草　　学名:*Chloris virgata* Sw.　　科名:禾本科　　属名:虎尾草属

·识别特征

一年生草本。秆直立或基部膝曲,光滑无毛。叶鞘背部具脊,包卷松弛,无毛;叶舌无毛或具纤毛;叶片线形,两面无毛或边缘及上面粗糙。穗状花序,指状着生于秆顶,常直立而并拢成毛刷状,有时包藏于顶叶的膨胀叶鞘中,成熟时常带紫色;小穗无柄;颖膜质,1 脉;第一小花两性,外稃纸质,两侧压扁,呈倒卵状披针形,沿脉及边缘被疏柔毛或无毛,两侧边缘上部 1/3 处有白色柔毛,芒自背部顶端稍下方伸出;内稃膜质,略短于外稃,具 2 脊,脊上被微毛;基盘具毛;第二小花不孕,长楔形,仅存外稃,顶端截平或略凹,芒自背部边缘稍下方伸出。颖果纺锤形,淡黄色,光滑无毛而半透明。

·分布区域

原产于非洲。目前,河南全省各地均有分布,各浅山区和平原均有分布,多生于路旁、荒园、河岸沙地、土墙上及田里。

·评价

虎尾草为禾本科丛生型一年生牧草,是优良牧草,由于分布广,体形变异幅度甚大,如植株的高度、叶片长度、花序长度等在各地不同生境的标本上可相差 1~3 倍,但小穗除颖外只有 2 脊、不孕外稃发育良好、顶端截形等特征是稳定的。虎尾草具有良好的药用价值;虎尾草总提取物以 25 mg/kg 给家兔静脉注射,有明显而短暂的降压作用。总提取物能抑制去甲肾上腺素、高钾所致离体兔主动脉条收缩;3×10^{-4} g/mL 总提取物使去甲肾上腺素对兔主动脉条的量效曲线非平行右移,且最大反应受到抑制总提取物对去甲肾上腺素及高钾所致的肺动脉和肠系膜动脉条收缩均有解痉作用。由于生态适应性极强,在退化草地和盐碱草甸广泛分布,经常成为盐碱化草地恢复演替的先锋植物,是热带、亚热带地区重要的牧草和水土保持作物。有些地区也用它来建植非常耐低养护及耐旱的草坪。虎尾草遍布于我国南北各省,主要和农作物争水争肥,同时也是果树、苗圃杂草之一。在河南,常用来做城市绿地草坪植物。目前,沟、路、渠、河边均有野生分布。同时,也是农田、果园等农业生产过程中的杂草之一。《中国入侵植物名录》将其列为 4 级(一般入侵类)。

197 薏苡

别名:药玉米、水玉米、晚念珠、六谷迷、石粟子、苡米　　**学名:**_Coix lacryma-jobi_ L.
科名:禾本科　　**属名:**薏苡属

· 识别特征

一年生粗壮草本。须根黄白色,海绵质。秆直立丛生,节多分枝。叶鞘短于其节间,无毛;叶舌干膜质;叶片扁平宽大,开展,基部圆形或近心形,中脉粗厚,在下面隆起,边缘粗糙,通常无毛。总状花序腋生成束,直立或下垂,具长梗。雌小穗位于花序之下部,外面包以骨质念珠状总苞,总苞卵圆形,珐琅质,坚硬,有光泽;第一颖卵圆形,顶端渐尖,呈喙状,包围着第二颖及第一外稃;第二外稃短于颖,较小;雄蕊常退化;雌蕊具细长的柱头,从总苞顶端伸出。颖果小,含淀粉少,常不饱满。雄小穗着生于总状花序上部;无柄雄小穗,第一颖草质,边缘内折成脊,具有不等宽的翼,顶端钝,具多数脉,第二颖舟形;外稃与内稃膜质;第一及第二小花常具雄蕊,花药橘黄色;有柄雄小穗与无柄者相似;或较小而呈不同程度的退化。花果期6～12月。

· 分布区域

原产热带亚洲;归化于世界热带、亚热带地区。产于辽宁、河北、山西、山东、河南、陕西、江苏、安徽、浙江、江西、湖北、湖南、福建、台湾、广东、广西、海南、四川、贵州、云南等省区;多生于湿润的屋旁、池塘、河沟、山谷、溪涧或易受涝的农田等地方,海拔200～2 000 m处常见,野生或栽培。目前,河南有少量栽培。

· 评价

薏苡不仅是一种珍贵的药材,而且营养价值极高,成为世界范围内倍受青睐的保健粮食作物,是我国最早开发的粮药兼用植物之一。薏苡在我国种植历史悠久,研究开发广泛而深入。现在栽培少的原因是产量低,一般仅有几十斤,多者一二百斤。几千年来它被误认为是旱种作物,最近查明薏苡原来是一种水生作物。种子是常用的念佛穿珠用的菩提珠子,总苞坚硬,美观,按压不破,有白、灰、蓝紫等各色,有光泽而平滑,基端孔大,易于穿线成串,工艺价值高,但颖果小,质硬。《中国入侵植物名录》将其列为6级(建议排除类)。薏苡河南各地均有野生分布,主要分布在河流、稻田、湿地等周边。近年来,由于水资源缺乏,河流断流、湿地减少等原因,导致薏苡野生分布有减少趋势。

198 苇状羊茅

别名:苇状狐茅、高羊茅　　**学名:**_Festuca arundinacea_ Schreb.　　**科名:**禾本科
属名:羊茅属

· 识别特征

多年生草本。植株较粗壮,秆直立,平滑无毛。叶鞘通常平滑无毛,稀基部粗糙;叶舌平截,纸质;叶片扁平,边缘内卷,上面粗糙,下面平滑,基部具披针形且镰形弯曲而边缘无纤毛的叶耳,叶横切面具维管束 11~21,无泡状细胞,厚壁组织成束,与维管束相对立,上、下表皮均存在。圆锥花序疏松开展,分枝粗糙,每节具 2 个分枝,稀 4~5 个分枝,下部 1/3 裸露,中上部着生多数小穗;小穗轴微粗糙;小穗绿色带紫色,成熟后呈麦秆黄色;颖片披针形,顶端尖或渐尖,边缘宽膜质,第一颖具 1 脉,第二颖具 3 脉;外稃背部上部及边缘粗糙,顶端无芒或具短尖;内稃稍短于外稃,两脊具纤毛;子房顶端无毛。

· 分布区域

原产于欧洲。分布于中国新疆(温宿、新源、尼勒克、伊宁、塔城)。内蒙古、陕西、甘肃、青海、江苏等地引种栽培。于欧亚大陆温带亦有分布。目前,河南全省各地均有分布。生于海拔 700~1 200 m 的河谷阶地、灌丛、林缘等潮湿处。

· 评价

苇状羊茅能抗夏季高温干旱,耐放牧,再生性好,竞争力强,在豆、禾混播草地能长期保持稳定的比例,是建立人工草场及改良天然草场非常有前途的草种。苇状羊茅枝叶繁茂,生长迅速,再生性强,在北方地区中等肥力的土壤条件下,一年可收割 4 次,鲜草产量 2 500~4 000 kg/亩,鲜干比约 3:1,可晒制干草 750~1 250 kg/亩,产草量依水分条件和土壤肥力及管理水平而变化。环境适宜可发挥高产潜力,每斤种子 19.5 万粒。苇状羊茅叶量丰富,草质较好,如能掌握利用适期,可保持较好的适口性和利用价值及其抽穗期的营养成分和氨基酸含量。苇状羊茅属上繁草,适宜收割青饲或晒制干草,为了确保其适口性和营养价值,收割应在抽穗期进行。河南省苇状羊茅引种主要作为草坪,多见于城市绿地,田间地头、河沟路旁有野生分布。《中国入侵植物名录》将其列为 5 级(有待观察类),因此其入侵性有待观察和研究。

199 多花黑麦草

别名:意大利黑麦草　学名:*Lolium multiflorum* Lamk.　科名:禾本科　属名:黑麦草属

· 识别特征

一年生、越年生或短期多年生草本。秆直立或基部偃卧节上生根,具4～5节,较细弱至粗壮。叶鞘疏松;叶舌有时具叶耳;叶片扁平,无毛,上面微粗糙。穗形总状花序直立或弯曲;穗轴柔软,节间无毛,上面微粗糙;小穗轴节间平滑无毛;颖披针形,质地较硬,具狭膜质边缘,顶端钝,通常与第一小花等长;外稃长圆状披针形,基盘小,顶端膜质透明,具细芒,或上部小花无芒;内稃约与外稃等长,脊上具纤毛。颖果长圆形。

· 分布区域

原产于欧洲。分布于非洲、欧洲、亚洲西南,引入世界各地种植。最早在新疆、陕西、河北、湖南、贵州、云南、四川、江西等省区引种,大多作优良牧草普遍引种栽培。目前河南省各地均有分布。

· 评价

多花黑麦草20世纪30年代由当时的中央农业实验所和中央林业实验所从美国以牧草之用引入中国,在南京进行引种试验。如今其遍布中国大部分省(区、市),结实量巨大且生长迅速,在华东地区的田间地头、荒地路旁均可见其踪迹,已经建立种群,是赤霉病和冠锈病的寄主。多花黑麦草适口性好,各种家畜均喜采食。早期收获叶量丰富,抽穗以后茎秆比重增加,抽穗初期茎叶比为1:0.50～1:0.66,延迟刈割茎叶比为1:0.35。多花黑麦草适于收割青饲、调制优质干草,亦可放牧利用。也是养鱼的好饵料,中国南方各省区多利用鱼塘边旁种植,用以饲喂草鱼。也可作为先锋草种或保护草种用于草坪。在河南,多花黑麦草为农田杂草之一,田间、地头、路旁常有野生。《中国入侵植物名录》将其列为4级(一般入侵类)。有人对多花黑麦草田间落种状态、形态特征做了详细描述,并对麦田不同土壤深度下出苗规律做了研究,为多花黑麦草防控提供了理论依据。同时多花黑麦草麦田防治多有报道,进一步加强了对多花黑麦草的防控。建议对其入侵性与危害做进一步调查和研究。

200 黑麦草

学名:*Lolium perenne* L.　科名:禾本科　属名:黑麦草属

· 识别特征

多年生草本。具细弱根状茎。秆丛生,具3～4节,质软,基部节上生根。叶片线形,柔软,具微毛,有时具叶耳。穗形穗状花序直立或稍弯;小穗轴节间平滑无毛;颖披针形,为其小穗长的1/3,具5脉,边缘狭膜质;外稃长圆形,草质,具5脉,平滑,基盘明显,顶端无芒,或上部小穗具短芒;内稃与外稃等长,两脊生短纤毛。

· 分布区域

原产于欧洲。各地普遍引种栽培的优良牧草。广泛分布于克什米尔地区、巴基斯坦、欧洲、亚洲暖温带、非洲北部。目前在河南主要生于田边,路旁、村边常见。

· 评价

黑麦草在中国的首次记载见于《牧草学各论》,西北农学院20世纪40年代有引种,后在中国南北各省广为推广。现在黑麦草在中国的分布已经建立种群,在中国各地散生,由于在黄淮流域的栽培面积集中,野外状态下在该区域的分布亦非常广。黑麦草生长快,分蘖多、能耐牧,是优质的放牧用牧草,也是禾本科牧草中可消化物质产量最高的牧草之一。黑麦草营养价值高,富含蛋白质、矿物质和维生素,其中干草粗蛋白含量高达25%以上,且叶多质嫩,适口性好,可直接喂养牛、羊、马、兔、鹿、猪、鹅、鸵鸟、鱼等。黑麦草青储,可解决供求上出现的季节不平衡和地域不平衡问题,同时也可解决盛产期雨季不易调制干草的困难,并获得较青刈玉米品质更为优良的青储料。黑麦草属于细茎草类,干燥失水快,可调制成优良的绿色干草和干草粉。目前黑麦草被选用为暖季型草坪草,是高尔夫球道的常用草。在河南作为草坪和牧草、"四旁"杂草。黑麦草是黑麦草花叶病毒的寄主,可对多数禾谷类作物造成危害,引起其褪绿或叶片坏死。《中国入侵植物名录》将其列为4级(一般入侵类)。

201　欧黑麦草

别名:波斯毒麦、波斯黑麦草、欧毒麦　学名:*Lolium persicum* Boiss. et Hohen. ex Boiss.
科名:禾本科　属名:黑麦草属

· 识别特征

一年生草本。秆具3~4节,在花序以下的部分微粗糙。叶鞘无毛;叶舌短;叶片线形,扁平,质薄,上面粗糙。穗形总状花序,穗轴节间粗糙;小穗含5~7小花;小穗轴节间被微小刺毛;颖具5脉;外稃披针形,具5脉,边缘膜质,顶端有细而微弯的芒;内稃与外稃近等长或稍短,脊上具纤毛。

· 分布区域

原产于欧洲至西亚。分布于新疆(阿克苏)、青海(西宁)、甘肃(民勤)、陕西。伊朗、中亚、高加索、帕米尔有分布。目前河南主要分布在河边、山坡、路旁等。

· 评价

欧黑麦草原产于欧洲,对该种的记载见于《中国植物志》第六十六卷(1977),中国有引种作牧草,产量高、营养价值丰富、适应性强、绿期长。分布区域较狭小,主要在西北地区有栽培及逸生。河南省目前主要用来做草坪和牧草,具有较高的经济价值,其入侵性需进一步调查和研究。《中国入侵植物名录》将其列为4级(一般入侵类)。最近在华东地区也有发现。应对该属植物的引种应适当加以控制,并监控其生物学特性和种群动态。

202 疏花黑麦草

别名:细穗毒麦　学名:*Lolium remotum* Schrank　科名:禾本科　属名:黑麦草属

・识别特征

一年生草本。秆直立,细弱,花序以下部分微粗糙。叶鞘平滑;叶片线形,扁平,上面微粗糙。穗形总状花序细瘦,穗轴平滑;小穗含5~7小花;颖线形,短于其小穗;外稃无芒。颖果胚小形。

・分布区域

原产于欧洲。国外分布于俄罗斯西伯利亚、欧洲、地中海地区、小亚细亚。国内分布于新疆、黑龙江。目前,河南主要分布在田间或路旁。

・评价

引种主要做牧草和草坪,较耐寒,河南省主要用来做草坪,其中也有野生分布,主要分布在城市周边路旁、绿地周边等,《中国入侵植物名录》将其列为5级(有待观察类),其入侵性需进一步调查和研究。

203 毒麦

别名:黑麦子、迷糊闹心麦、小尾巴麦(子)　学名:*Lolium temulentum* L.　科名:禾本科属名:黑麦草属

・识别特征

一年生草本。秆成疏丛,无毛。叶鞘长于其节间,疏松;叶片扁平,质地较薄,无毛,顶端渐尖,边缘微粗糙。穗形总状花序;穗轴增厚,质硬,节间无毛;小穗含4~10小花;小穗轴平滑无毛;颖较宽大,与其小穗近等长,质地硬,具狭膜质边缘;外稃椭圆形至卵形,成熟时肿胀,质地较薄,顶端膜质透明,基盘微小,芒近外稃顶端伸出,粗糙;内稃约等长于外稃,脊上具微小纤毛。

・分布区域

原产于欧洲,近半个世纪传入我国,在东北、西北及河南、江苏、安徽、湖北、云南等地曾有发现。全国除热带和南亚热带都有可能扩散。目前,河南各地均有分布,主要生长在各地田间地头、路边、村边等。

·评价

毒麦是黑麦草属植物中危害最大的,原产于地中海地区,于1954年在进口的小麦种子中发现,属于无意引入,现常见于农田尤其是麦田中,毒麦为有毒杂草,分蘖繁殖快,混生于麦地中可使小麦产量遭受严重损失。它是一种在种子中含有毒麦碱的有毒杂草,人、畜食后都能中毒,尤其未成熟的毒麦或在多雨季节收获时混入收获物中的毒麦毒力最大。因此,毒麦不仅会直接造成麦类减产,而且威胁人、畜安全。毒麦茎叶无毒,可作牧草。在国外,用毒麦进行恢复植被,防止水土流失和污泥治理。目前,毒麦在河南已成为威胁小麦生长和影响其产量的有害杂草之一,需掌握毒麦的发生规律,控制毒麦传播蔓延。由于毒麦通过土壤传播的可能性很小,因此毒麦的综合防除以杜绝种子传带为主要措施。据资料报道,20世纪60年代前期,毒麦随引调阿夫小麦种子而传入河南省信阳、周口、商丘、驻马店、南阳等5个地区的25个县,经检疫和积极防除后,除信阳地区淮南几个县有零星分布外,其余地县已得到彻底消灭。但在1986年,河南省一些种子经营者,未经检疫从陕西省调运带有毒麦的陕农7859小麦种子,分散在全省各地种植,1988年调查,发现有11个地(市)43个县和一个国有农场发生毒麦。因此,应严格积极进行该草的防治工作,同时开展其入侵性有害评价,为进一步防控提供依据。同时,《中国入侵植物名录》将其列为1级(恶性入侵类),应严格限制其发展。

204 两耳草

**别名:八字草、叉仔草、大肚草   学名:*Paspalum conjugatum* Berg.   科名:禾本科
属名:雀稗属**

·识别特征

多年生草本。植株具匍匐茎。叶鞘具脊,无毛或上部边缘及鞘口具柔毛;叶舌极短,与叶片交接处具一圈纤毛;叶片披针状线形,质薄,无毛或边缘具疣状柔毛。总状花序2枚,纤细,开展;穗轴边缘有锯齿;小穗卵形,顶端稍尖,复瓦状排列成2行;第二颖与第一外稃质地较薄,无脉,第二颖边缘具长丝状柔毛,毛长与小穗近等。第二外稃变硬,背面略隆起,卵形,包卷同质的内稃。胚长为颖果的1/3。

·分布区域

原产于热带美洲,现广布于两半球热带。主要入侵地在我国南方。近年来,在河南省各地开始有分布。主要生长于田野、路旁潮湿之地,在林缘湿地也常有成片生长。

·评价

两耳草是多年生草本,1912年香港有入侵报道,然后从我国南方热带、亚热带地区逐渐

向北发展。在我国热带、亚热带地区入侵农田和经济林地,是农田和果园的主要杂草之一。同时,在高尔夫球场的草坪中,也是常见的杂草。在河南,两耳草是田间地头的杂草之一。生长于田野潮湿之地。《中国入侵植物名录》将其列为2级(严重入侵类),因此在河南应列为重点入侵植物进行调查和研究,积极进行防控。

205　细鹝草

别名:欧洲鹝草、小鹝草、小穗鹝草　学名:*Phalaris minor* Retzius　科名:禾本科　属名:鹝草属

· 识别特征

一年生草本。须根稠密,入土较深。具根状茎,黄棕色,秆直立,光滑。叶鞘长于节间;叶舌膜质;叶片扁平,嫩绿色。圆锥花序,小穗排列紧密,每小穗含2小花,仅一花可孕,颖翼状。谷粒卵形,黄褐色。喜凉爽而湿润的气候。早春生长缓慢,在抽穗前开始猛长。适宜在较肥沃而潮湿的土壤上种植。耐旱性较好,耐寒性较差,绝对低温在 -6 ℃时即受冻害,但地上部分受冻枯萎后,根状茎上的芽可在翌春再生,在淮北地区可种植。

· 分布区域

原产于地中海地区,20世纪70年代引入我国,长江中下游地区种植长势良好。在河南,调查显示郑州有分布。

· 评价

株丛叶量丰富,草质柔嫩,为家畜及草鱼所喜食,可青饲或晒制干草,秋播的在4月可以放牧,但因含有植物碱类毒素,幼嫩期牲畜特别是马易于中毒,放牧不宜过早过量。作为青刈用,可在开花前2周刈割第一次,盛花期刈割第二次。由于发育晚而草质嫩。小鹝草蛋白质含量较高,干物质含量为14.5%~15.7%,粗蛋白质则为9.69%~13.44%。在云南有7个市(州)33个县(区)发现有鹝草危害,其中保山地区危害最为严重。细鹝草在冬季作物大麦、小麦、油菜和蚕豆田均有发生。对农作物造成的产量损失每亩在40~110 kg。目前在河南郑州有分布,主要为野生杂草,入侵性有待进一步调查和研究。《中国入侵植物名录》将其列为5级(有待观察类)。

206 奇蘵草

别名:奇异蘵草、小籽蘵草、异性蘵草   学名:*Phalaris paradoxa* L.   科名:禾本科 属名:蘵草属

· 识别特征

秆直立,基部屈曲,叶舌膜质,截头形;叶片线形,先端渐尖。圆锥花序紧密,部分藏在上部叶鞘内;小穗有 6~7 个簇生,整簇脱落,无柄的中间的为孕性小穗,其余为有柄不孕小穗;小穗上部具翼,翼具齿状突起。颖果椭圆形,先端具宿存花柱,深褐色。胚长约占颖果的 1/3。

· 分布区域

原产于亚洲亚热带地区。在河南郑州有分布。

· 评价

奇蘵草最初是国内引种墨西哥小麦随麦种入侵国内,近几年报道多为冬小麦等农田杂草,在云南被列为农田恶性杂草,对其入侵和防治多为云南省的报道。目前,河南在郑州发现有分布,其在河南的入侵性有待进一步调查和研究。《中国入侵植物名录》将其列为 5 级(有待观察类)。

207 具枕鼠尾粟

学名:*Sporobolus pulvinatus* Swallen   科名:禾本科   属名:鼠尾粟属

· 识别特征

一年生草本。秆丛生,基部倾卧上升或直立,有时具分枝。叶鞘除基部外短于节间,无毛或具疏疣毛,其毛在鞘口处较长;叶舌干膜质,纤毛状;叶片线状披针形,先端尖或渐尖,扁平,边缘有时呈波皱状,上面及边缘具疏疣毛。圆锥花序疏松开展,卵圆形或金字塔形,分枝近于轮生,在基部的 1 节可多至 10 枚,具腺毛,其中部以上密生小枝或小穗。小穗深灰绿色;两颖不等,膜质,第一颖微小,无脉,第二颖与小穗等长,先端尖,具 1 脉;外稃等长于小穗,先端尖,具 1 明显中脉,内稃较宽,与外稃等长,先端钝,成熟后易 2 纵裂;雄蕊 3,花药黄色。囊果近于圆球形,成熟后红褐色。

· 分布区域

原产于美国。天津地区有引种。近年来在河南调查显示,新乡辉县有分布。

· 评价

具枕鼠尾粟在天津地区最初引进,在河南主要在豫北引种做饲料,目前主要分布在田边地头,主要为野生杂草,在开展的河南入侵植物调查过程中,发现了具枕鼠尾粟在河南的分布。《中国入侵植物名录》将其列为5级(有待观察类),有待进一步观察和研究。

208 芋

别名:独皮叶、蹲鸱、接骨草、莒、毛芋、毛芋、青皮叶、水芋、土芝、芋艿、芋头
学名:*Colocasia esculenta*(L.)*Schott.* 科名:天南星科 属名:芋属

· 识别特征

湿生草本。块茎通常卵形,常生多数小球茎,富含淀粉。叶2~3枚或更多。叶柄长于叶片,绿色,叶片卵状,先端短尖或短渐尖,侧脉4对,斜伸达叶缘,后裂片浑圆,弯缺较钝,基脉相交成30°,外侧脉2~3,内侧1~2条,不显。花序柄常单生,短于叶柄。佛焰苞长短不一;管部绿色,长卵形;檐部披针形或椭圆形,展开成舟状,边缘内卷,淡黄色至绿白色。肉穗花序,短于佛焰苞;雌花序长圆锥状;中性花序细圆柱状;雄花序圆柱形,顶端骤狭;附属器钻形。

· 分布区域

原产于热带、亚热带地区,包括印度、马来半岛等地。中国长期进行栽培。河南黄河以南及南部地区均有栽培分布。

· 评价

芋头又名芋艿,为芋的地下肉质球茎。芋头口感细软,绵甜香糯,营养价值近似于土豆,又不含龙葵素,易于消化而不会引起中毒。是一种很好的碱性食物。芋头营养成分丰富,性平,味甘、辛,有小毒。能益脾胃、调中气、化痰散结。可治少食乏力、瘰疬结核、久痢便血、痈毒等病症。芋头所含的矿物质中,氟的含量较高,具有洁齿防龋、保护牙齿的作用。芋头中含有多种微量元素,能增强人体的免疫功能,可作为防治癌瘤的常用药膳主食。芋耐运输储藏,能解决蔬菜周年均衡供应,并可作为外贸出口商品。叶柄可剥皮煮食或晒干储用。全株为常用的猪饲料。河南芋主要为栽培种,一般作为作物进行种植,在河南焦作、开封、周口、信阳、南阳等地均有种植。《中国入侵植物名录》将其列为6级(建议排除类)。

209 大漂

别名:大薸、大萍叶、肥猪草、卡过、水浮萍、水荷莲、猪姆莲、水白菜、水浮莲
学名:*Pistia stratiotes* L.　科名:天南星科　属名:大薸属

· 识别特征

水生草本,漂浮。茎节间短。叶螺旋状排列,淡绿色,二面密被细毛,初为圆形或倒卵形,略具柄,后为倒卵状楔形、倒卵状长圆形或近线状长圆形,叶脉 7 ~ 13(15),纵向,下面隆起,近平行;叶鞘托叶状,几从叶的基部与叶分离,干膜质。花序梗极短;佛焰苞极小,叶状,白色,内面光滑,外面被毛,中部两侧窄缩,管部卵圆形,边缘合生至中部,檐部卵形,锐尖,近兜状,不等侧展开;肉穗花序短于佛焰苞,超出管部,背面与佛焰苞合生长达 2/3;花单性同序,下部雌花序具单花,上部雄花序有花 2 ~ 8,无附属器;雄花轮状排列;花序轴超出轮状雄花序或否;雄花序以下有绿色盘状物(由不育合生雄花所组成的轮状花序演化而来),盘下具易脱落的绿色小鳞片(不育花)。浆果小,卵圆形,种子多数或少数,不规则断落。

· 分布区域

原产于巴西,在南亚、东南亚、南美及非洲都有分布。在中国珠江三角洲一带野生较多,由于它生长快、产量高,南方各省都引入放养。逐渐从珠江流域移到长江流域。20 世纪 70 年代又北移过黄河,但由于气温低,生长期短,产量不高,没有推广开来。目前河南主要分布于城市园林水景。

· 评价

在园林水景中,常用来点缀水面。有发达的根系,直接从污水中吸收有害物质和过剩营养物质,可净化水体。大漂根茎柔嫩,含粗纤维少。全株作猪饲料。入药外敷无名肿毒;煮水可洗汗瘢、血热作痒,消跌打肿痛;煎水内服可通经,治水肿、小便不利、汗皮疹、臁疮、水蛊(荆州)。由于大漂繁殖速度快,压制和排挤本地物种生长,形成单极优势群落,对当地水生生态系统稳定构成严重威胁,已成为水体环境污染的头号天敌,也是江河、湖泊、溪沟覆盖与环境污染的重大植物,已被列入我国 100 种最危险入侵物种。大漂属于外来物种,现在广泛分布于华东、华南、西南地区的许多内陆江河、湖泊等水域,部分水域已成灾,为此而需灭除。在河南省主要用来做园林水景植物,部分水域引种作为水景植物。北方由于气温低可严重限制其发展,南方地区谨慎使用,注意防止引起入侵灾害。《中国入侵植物名录》将其列为 1 级(恶性入侵类)。

210 香附子

别名:莎草、香附、香头草　　**学名:***Cyperus rotundus* L.　　**科名:**莎草科　　**属名:**莎草属

· 识别特征

匍匐根状茎长,具椭圆形块茎。秆稍细弱,高 15 ~ 95 cm,锐三棱形,平滑,基部呈块茎状。叶较多,短于秆,平张;鞘棕色,常裂成纤维状。叶状苞片 2 ~ 3(5) 枚,常长于花序,或有时短于花序;长侧枝聚伞花序简单或复出,具(2)3 ~ 10 个辐射枝;穗状花序轮廓为陀螺形,稍疏松,具 3 ~ 10 个小穗;小穗斜展开,线形,具 8 ~ 28 朵花;小穗轴具较宽的、白色透明的翅;鳞片稍密地复瓦状排列,膜质,卵形或长圆状卵形,端急尖或钝,无短尖,中间绿色,两侧紫红色或红棕色,具 5 ~ 7 条脉;雄蕊 3,花药长,线形,暗血红色,药隔突出于花药顶端;花柱长,柱头 3,细长,伸出鳞片外。小坚果长圆状倒卵形,三棱形,长为鳞片的 1/3 ~ 2/5,具细点。花果期 5 ~ 11 月。

· 分布区域

原产于印度。我国大部分地区有分布,生于荒地、路边、沟边或田间向阳处。其中山东产者称东香附,浙江产者称南香附,品质较好。在河南全省各地均有野生分布。

· 评价

其块茎名为香附子,可供药用,除能作健胃药外,还可以治疗妇科各症。本种分布很广,因而变化较大。在南方为蔗园恶性杂草之一。在河南,香附子为农田有害杂草之一。一般 4 ~ 5 月发芽出苗,6 ~ 7 月抽穗开花,8 ~ 10 月结籽成熟,常见生长于玉米田、棉田、稻田等农田,危害玉米、水稻、棉花等秋季作物,同时也是果园、苗圃主要杂草之一。《中国入侵植物名录》将其列为 4 级(一般入侵类)。

211 美人蕉

别名:莲蕉　　**学名:***Canna indica* L.　　**科名:**美人蕉科　　**属名:**美人蕉属

· 识别特征

植株全部绿色。叶片卵状长圆形。总状花序疏花;略超出于叶片之上;花红色,单生;苞片卵形,绿色;萼片披针形,绿色而有时染红;花冠裂片披针形,绿色或红色;外轮退化雄蕊 2 ~ 3 枚,鲜红色,其中 2 枚倒披针形,另一枚如存在则特别小;唇瓣披针形,弯曲;发育雄蕊、花药室;花柱扁平,一半和发育雄蕊的花丝连合。蒴果绿色,长卵形,有软刺。

· 分布区域

原产于美洲、印度、马来半岛等热带地区,分布于印度以及中国大陆的南北各地,生长于海拔 800 m 的地区,目前多由人工引种栽培。全国各地均可栽培,但不耐寒,霜冻后花朵及叶片凋零。目前河南常见于园林绿地,全省各地均有分布。

· 评价

美人蕉现在我国各地普遍栽培和广泛应用,由于花大色艳,花期长,是夏季庭院中的珍贵花卉,被越来越多地应用在公园、分车带、公路两旁及厂矿、学校中。作为绿化美化品种,可以孤植、丛植或作花镜,也常用于布置花坛中心。同时美人蕉还常备用作污水处理植物。美人蕉根茎清热利湿、舒筋活络,治黄疸肝炎、风湿麻木、外伤出血、跌打、子宫下垂、心气痛等。茎叶纤维可制人造棉、织麻袋、搓绳,其叶提取芳香油后的残渣还可做造纸原料。《中国入侵植物名录》将其列为 6 级(建议排除类)。

212 再力花

别名:水竹芋、水莲蕉、塔利亚   学名:*Thalia dealbata* Fraser   科名:竹芋科 属名:再力花属

· 识别特征

多年生挺水植物,草本。叶基生;叶柄较长,下部鞘状,基部略膨大,叶柄顶端和基部红褐色或淡黄褐色;叶片卵状披针形至长椭圆形,硬纸质,浅灰绿色,边缘紫色,全缘;叶背表面被白粉,叶腹面具稀疏柔毛。叶基圆钝,叶尖锐尖;横出平行叶脉。复穗状花序,生于由叶鞘内抽出的总花梗顶端;总苞片多数,半闭合,花时易脱落;小花紫红色,2~3朵小花由两个小苞片包被,紧密着生于花轴;多仅有 1 朵小花可以发育成果实,稀 2 个或 3 个均发育成果实。小苞片凹形,革质,背面无毛,表面具蜡质层,腹面具白色柔毛。萼片紫色;侧生退化雄蕊呈花瓣状,基部白色至淡紫色,先端及边缘暗紫色;花冠筒短柱状,淡紫色,唇瓣兜形,上部暗紫色,下部淡紫色。蒴果近圆球形或倒卵状球形,果皮浅绿色,成熟时顶端开裂。成熟种子棕褐色,表面粗糙,具假种皮,种脐较明显。再力花具块状根茎,根茎萌芽生长为分株。再力花根系尤其发达,根茎上密布不定根,根上有侧根,上层根侧根尤其发达。再力花地下根和根茎的空间体量巨大,与地上部分相当。

· 分布区域

原产于美国南部和墨西哥的热带地区。是河南常见的园林水生植物。

· 评价

再力花为优良的大型湿地挺水植物,观赏价值极高。在微碱性的土壤上生长良好。

好温暖水湿、阳光充足的气候环境,主要生长于河流、水田、池塘、湖泊、沼泽以及滨海滩涂等水湿低地,适生于缓流和静水水域。不耐寒,入冬后地上部分逐渐枯死。以根茎在泥中越冬。《中国入侵植物名录》将其列为5级(有待观察类)。河南主要是通过园林水生植物引进,可通过进一步观察评价其入侵性。有人也认为再力花侵占力强,能在地上和地下高密度占领生境,从而影响其他生物生长,降低群落物种多样性;再力花繁殖速度快,自然生长一年的个体繁殖达到7~12倍,既可通过根茎营养繁殖,又可以种子繁殖;再力花植株根除难度大。作为挺水植物,通常生长于水深60 cm及以下水域,营养繁殖体根茎生长在水下淤泥之中,人工根除过程中,根茎的片断残留仍然可以作为繁殖体长出新的植株,并且快速繁殖,扩大其生长面积。在适生区种植再力花,容易形成再力花的单一优势种群,降低区域物种多样性,破坏生态系统的稳定性,并大面积侵占水域和河道。因此,再力花的入侵风险程度极高,属于"不可引入"物种。

参 考 文 献

［1］ Shen X Y,Peng S L,Chen B M,et al. Do higher resource capture ability and utilization efficiency facilitate the successful invasion of native plants? ［J］. Biological Invasions,2011,13(4):869-881.

［2］ 《全国中草药汇编》编写组. 全国中草药汇编［M］. 2 版. 北京:中国卫生出版社,1987.

［3］ 袁肖寒,顾成波,孟海洋,等. 麦蓝菜对奶牛产奶量及乳成分的影响［J］. 中国乳品工业,2012,40(10):27-29.

［4］ Anonymous. Solanum elaeagnifolium［J］. Bulletin OEPP,2007,37:236-245.

［5］ Anton Hogstad J R. A morphological and chemical study of Nicandra physalodes(L.) Pers ［J］. J Am Pharm Assoc,1923,12(6):576-582.

［6］ Boyd J W,Murray D S,Tyrl R J. Silverleaf nightshade,Solanum elaeagnifolium,origin,distribution,and relation to man［J］. Economic Botany,1984,38:210-216.

［7］ Chen S H,Wu M J. Notes on two newly naturalized plants in Taiwan［J］. Taiwania,2001,49(2):232-236.

［8］ GAWLIK-DZIKI U,SWIECA M,SULKOWSKI M,et al. Antioxidant and anticancer activities of Chenopodium quinoa leaves extracts-In vitro study［J］. Food and chemical toxicology,2013,57:154-160.

［9］ Hoffmann J H,Moran V C,Impson F A C. Promising resultsfrom the first biological control program against a solanaceous weed(Solanum elaeagnifolium)［J］. Agriculture,Eco-systems and Environment,1998,70:145-150.

［10］ Ismailhusseig,凌育凡. 用草甘膦控制豆科覆盖中的奥图草和两耳草［J］. 热带作物译丛,1979(6):70-71.

［11］ James C S,Flynn T. Report to the Kingdom of Tonga oninvasive plant species of environmental concern ［M］. Honolulu:USDA Forest Service,2001.

［12］ James C S,Loren C E,David H,et al. Report to the Re-public of Palau:2008 update on Invasive Plant Speceis［M］. Hilo,Hawaii:USDA Forst Service,2009.

［13］ Maldonado E,Hurtado N E,Pérez-Castorena A L,et al. Cytotoxic 20,24-epoxywithanolides from Physalis angulata［J］. Steroids,2015,104:72-78.

［14］ Mc Laren D,Morfe T,Honan I,et al. Distribution,economic impact and attitudes towards silverleaf nightshade(Solanum eleagnifolium Cav.) in Australia［C］//The Council of Australasian Weed Societies. Proceedings of Fourteenth Australian Weeds Conference. Wagga:Weed Society of NSW,2004:701.

［15］ Mc Kenzie D N. Silverleaf nightshade:One method of dispersal［J］. Australian Weeds Research Newsletter,1975,22:13-15.

［16］ NOWAK R,SZEWCZYK K,GAWLIK-DZIKI U,et al. Antioxidative and cytotoxic potential of some Chenopodium L. species growing in Poland［J/OL］.［2015-01-17］. Saudi journal of biological science. http://dx. doi. org/10. 1016/j. sjbs.

［17］ Rajamaki M L,Valkonen J T. Detection of a natural point mutation in Potato virus A that overcomes resistance to vascular movement in Nicandra physaloides,and studies on seed transmissibility of the mutant virus[J]. Ann Appl Biol,2004,144(1):77-86.

[18] Roche C. Silverleaf Nightshade(Solanum Elaeagnifolium Cav.). PNW-Pacific Northwest Extension Publication[J]. Washington,Oregon,and Idaho State Universities,Cooperative Extension Service,1991(365).

[19] Sardana Virender,Brar LallSingh,Mahajan Gulshan,等. 不同除草剂单独相继使用和混合使用防除小麦田藜草的效果比较(英文)[J]. 麦类作物学报,2002(3):51-54.

[20] Silva I A B,Kuva M A,Alves P L C A,et al. Interference of a weed community with predominance of Ipomoea hederifolia onsugar cane ratton[J]. Planta Daninha,2008,27(2):265-272.

[21] Stanton R A,Heap J W,Carter R J,et al. Biology of silverleaf nightshade(Solanum elaeagnifolium)[C]// Panetta FD,ed. The biology of Australian weeds Panetta,vol. 3. RGand FJ Richardson,Melbourne:2009. 274-293.

[22] Stubblefield R E,Sosebee R E. Herbicidal control of silverleaf nightshade[J]. Proceedings of the Western Society of WeedScience,1986,39:117-118.

[23] Tu G Y,Wang Z W,Ou H. Study on rheological properties of mixed xanthan gum and gum in seed of Nicandra physaloides(L.)Gaertn [J]. Nat Prod Res Dev,2010,22(2):285-288.

[24] Yinjie Jin,Yanbing Zhang,Ke Yuan. The study on antioxidant activity and content of total flavonoidsand total phenolic in different parts of Abelmoschus esculentus L. [P]. IT in Medicine and Education(IT-ME),2011 International Symposium on,2011.

[25] Zhang S,Guo S L,Guan M,et al. Diversity differentiation of invasive plants at a regional scale in China and its influencing factors:accroding to analyses on the data from 74 regions[J]. Acta Ecologica Sinica, 2010,30(16):4241-4256.

[26] 阿的鲁骥,李仁德,王长庭,等. 入侵植物土荆芥对川西北高寒草甸2种培育牧草的化感作用[J]. 西南农业学报,2013,26(5):1878-1881.

[27] 柏祥,赵美微,曾广娟. 外来入侵植物反枝苋的应用价值[J]. 中国环境管理干部学院学报,2017,27 (6):27-30.

[28] 毕玉芬,车伟光,杨允菲,等. 小酸模生物学特性及危害规律的研究[J]. 草业科学,2004(12): 84-87.

[29] 蔡丹. 番杏栽培管理技术要点[J]. 河北农业,2016(12):22-23.

[30] 蔡云鹏,周翔宇,张宪权. 风雨花新秀——黄花葱兰[J]. 园林,2015(7):74-75.

[31] 曹庆超,李冰,金银哲,等. 皱果苋提取物的抗炎及抗癌作用研究[J]. 扬州大学学报(农业与生命科学版),2018,39(4):51-55.

[32] 曹亚蒙. 加拿大一枝黄花对入侵地植物群落影响及其生境因子分析[D]. 合肥:安徽农业大学,2018.

[33] 曹瑛. 多花黑麦草等恶性禾本科杂草种子特征及出苗规律研究[C]// 中国植物保护学会杂草学分会. 第十三届全国杂草科学大会论文摘要集,2017.

[34] 曹泽韦. 铜污染土壤修复植物残体的厌氧发酵研究[D]. 南京:南京农业大学,2014.

[35] 曾红,温庚金,罗旭荣,等. 4种轻型屋顶绿化植物抗旱能力的综合评价[J]. 草业科学,2016,33 (6):1084-1093.

[36] 曾慧杰,王晓明,李永欣. 两个紫薇品种引种栽培及逆境胁迫下脯氨酸含量分析[J]. 北方园艺, 2015(16):67-72.

[37] 曾恕芬,丁艳芬,杨崇仁. 民间中草药刺苋的化学与药理研究进展[J]. 中国民族民间医药,2012,21

(14):42-43.

[38] 常如慧,张艳欣,杨丽凤,等.蓖麻蛋白质组学研究进展[J].内蒙古民族大学学报(自然科学版),2018,33(5):417-420.

[39] 陈炳华,康启芬,谢玉玲,等.海边月见草叶提取物乙醇洗脱级分的抗氧化作用[J].植物资源与环境学报,2007(4):18-23.

[40] 陈博.朱唇栽培指南[N].中国花卉报,2014-02-08(006).

[41] 陈冬青.外来入侵植物黄顶菊的菌根生态学研究[D].北京:中国农业科学院,2012.

[42] 陈国康.芝麻菜品种对尖镰孢菌枯萎病的抗性评价[C]∥中国植物病理学会.中国植物病理学会2006年学术年会论文集,2006.

[43] 陈国元,李青松,何彩庆.黄菖蒲有机酸组分对铜绿微囊藻细胞质膜透性的影响[J].环境科技,2017,30(5):18-22.

[44] 陈汉鑫.彩叶树种红叶石楠的特征特性及其在植物造景中的应用[J].现代农业科技,2013(19):190,192.

[45] 陈会敏,刘从霞.几种常见园林植物的识别与应用[J].河北林业,2011(1):29.

[46] 陈惠祥,沈俊明,黄敏,等.南通市麦田杂草的分布与危害[J].杂草科学,1994(3):17-18.

[47] 陈吉虎.欧洲银叶椴和栓皮槭苗期抗旱生理生态特性的研究[D].北京:北京林业大学,2006.

[48] 陈建森.豫西地区刺槐嫁接香花槐技术探究[J].中国园艺文摘,2015(6):154-155.

[49] 陈金发.美人蕉和菖蒲人工湿地植物组合对高浓度畜禽废水的处理效果研究[J].家畜生态学报,2015,36(4):40-43.

[50] 陈利军,智亚楠,王国君,等.土荆芥果实挥发油的抑菌活性及其组分分析[J].河南农业科学,2015,44(1):70-76.

[51] 陈明,范涛,张丽丽,等.蓖麻资源综合利用研究进展[J].农学学报,2018,8(9):58-63.

[52] 陈宁.吊竹梅水提物对糖尿病小鼠糖脂代谢、氧化应激和炎症损伤的影响[D].南宁:广西医科大学,2017.

[53] 陈乾艳,陈模,刘慧,等.飞燕草属植物药学研究概况[J].安徽农业科学,2013,41(19):8143-8144,8155.

[54] 陈莎莎,姚世响,袁军文,等.新疆荒漠地区盐生植物灰绿藜种子的萌发特性及其对生境的适应性[J].植物生理学通讯,2010,46(1):75-79.

[55] 陈益泰,孙海菁,王树凤,等.5种北美栎树在我国长三角地区的引种生长表现[J].林业科学研究,2013,26(3):344-351.

[56] 程景福,徐声修.细叶满江红大孢子果的扫描电镜观察[J].武汉植物学研究,1985(3):233-236,308.

[57] 程薪宇,徐海军,郭梦桥,等.大麻幼苗叶形与毛状体及乳汁管性状的相关性研究[J].中国麻业科学,2018,40(2):56-62.

[58] 程禹敏,蒯琳萍.莙荙菜对土壤中锶(Sr)的吸收和富集[J].江苏农业科学,2018,46(18):275-279.

[59] 池永宽,熊康宁,王元素,等.贵州石漠化地区灰绿藜和鹅肠菜光合日动态[J].草业科学,2014,31(11):2119-2124.

[60] 仇洁,周永标,谭玉兰,等.落葵薯提取物清除氧自由基及抗脂质过氧化作用[J].中药材,2004(8):608-609.

[61] 储嘉琳,张耀广,王帅,等.河南省外来入侵植物研究[J].河南农业大学学报,2016,50(3):

389-395.

[62] 楚清华,王明祖,黄子濠,等.不同基质对锦绣苋扦插繁殖的影响[J].广东农业科学,2012,39(6):58-59,77.

[63] 褚小兰,曹岚,袁春林.飞扬草混淆品通乳草的鉴别[J].中药材,2001(1):28-29.

[64] 褚小兰,廖万玉,楼兰英,等.地锦类中草药的药理作用研究[J].时珍国医国药,2001(3):193-194.

[65] 崔业波,马晓静,梁帅,等.问荆药材中异槲皮苷的定性和定量分析方法[J].中国药物评价,2016,33(6):485-488.

[66] 代莉,谢双喜,杨荣和.水分胁迫对日本柳杉种子萌芽的影响[J].贵州林业科技,2003,31(4):15-19.

[67] 单俊杰,任晋玮,杨静,等.青葙子提取物降血糖活性的研究[J].中国药学杂志,2005(16):1230-1233.

[68] 邓大明,王薇萍,程鹏,等.问荆合剂联合西药治疗湿热痹阻型类风湿关节炎临床观察[J].药物流行病学杂志,2017,26(9):585-588.

[69] 邓寒霜,李筱玲.土荆芥挥发油成分及其活性研究进展[J].陕西农业科学,2018,64(8):93-96.

[70] 邓君晖,黄成文,曾凯.丘陵区引种湿地松、火炬松效果的调查[J].绿色科技,2017(13):16-17.

[71] 邓源,曹征宇,顾韵莉.地中海荚蒾的组培快繁技术研究[J].上海农业科技,2008(5):96.

[72] 邓运川.火焰卫矛的栽培管理技术[J].园林,2016(7):64-65.

[73] 丁利君,任乃林,童一平,等.潮州佛手瓜营养成分的分析及其加工研究[J].食品工业科技,2006(1):140-141,145.

[74] 丁锐,刘超祥,刘耀武,等.罗勒化学成分及抗蚊虫活性研究进展[J].长江大学学报(自科版),2018,15(10):37-40.

[75] 丁锡珍.彩叶树种娜塔栎的繁育与栽培技术[J].现代园艺,2017(16):38.

[76] 姜永峰,唐世勇,邢英丽,等.北美海棠品种及在北方园林景观中的应用[J].农业科技通讯,2014(10):277-278.

[77] 丁晓雯,谭其文,王玲兰.苋菜天然红色素的提取及稳定性的研究[J].广州食品工业科技,1993(3):37-38.

[78] 丁月,叶仁凤,欧昌荣,等.加拿大一枝黄花精油的提取及对灰霉菌抑制作用的研究[J].食品工业科技,2015,36(6):153-156,165.

[79] 董必慧,苏国兴.美国白蜡树的生物学特性及经济用途[J].江苏林业科技,2003,30(1):32-34.

[80] 董波,杜贤海,陈彬.水白菜的综合利用及其灭除技术[J].四川农业科技,2018(4):35-37.

[81] 窦剑,屠跃祥.南京市朱唇"红衣女郎"自结实种子两季播种育苗技术初报[J].现代园艺,2014(1):9-10.

[82] 杜国平,邹青,连芳青,等.黑心菊抗旱性生理生化指标的研究[J].江西农业学报,2012,24(12):42-45.

[83] 杜维俊,杨万仓,李贵全.我国发展薏苡产业的前景、优势和建议[J].中国农学通报,1999(4):51-53.

[84] 杜卫兵,叶永忠,张秀艳,等.河南主要外来有害植物的初步研究[J].河南科学,2002(1):52-55.

[85] 杜贤海.节节草的发生与灭除技术[J].四川农业科技,2009(11):54-55.

[86] 段绪红,何培,裴林,等.蛇床子化学成分及其对UMR106细胞增殖作用的影响[J].中草药,2016,47(17):2993-2996.

[87] 樊佳佳,郑希龙,夏欢,等.苦蘵的化学成分及其细胞毒活性研究[J].中草药,2017,48(6):1080-1086.

[88] 范艳霞.紫叶酢浆草栽培管理技术[J].中国园艺文摘,2009(10):149-150.

[89] 方孝春,郑德国,但贵堂.日本花柏引种栽培初报[J].湖北林业科技,2006(2):24-27.

[90] 冯超,袁红伶,孙志为,等.翠云草提取物治疗肾间质纤维化的作用机制[J].云南中医中药杂志,2016,37(7):91-93.

[91] 冯敏,肖正璐,张红霞,等.佛手瓜的营养成分及开发利用[J].现代园艺,2018(1):49-50.

[92] 付小梅,吴志瑰,裴建国,等.蒙古苍耳草化学成分研究(Ⅱ)[J].中药材,2017,40(2):350-353.

[93] 傅沛云,李冀云,王庆礼,等.东北植物检索表[M].北京:科学出版社,1995.

[94] 傅巧娟,李春楠,陈一.我国一串红的研究进展[J].北方园艺,2013(4):192-197.

[95] 高家春.环保花卉——凤尾兰[J].园林科技,2007(1):21,31.

[96] 高建明,张世清,陈河龙,等.喜旱莲子草的利用现状及展望[J].热带生物学报,2014,5(4):405-408.

[97] 高平磊.上海地区杂草生态学研究——区系、群落、风险预警和环境影响[D].上海:上海师范大学,2012.

[98] 高汝勇.入侵杂草圆叶牵牛的化感作用研究[J].农业科技与装备,2010(10):32-34.

[99] 高燕,曹伟.中国东北外来入侵植物的现状与防治对策[J].中国科学院研究生院学报,2010,27(2):191-197.

[100] 高宇,于淼,卜鹏图,等.北美圆柏扦插育苗技术[J].辽宁林业科技,2007(6):59-60.

[101] 葛永辉,罗焕平,郑钰,等.商陆中三萜皂苷类成分抗烟草花叶病毒活性研究[J].农药学学报,2015,17(3):300-306.

[102] 苟建军.宿根花卉在西宁市不同土壤环境中的播种研究初探[J].湖北农业科学,2018,57(17):62-65,105.

[103] 谷友刚.芝麻菜苷及其水解产物 Erucin 的分离纯化及体外抗氧化研究[D].北京:北京化工大学,2012.

[104] 桂炳中,及德忠,慕颖.华北地区黄金树栽培管理[J].中国花卉园艺,2016(16):48.

[105] 郭吉山,金立强,吕小青,等.南京市六合区小麦田杂草种类调查及防除对策[J].湖北植保,2016(3):38-40,47.

[106] 郭金耀,杨晓玲,黄玲.红花酢浆草花色素的稳定性及抑菌性研究[J].食品科技,2011,36(10):223-227,231.

[107] 郭启超.入侵植物小花山桃草功能性状变异规律[D].洛阳:河南科技大学,2018.

[108] 郭琼霞,于文涛,黄振.外来入侵杂草——假臭草[J].武夷科学,2015,31(1):130-134.

[109] 郭山,桂恒俊,陈翮,等.凤眼莲根际耐 Cd、Zn 细菌的分离鉴定及对 Cd、Zn 去除效果研究[J].农业环境科学学报,2018,37(3):530-537.

[110] 郭树鹏,黄世红,董彦,等.青葙子提取物改善糖尿病视网膜病变活性及其机理研究[J].中医药导报,2016,22(18):27-30.

[111] 郭玉敏,叶要妹,刘坤山.日本矮紫薇在武汉的引种适应性研究[J].湖北农业科学,2006(3):348-352.

[112] 韩超,石丽丽,赵金鹏,等.水飞蓟的毒理学安全性评价[J].中国食物与营养,2018,24(6):20-24.

[113] 韩光顺,梁华益,焦雯,等.茴香提取液对酒精中毒小鼠的解酒及脑组织抗氧化作用的研究[J].中

国医学创新,2018,15(2):42-45.

[114] 韩璐瑶.经济型水生植物滤床农村生活污水尾水深度处理研究[D].南京:东南大学,2016.

[115] 韩学俊,雷发有."野生"扁穗雀麦简介[J].中国草原与牧草,1984(1):55-56.

[116] 郝常华.百日菊白粉病病原菌鉴定[J].防护林科技,2019(1):75-77.

[117] 郝秀明.曼陀罗和天仙子的毛根培养物中莨菪烷生物碱的合成[J].国外医药(植物药分册),1990(6):35-36.

[118] 郝燕燕,赵旗峰.适合果园生草的草种——繁缕[J].山西果树,2016(1):52-53.

[119] 何莲定.园林香花植物——夜来香和夜香树[J].广东园林,2006,28(3):40-41,45.

[120] 河南遂平名品花木园林公司.优良彩叶树种——蓝冰柏[J].花木盆景(花卉园艺),2013(2):20-21.

[121] 贺俊,陈钊,雷太伶,等.畜禽好饲料——聚合草[J].养殖与饲料,2013(8):32-35.

[122] 贺瑶,周惜时,夏妍,等.铜排斥型植物黄花月见草(Oenothera glazioviana)对铜胁迫的响应以及在铜污染土壤上的合理利用[J].农业环境科学学报,2015,34(3):449-460.

[123] 洪子燕,杨再.牧草引种中的生态问题[J].中国水土保持,1985(8):29-34,66.

[124] 侯广欣.深冬设施环境及钾、锌营养对番茄品质、产量影响[D].邯郸:河北工程大学,2018.

[125] 侯丽丽,陈洪海,张守勤.加拿大一枝黄花中总皂苷的提取工艺研究[J].中国食品添加剂,2015(2):124-128.

[126] 胡建斌,马肖静,李琼.薄皮甜瓜表型性状的主成分分析[J].江西农业学报,2010,22(12):30-33.

[127] 胡军荣.凤尾兰及其繁殖与应用[J].现代园艺,2008(5):37.

[128] 胡模教.饲草新秀——万安繁穗苋[J].北京农业,1995(4):29-30.

[129] 胡伸萌.横断山蝇子草属的细胞地理学研究[D].昆明:云南师范大学,2018.

[130] 黄海亮.复方草豆蔻酊颠茄酊口服溶液的制备与临床应用[J].中国现代药物应用,2016,10(7):281-282.

[131] 黄涵,王宇卿.瓜蒌薤白半夏胶囊提取工艺的优化[J].中成药,2019,41(2):420-423.

[132] 黄继红,刘冰,杨永.威胁因素之外来植物[J].生命世界,2012(6):34-35.

[133] 黄锦忠.茸毛白蜡的栽培技术及应用[J].吉林农业,2016(10):116.

[134] 黄良勤,王刚.千日红挥发油提取工艺优化及其化学成分分析[J].湖北农业科学,2014,53(5):1156-1158.

[135] 霍雅楠,王文,祁智,等.孔雀草的研究进展[J].北方农业学报,2017,45(4):123-126.

[136] 吉哈利,赛曼,邓莉清,等.国产紫茉莉属药用植物研究进展[J].现代中药研究与实践,2018,32(2):82-86.

[137] 贾丽华,姚明达,裴贵珍.曼陀罗化学成分及其功效临床研究概述[J].兵团医学,2018(2):47-49.

[138] 江泽平,王豁然.中国引种的柏科树种概况[J].林业科学研究,1997(3):244-251.

[139] 毛锁云,王海珍.曼地亚红豆杉的栽培利用前景[J].江苏林业科技,2002(1):50-51.

[140] 彭方仁,李永荣,郝明灼,等.我国薄壳山核桃生产现状与产业化发展策略[J].林业科技开发,2012(4):1-4.

[141] 姜洪芳,孙钢,张莉,等.凤仙花叶片提取物及萘醌类物质抑菌活性研究[J].中国野生植物资源,2016,35(6):24-26.

[142] 蒋刚强,曾幼玲,张富春.灰绿藜的组织培养与快速繁殖[J].植物生理学通讯,2007(2):328.

[143] 蒋明,丁炳扬,曹家树,等.外来杂草——裂叶月见草[J].植物检疫,2004(5):285-287,322.

[144] 焦健,舒锐,周慧,等.菜园杂草反枝苋的危害与防治[J].中国果菜,2016,36(12):59-60.

[145] 金伟琼,彭继燕,王寅生,等.微波法和超声波法提取绿穗苋多糖响应面优化研究[J/OL].基因组学与应用生物学:1-10[2019-03-05].

[146] 金泽旭,周兵望,王茂林,等.虎杖大黄素对类风湿关节炎大鼠 Bax 及 Bcl-2 表达的影响[J].时珍国医国药,2018,29(11):2572-2575.

[147] 晋图强.果园杂草的常见种类和综合控制[J].果农之友,2014(4):35.

[148] 柯永建.小茴香的药物现代研究[J].海峡药学,2009,21(11):101-103.

[149] 孔德敏.五叶地锦的应用及管理[J].新农业,2012(16):50-51.

[150] 旷碧峰,余席茂,刘志华,等.红薯高产栽培技术[J].上海蔬菜,2018(3):42-45.

[151] 赖正锋,李华东.番杏的生物学特征及其栽培新技术[J].福建热作科技,2007(3):22,46.

[152] 雷桂生,王五云,蒋智林,等.紫茎泽兰与伴生植物小藜的竞争效应及其生理生化特征[J].生态环境学报,2014,23(1):16-21.

[153] 雷杰,段刚峰.薤白提取物对大鼠急性心肌缺血损伤的保护作用[J].江汉大学学报(自然科学版),2018,46(1):67-71.

[154] 冷文文.苦瓜的生物活性成分及药理作用研究[J].种子科技,2019,37(1):97-98.

[155] 李彬彬,曹珊珊.新优景观色叶树种北美枫香绿化栽培技术[J].林业实用技术,2013(11):44-45.

[156] 李成杰,徐善光,周绍砚,等.夏季草坪养护技术[J].防护林科技,2006(S1):108.

[157] 李宠,张凤海,刘高义.欧洲榆的育苗造林技术[J].农村实用科技信息,2008(4):4.

[158] 李丹,张震,王育鹏,等.喜旱莲子草提取物的杀虫活性[J].生物安全学报,2015,24(1):57-63.

[159] 李丹.入侵植物喜旱莲子草的资源化利用研究[D].合肥:安徽农业大学,2014.

[160] 李德明,张秀娟,董婷婷.蓝猪耳研究概况[J].长江大学学报(自然科学版),2009,6(1):21-23.

[161] 李刚凤,杨天友,高健强,等.土人参不同部位营养成分分析与评价[J].食品工业,2016,37(7):295-298.

[162] 李桂兰.薏苡的研究进展(综述)[J].河北农业技术师范学院学报,1998(1):62-66.

[163] 李国强,李岩.匍匐大戟醇提物抑制肿瘤和促血管新生的临床应用及效果[J].世界中医药,2018,13(5):1266-1269.

[164] 李国庆,艾尼娃尔·艾克木,李佳,等.节节草黄酮类化合物的提取及抑菌活性研究[J].生物技术,2008(4):43-45.

[165] 李宏玉.小子蘑草和奇异蘑草的识别与防除[J].云南农业科技,2015(5):48-50.

[166] 李惠茹,闫小玲,严靖,等.浙江归化植物新记录[J].杂草学报,2016,34(1):31-33.

[167] 李慧华,徐希明.苦瓜籽活性成分的药理研究进展[J].中医药信息,2019,36(1):125-129.

[168] 李慧琪,赵力,祝培文,等.入侵植物长芒苋在中国的潜在分布[J].天津师范大学学报(自然科学版),2015,35(4):57-61.

[169] 李建道.千穗谷人工栽培技术[J].科学种养,2014(5):29.

[170] 李婕,王爱波.美国红枫在我国的栽培管理现状[J].商丘职业技术学院学报,2015,14(5):105-106.

[171] 李金花,农石生,卢秋杰,等.千日红多糖的提取及含量测定[J].中国执业药师,2015,12(4):24-26.

[172] 李进章.美国红栌[J].园林,2004(7):55.

[173] 李晶红,谷继伟,王曦.蛇床子提取物的抗菌作用研究[J].黑龙江医药科学,2013,36(4):87-89.

［174］李俊，张西西，李子敬，等.百日草新品系的杂交选育［J］.上海农业学报，2014，30（5）：95-99.

［175］李磊，杨霞，周昇昇.植物化学物芝麻菜素的研究进展［J］.食品科学，2012，33（19）：344-348.

［176］李礼，林艺滨，刘灿.入侵植物凤眼莲的生物学特性及生态管理对策［J］.安徽农业科学，2018，46（3）：60-62，67.

［177］李丽，周荣菊，罗平刚.土人参的营养价值及加工利用现状［J］.安徽农学通报，2016，22（20）：31-40.

［178］李美.长山核桃栽植管理技术［J］.安徽林业科技，2015，41（4）：74-75.

［179］李敏，李丽，杨宏，等.科罗拉多蓝杉的嫩枝扦插育苗技术研究［J］.宁夏农林科技，2015，56（4）：10-11.

［180］李铭，郑强卿，姜继元，等.我国黑核桃引种及育苗技术研究进展［J］.湖南农业科学，2010（17）：123-126.

［181］李娜，王文元，鞠亮，等.风信子研究进展［J］.农业科技与信息（现代园林），2008（6）：90-92.

［182］李培之.栽培大花酢浆草［J］.中国花卉盆景，2009（10）：18-19.

［183］李萍，张伟，王华印，等.韭莲果实色素提取及对蚕丝织物染色研究［J］.丝绸，2014，51（9）：19-22.

［184］李谦，刘益荣.金光菊种子萌发影响因素研究［J］.北方园艺，2016（17）：73-76.

［185］李清芳.虞美人红色素的提取及性质研究［J］.食品工业科技，1997（5）：8-10.

［186］李瑞明，王振月，王谦博，等.曼陀罗和毛曼陀罗花的最佳采收期评价［J］.药物评价研究，2011，34（2）：96-100.

［187］李飒，汤升虎，吴洪娥，等.贵州省植物园入侵植物分析［J］.贵州科学，2018，36（2）：13-15.

［188］李少华，仲嘉伟，莫海波，等.问荆活性物质的提取及对番茄灰霉病菌的抑制作用［J］.中国农业大学学报，2014，19（4）：61-66.

［189］李淑梅.浅谈美国紫薇的园林应用——以美国红火箭、红火球和红叶紫薇为例［J］.科技视界，2016（5）：291，296.

［190］李雯，陈燕芬，吴楠，等.苦瓜叶的化学成分研究［J］.中草药，2012，43（9）：1712-1715.

［191］李希珍，张浩，王翠竹，等.曼陀罗化学成分及生物活性研究进展［J］.特产研究，2014，36（2）：75-78.

［192］李象钦，韦春强，潘玉梅，等.广西三种新记录归化植物及其入侵性分析［J］.广西植物，2017，37（6）：806-810.

［193］李晓侠，翟姣，张效宝，等.8种薄荷属植物在黄河三角洲地区精油含量及成分研究［J］.山东林业科技，2018，48（3）：32-34.

［194］李雪芹，辛秀，唐艺，等.千日红的研究进展［J］.微量元素与健康研究，2017，34（2）：58-60.

［195］李延红，钟玲.青海省西宁地区野生虎尾草人工种植试验［J］.青海草业，2015，24（3）：21-22，30.

［196］李艳红.土荆芥的化学成分及抗炎活性的研究［C］//中国化学会.中国化学会第30届学术年会摘要集-第九分会：有机化学，2016.

［197］李燕，汝姣，姬越，等.GA处理下咖啡黄葵种子萌发与 α-淀粉酶相关性研究［J］.种子，2017，36（3）：80-83.

［198］李阳，肖朝江，刘健，等.圆叶牵牛化学成分研究［J/OL］.广西植物：1-8［2019-03-07］.

［199］李云龙.叶秀树美的行道树良种——沼生栎［J］.园林，2001（1）：45.

［200］李运琦.4种清新淡雅蓝色草本花卉在北方园林中的应用［J］.现代园艺，2017（12）：141-142.

［201］李振宇.中国一种新归化植物——菱叶苋［J］.植物研究，2004（3）：265-266.

[202] 梁玉.外来种大花金鸡菊入侵的影响因子及其遗传多样性研究[D].济南:山东大学,2007.

[203] 梁玉娥,宾光华,黄主龙,等.冬植马铃薯田杂草种类调查[J].广西植保,2015,28(2):25-26.

[204] 梁志远,冉小燕,甘秀海.冷水花挥发油化学成分的 GC-MS 分析[J].贵州教育学院学报,2009,20(12):1-3.

[205] 林海.玉米—大豆轮作田间杂草群落结构特征及大豆田除草剂配方的筛选[D].长春:吉林农业大学,2018.

[206] 林立,汪洋经纬,李鹏飞,等.野燕麦开花习性和花粉活力研究[J].湖北农业科学,2017,56(19):3610-3612,3663.

[207] 林玲,虞赟,叶剑雄,等.检疫性杂草——长芒苋传入我国的风险研究[J].福建农业科技,2015(11):58-61.

[208] 林旭.风信子及其在闽东地区无土栽培技术[J].现代园艺,2016(19):37-38.

[209] 刘博,阳洁,宋海波,等.基于中医药古籍与现代文献的虎杖临床应用及不良反应情况分析[J].中国药物警戒,2018,15(6):348-353.

[210] 刘芳,巢强.垂直绿化的优良植物——大花铁线莲[J].森林与人类,2000(9):48.

[211] 刘和平,陈国毅.棉田杂草香附子的化除技术[J].农村科技,2008(8):38.

[212] 刘洪艳.郁金香园林绿化栽培管理[J].中国农业文摘-农业工程,2016,28(6):53-61.

[213] 刘家财,滕士元,史骥清.弗吉尼亚栎的引种与扦插繁殖生产试验研究[J].中国园艺文摘,2011(6):24-25.

[214] 刘建才,成巨龙,刘艺森,等.北美独行菜:陕西烟田中的一种新杂草[J].西北大学学报(自然科学版),2014,44(1):81-82.

[215] 刘建福,蒋建国.生命之果——美洲黑莓[J].植物杂志,2000(4):16.

[216] 刘建华.沙生蝇子草雄性先熟及花粉序次呈现的生态适应意义[D].乌鲁木齐:新疆农业大学,2009.

[217] 刘娟,王良信.老鹳草的本草考证[J].中草药,1992,23(5):276-277.

[218] 刘君璞,马跃.我国西瓜甜瓜种业的现状与发展对策[J].中国西瓜甜瓜,2000(3):2-6.

[219] 刘乐,展俊岭,高子怡,等.万寿菊中叶黄素提取工艺研究现状[J].绿色科技,2018(20):210-211.

[220] 刘雷,段林东,周建成,等.湖南省4种新记录外来植物及其入侵性分析[J].生命科学研究,2017,21(1):31-34.

[221] 刘立岩,朱凤和,段云龙.超低量2,4-滴丁酯在春播油菜田内对防除小藜的增效作用[J].农药,1999(7):29-30.

[222] 刘莲英.比利时杜鹃的性状与栽培[J].园林,1998(4):34-35.

[223] 刘琳,李珊珊,袁仁文,等.芥菜主要化学成分及生物活性研究进展[J].北方园艺,2018(15):180-185.

[224] 刘龙邦.昭通市人工草地杂草小酸模的防治[J].农业科技与信息,2016(22):72.

[225] 刘龙昌,董雷鸣.外来物种裂叶月见草化感作用[J].中国农学通报,2010,26(16):256-261.

[226] 刘龙昌,杜改改,司卫杰,等.不同生境小花山桃草自然种群表型变异与协变[J].草业学报,2015,24(7):41-51.

[227] 刘龙昌,徐蕾,冯佩,等.外来杂草小花山桃草种子休眠萌发特性[J].生态学报,2014,34(24):7338-7349.

[228] 刘龙茂,宋慧,刘惠.水绵、光照、密度对入侵植物喜旱莲子草生长的影响[J].环境保护科学,

2014,40(4):29-35.

[229] 刘全儒,于明,周云龙.北京地区外来入侵植物的初步研究[J].北京师范大学学报(自然科学版),2002(3):399-404.

[230] 刘世芬,丁玉峰,牛建一,等.虎杖苷对脓毒血症肾损伤大鼠的肾小球血管内皮的保护作用[J].中国临床药理学杂志,2018,34(3):297-299,311.

[231] 刘爽,孙余丹,李叶青.风信子离体快繁技术研究[J].北方园艺,2011(20):137-139.

[232] 刘铁志.内蒙古被子植物新记录[J].赤峰学院学报(自然科学版),2012,28(11):134-135.

[233] 刘玮,李长海,庄倩,等.欧洲花楸引种及生物特性[J].东北林业大学学报,2007,35(2):29-30.

[234] 刘文娟,杨敏丽,林坤.野西瓜苗化学成分的初步研究[J].中华中医药学刊,2011,29(8):1756-1757.

[235] 刘希财,建德锋.吉林地区药用植物鸡冠花不同播种期露地直播繁殖试验[J].北方园艺,2012(14):170-171.

[236] 刘晓宁.垂直绿化树种的佼佼者——美国凌霄[J].林业实用技术,2010(6):49.

[237] 刘兴艳,李小艳,李庚,等.不同品种甘薯制汁特性的比较[J].食品工业科技,2018,39(24):72-75,79.

[238] 刘旭.皱果苋提取物的抗氧化作用和抗癌作用研究[D].扬州:扬州大学,2012.

[239] 刘岩,刘志洋,郑毅男.水飞蓟的研究进展[J].人参研究,2016,28(2):55-58.

[240] 刘艳,杨炳友,许振鹏,等.假酸浆果中黄酮类化学成分及免疫活性研究[J].中草药,2016,47(22):3965-3969.

[241] 刘艳霞.火焰卫矛的引种栽培及扦插育苗技术[J].现代园艺,2015(4):59.

[242] 刘阳,吉都明,吴奔,等.尾穗苋叶生药学研究[J].人参研究,2004(3):21-23.

[243] 刘一,樊廷录,唐小明.水生饲草满江红的研究及评价[J].甘肃农业科技,2000(5):42-44.

[244] 刘一,张媛,刘晓明,等.毛细管区带电泳研究凝血酶与蛇目菊和肉苁蓉提取物的相互作用(英文)[J].Journal of Chinese Pharmaceutical Sciences,2006(1):38-44.

[245] 刘义文,邓稳桥,杨福强.早春简易竹架大棚苦瓜套种蕹菜栽培技术[J].农业科技与信息,2018(22):14-15.

[246] 刘颖.豆瓣菜浮床栽培对富营养化水体净化效果及品质影响研究[D].合肥:安徽农业大学,2016.

[247] 刘与明.唐菖蒲的园林应用和栽培管理技术[J].现代园艺,2017(23):97-98,29.

[248] 刘媛琪,毛龙毅,闫荣玲,等.垂序商陆叶片总皂苷的提取及杀虫活性研究[J].植物资源与环境学报,2018,27(2):33-38.

[249] 柳金库,王云跃.水土保持优良植物菊芋在生态修复领域的研究进展[J].水土保持应用技术,2018(6):21-25.

[250] 卢隆杰,苏浓,岳森.聚合草的开发及利用[J].四川畜牧兽医,2007(1):47-48.

[251] 芦建国,连洪燕.红叶石楠在园林中的应用[J].现代农业科技,2007(1):40-41.

[252] 鲁萍,梁慧,王宏燕,等.外来入侵杂草反枝苋的研究进展[J].生态学杂志,2010,29(8):1662-1670.

[253] 陆庆楠,贺宇欣,庄文化,等.粉绿狐尾藻净水效果对氮磷浓度的响应机制[J].中国农村水利水电,2019(2):11-15.

[254] 鹿道温,刘杰,曲辉.豚草在中国的蔓延及治理措施[J].中华临床免疫和变态反应杂志,2012(1):

60-63.

[255] 罗强,龙晓英,刘昌顺,等.留兰香总黄酮提取工艺研究[J].广东药学院学报,2016,32(2):149-152.

[256] 罗秋香.1例曼陀罗中毒报告并文献复习[J].世界最新医学信息文摘,2018,18(89):186.

[257] 罗晓铮,代丽萍,刘孟奇,等.菘蓝叶和根的解剖及生物碱的组织化学定位研究[J].河南农业科学,2016,45(10):119-122.

[258] 罗绪强,张桂玲,刘胤序,等.贵阳市高雁城市生活垃圾卫生填埋场几种植物的重金属富集特征[J].中国农学通报,2013,29(26):146-150.

[259] 罗泽萍,潘立卫.朱唇的抑菌作用研究[J].广东化工,2016,43(8):24-25.

[260] 骆振飞.食饲两用高产作物——千穗谷[J].福建农业,1996(5):17.

[261] 吕保聚,李良厚,王芹梅,等.美国黑樱桃的栽培及在我国的发展前景[J].河南林业科技,2008,28(3):29-30,43.

[262] 吕世明,谭艾娟.留兰香的抗炎作用研究[J].中兽医药杂志,2001(5):3-4.

[263] 绿野.香根芹与花椰菜做"邻居"效益高[J].北京农业,2012(16):12.

[264] 马彬,惠三雄,徐娜,等.两种除草剂对麦田恶性杂草野燕麦的防效对比试验[J].基层农技推广,2018,6(2):24-25.

[265] 马丰蕾,贾克功.多效唑对几种果园双子叶杂草种子发芽的抑制作用[J].中国农业科技导报,2006(5):66-71.

[266] 马国君,张振兴,张颖洁.外来物种入侵灾变治理的困境与对策研究——以清水江三板溪库区"水白菜"泛滥为例[J].原生态民族文化学刊,2014,6(4):2-13.

[267] 马继友,李玉晏.曼地亚红豆杉栽培技术[J].中国花卉园艺,2014(24):37-39.

[268] 马金双.中国入侵植物名录[M].北京:高等教育出版社,2013.

[269] 马明娟,王丹,谢恬,等.新鲜芫荽关键性香气成分的鉴定与分析[J].精细化工,2017,34(8):893-899.

[270] 马瑞.月见草茎抗炎及抗氧化生物活性研究[D].延吉:延边大学,2018.

[271] 马松涛.中国火炬树研究现状及发展趋势[D].咸阳:西北农林科技大学,2005.

[272] 马晓涛.星花玉兰的嫁接技术[J].吉林农业:下半月,2010(6):87.

[273] 马迎春,薄伟.金光菊"金色风暴"种子萌芽生物学特性研究[J].山西农业大学学报(自然科学版),2014,34(6):553-557.

[274] 马永飞,杨小珍,赵小虎,等.污水氮浓度对粉绿狐尾藻去氮能力的影响[J].环境科学,2017,38(3):1093-1101.

[275] 马永飞.粉绿狐尾藻对富营养化水体氮的去除作用及机制研究[D].武汉:华中农业大学,2017.

[276] 毛宏斌.香花槐的实用价值及嫁接管理技术[J].中国林业产业,2017(4):195.

[277] 么恩云,李正名,平霄飞,等.碧冬茄的挥发性化学成分鉴定及其驱蚊活性研究初报[J].化学通报,1994(2):28-29.

[278] 孟令波,褚向明,秦智伟,等.关于甜瓜起源与分类的探讨[J].北方园艺,2001(4):20-21.

[279] 孟庆法,何瑞珍,刘志术.挪威国王枫引种栽培研究[J].安徽农业科学,2010,38(22):12060-12061,12064.

[280] 孟庆海.厚·奇·香·抗——近20年欧洲月季新品种扫描[J].中国花卉盆景,2013(4):19-20.

[281] 缪金伟,李扬.繁穗苋利用价值及栽培技术[J].特种经济动植物,2006(11):33.

[282] 缪金伟.皱果苋利用价值及栽培管理[J].特种经济动植物,2014,17(4):41-42.

[283] 缪绅裕,郑倩敏,陶文琴,等.入侵植物银花苋对3种蔬菜种子萌发的化感效应[J].广东农业科学,2013,40(15):36-39.

[284] 莫惠芝,殷金岩,许建新.简式屋顶绿化植物固碳释氧效益比较[J].天津农业科学,2017,23(9):89-94.

[285] 莫姿丽.维U颠茄铝胶囊薄层鉴别方法改进[J].中国药业,2012,21(17):25.

[286] 穆合塔尔·麦提图尔荪,严军,凯麦尔妮萨·艾合麦提托合提.药食两用植物罗勒及其栽培技术研究[J].园艺与种苗,2016(7):9-10.

[287] 南康武,吴庆玲,胡仁勇,等.温州裂叶月见草入侵群落和土壤种子库种类组成的季节动态[J].热带亚热带植物学报,2009,17(6):535-542.

[288] 牛树君,胡冠芳,刘敏艳,等.毛曼陀罗对粘虫和蚜虫的杀虫活性研究[J].甘肃农业科技,2008(9):3-6.

[289] 牛小霞,牛俊义.定西地区不同轮作田杂草生态位研究[J].中国农学通报,2017,33(24):148-153.

[290] 欧阳长庚.虎杖的化学成分[J].中草药,1987,18(8):45-46.

[291] 潘铖烺,刘向国,叶露莹,等.海边月见草开花生物学特性初步研究[J].福建林学院学报,2014,34(1):21-25.

[292] 潘铖烺,薛秋华,徐炜,等.不同种源地海边月见草生长发育特性[J].福建林学院学报,2013,33(3):242-248.

[293] 庞雯,阚丽艳,谢长坤,等.野生苋菜在水分胁迫下的适应性表现及其应用探讨[J].上海交通大学学报(农业科学版),2018,36(3):33-38.

[294] 彭继燕,孙蓉,唐自钟,等.响应面优化绿穗苋多糖的提取工艺[J].基因组学与应用生物学,2017,36(2):791-797.

[295] 彭日民,肖自勇,朱赞江,等.2种化学除草剂防除球序卷耳试验初报[J].湖南文理学院学报(自然科学版),2018,30(2):20-22,48.

[296] 戚拥军,隗军峰,王强太.新优树种推荐——美国紫树[J].园林,2003(9):64,52.

[297] 戚拥军,隗军锋,李进章.美国红枫[J].园林,2003(12):60.

[298] 齐玥,新楠,张琪,等.凤仙花色素提取工艺的优化[J].天津农学院学报,2017,24(2):19-21.

[299] 钱又宇,薛隽.世界著名观赏树木——北美枫香·北美鹅掌楸[J].园林,2010(9):68-69.

[300] 钱又宇,薛隽.世界著名观赏树木连香树——加拿大紫荆[J].园林,2009(6):66-67.

[301] 钱又宇,薛隽.世界著名观赏树木挪威槭与亚欧槭——桐叶槭[J].园林,2008(5):60-61.

[302] 钱又宇,薛隽.栓皮槭与细柄槭[J].园林,2008(1):64-65.

[303] 乔艳辉,王太明,吴德军,等.北美红栎的播种育苗技术及园林应用[J].山东林业科技,2007,(1):80.

[304] 秦庆芳,黄勇.复方颠茄氢氧化铝片含量测定方法的改进[J].中国药品标准,2014,15(5):371-373.

[305] 邱宏聪,刘布鸣,陈小刚.翠云草的研究进展[J].中医药导报,2015(21):89-92.

[306] 邱林,胡春瑞,汪泽军,等.美国黑核桃在河南的园林绿化可行性浅析[J].河南林业科技,2007(2):15-16.

[307] 邱香.月见草籽粕中活性成分研究及其在化妆品中的应用[D].无锡:江南大学,2016.

[308] 曲耀训. 疑难杂草问荆的防治[J]. 农药市场信息,2012(9):41.

[309] 全国明,代亭亭,章家恩,等. 假臭草入侵对土壤养分与微生物群落功能多样性的影响[J]. 生态学杂志,2016,35(11):2883-2889.

[310] 阙彩霞,胡永红,秦俊,等. 上海市嵌草型铺装的初步调研[J]. 北方园艺,2010(20):123-125.

[311] 任红微,石江伟,高秀梅,等. 何首乌致药物性肝损伤机制及致毒成分研究进展[J]. 天津中医药大学学报,2018,37(5):361-365.

[312] 任红微,魏静,高秀梅,等. 何首乌及其主要化学成分药理作用及机制研究进展[J]. 药物评价研究,2018,41(7):1357-1362.

[313] 任军方,王春梅,张浪,等. 大花马齿苋在海南引种栽培技术要点[J]. 现代园艺,2017(15):52.

[314] 荣冬青,于晓敏,樊英鑫,等. 河北省外来逸生种子植物——花叶滇苦菜[J]. 种子,2016,35(2):54-55.

[315] 尚天翠. 曼陀罗总生物碱抑菌活性的初步研究[J]. 辽宁化工,2017,46(9):852-854.

[316] 邵冰洁,刘文竹,许建新,等. 小滨菊组培快繁体系的初步建立[J]. 中国农学通报,2019,35(2):62-67.

[317] 邵红琼. 蓝冰柏大棚营养钵繁殖及露地育苗技术要点[J]. 南方园艺,2013,24(2):39-40.

[318] 邵留,沈盎绿,郑曙明. 斑地锦总黄酮的提取及抑菌作用[J]. 西南农业大学学报(自然科学版),2005(6):902-905.

[319] 沈烈英,李玉秀,宋国贤,等. 北美香柏引种育苗试验初报[J]. 上海交通大学学报(农业科学版),2007,25(3):398-301,311.

[320] 石洪山,曹伟,高燕,等. 东北草地外来入侵植物现状与防治策略[J]. 草业科学,2016,33(12):2485-2493.

[321] 石晓雯,贺立恒,焦晋华,等. 甘薯二倍体近缘野生种三裂叶薯 MYB 转录因子全基因组分析及逆境胁迫响应[J]. 核农学报,2018,32(7):1338-1348.

[322] 史莉莉,李洪攀,谭海波,等. 小叶冷水花化学成分的研究[J]. 西北师范大学学报(自然科学版),2016,52(4):64-67.

[323] 舒佳为,石宽,杨光忠. 飞扬草化学成分的研究[J]. 华中师范大学学报(自然科学版),2018,52(1):48-52,57.

[324] 宋慧,任锡亮,张香琴. 芥菜种质资源分子聚类分析[J]. 浙江农业科学,2019,60(2):226-228.

[325] 宋鑫,沈奕德,黄乔乔,等. 五爪金龙、三裂叶薯和七爪龙水浸液对 4 种作物种子萌发与幼苗生长的影响[J]. 热带生物学报,2013,4(1):50-55.

[326] 宋兴荣. 西洋杜鹃的盆栽技术[J]. 四川农业科技,1997(4):2.

[327] 苏保华,郭玉莲,王宇,等. 黑龙江省西北部地区芸豆田杂草调查[J]. 黑龙江农业科学,2018(1):57-60.

[328] 苏鹤. 开发利用野菜大有可为[J]. 河南农业,2018(7):31-32.

[329] 苏银玲,杨子祥. 白苞猩猩草种子萌发特性研究[J]. 植物保护,2014,40(1):101-105.

[330] 粟建光,戴志刚,杨泽茂,等. 麻类作物特色资源的创新与利用[J]. 植物遗传资源学报,2019,20(1):11-19.

[331] 孙晨,王克凤,董然,等. 植物生长调节剂对百日草生长及开花的影响[J]. 湖北农业科学,2018,57(4):75-78.

[332] 孙春龙,郑庆霞,李洪庆,等. 苗药冷水花提取物抗炎镇痛活性的研究[J]. 贵州大学学报(自然科

学版),2009,26(6):67.

[333] 孙建超,陈旭波,叶挺梅.中药资源繁缕属植物分类研究进展[J].现代农业科技,2014(1):136-139.

[334] 孙丽,赵兰枝,王瑶,等.吊竹梅水培繁殖研究[J].安徽农业科学,2006(22):5825-5914.

[335] 孙庆文,何顺志,杨亮,等.蒙古苍耳正在贵州及东南省区迅速蔓延[J].中国野生植物资源,2010,29(5):21-22.

[336] 孙维来,郑晓雨,赵彦彪,等.大麻组分检测及化学分型研究进展[J].中成药,2019,41(2):402-411.

[337] 孙执中,杨璐.蝶恋花——紫叶酢酱草[J].中国花卉盆景,2009(12):29.

[338] 覃丽蓉,吴珊,韦锦斌.薤白提取物平喘作用的实验研究[J].广西医学,2008,30(12):1844-1845.

[339] 覃兴合,刘龙帮,王文华.防除人工草场杂草小酸模的药物筛选[J].贵州畜牧兽医,2009,33(2):13-14.

[340] 谭立云.麦田如何防除多花黑麦草[J].农药市场信息,2017(5):56.

[341] 谭美微,李国玉,吕鑫宇,等.万寿菊的化学成分和药理作用研究进展[J].中医药信息,2017,34(6):138-141.

[342] 谭钦刚,赖春华,王恒山.圆叶节节菜的化学成分研究[J].广西植物,2013,33(6):870-873,816.

[343] 谭伟.繁穗苋叶提取物对小鼠的放射保护作用[J].国外医药(植物药分册),2004(6):261-262.

[344] 汤东生,董玉梅,陶波,等.入侵牛膝菊属植物的研究进展[J].植物检疫,2012(4):52-54.

[345] 汤东生,杨肖艳,李永川,等.入侵杂草藿草在云南的发生、危害和防除状况调查[J].植物保护,2018,44(2):167-169,214.

[346] 唐登明.弗吉尼亚栎栽植技术及其景观应用研究[J].园艺与种苗,2016(8):22-24.

[347] 卜鹏图.沼生栎的播种育苗技术[J].辽宁林业科技,2017(4):73-74.

[348] 唐红.芥菜食品加工技术[J].农村百事通,2018(3):43.

[349] 唐茂国,李阿根,徐礼根.红叶石楠养护管理技术[J].天津农业科学,2011(5):145-149.

[350] 陶建平,陶品华,茅建新.珊瑚树的特征特性、用途及主要培育技术[J].上海农业科技,2011(6):101.

[351] 田朝阳,李景照,徐景文,等.河南外来入侵植物及防除研究[J].河南农业科学,2005(1):31-34.

[352] 田新湖.莴苣褪绿心腐病绿色防控技术示范效果[J].中国植保导刊,2019,39(2):64-66.

[353] 田兴山,岳茂峰,冯莉,等.外来入侵杂草白花鬼针草的特征特性[J].江苏农业科学,2010(5):174-175.

[354] 田怡,辛丹,高达.中药王不留行的研究进展[J].中国继续医学教育,2015,7(25):201-202.

[355] 万萍萍,沈凤娇,王丹,等.河北植物新记录——臭荠属(Coronopus Zinn)[J].河北林果研究,2016,31(4):430-431.

[356] 汪婷,司小琴,周国丽,等.匍匐大戟醇提物抗肿瘤及抑制血管新生作用[J].中国中药杂志,2017,42(9):1722-1729.

[357] 王爱波,靳泽春,张志芳,等.氮肥施用量对2种绿叶蔬菜产量的影响[J].河南农业科学,2015,44(3):56-58.

[358] 王岑,张全发.长江三峡工程库首区不同生境条件下苏门白酒草化感作用与入侵性研究[C]∥广州:第二届全国生物入侵学术研讨会论文摘要集,2008-11-21.

[359] 王冲,周惜时,夏妍,等.铜胁迫下黄花月见草根系蛋白质组学分析[J].南京农业大学学报,2016,

39(5):754-762.

[360] 王恩军,陈垣,韩多红,等.菘蓝农艺性状与药材产量的相关和通径分析[J].核农学报,2018,32(2):399-406.

[361] 王芳,梁倩,宋晓梅,等.粉花月见草粗提物抗菌活性的初步研究[J].时珍国医国药,2014,25(10):2339-2341.

[362] 王合心,王永忠,史根生.北海道黄杨引种表现[J].中国种业,2002(4):35.

[363] 王宏星.不同发育阶段日本落叶松人工林养分特征的研究[D].北京:中国林业科学研究院,2012.

[364] 王化田.北美车前入侵机制及其对环境影响的研究[D].上海:上海师范大学,2017.

[365] 王继华.唐菖蒲干腐病[J].天津农林科技,2016(4):16.

[366] 王金榜,王博,杨雅婕,等.火炬松种子园无性系花粉产量变异研究[J].林业与环境科学,2017,33(5):21-26.

[367] 王金刚,吴多,付慧娟,等.大花酢浆草的组织培养与快速繁殖[J].植物学报,2010,45(2):233-235.

[368] 王金河.介绍一种优良的高产饲料作物——千穗谷[J].北方牧业,2006(6):25.

[369] 王金华.药用植物颠茄的特性及高产栽培技术[J].中国农村小康科技,2007(7):92-93.

[370] 王金兰,华准,赵宝影,等.圆叶牵牛化学成分研究[J].中药材,2010,33(10):1571-1574.

[371] 王晶,王冬梅,黄端,等.黄菖蒲叶片对水分的生物学响应及其净化水质作用[J].广西植物,2014,34(4):484-488.

[372] 王婧,何旭鑫.一起误食蓖麻子引起的食物中毒调查分析[J].世界最新医学信息文摘,2018,18(55):237.

[373] 王靖宜.茑萝走进千万家[J].现代园艺,2017(11):49-50.

[374] 王璐,刘超杰,齐正阳,等.紫色叶用莴苣中花青素含量与色差指标的相关性[J].北京农学院学报,2018,33(3):44-48.

[375] 王宁,陈浩,董莹莹,等.土壤水分对入侵植物节节麦表型可塑性和化感作用的影响[J].草地学报,2018,26(2):402-408.

[376] 王齐瑞,杨海青.欧洲榛子在河南省的引种表现及栽培技术[J].河南农业科学,2005(3):67-68.

[377] 王强太,李进章.红丝带——日本红枫[J].中国花卉盆景,2004(6):35.

[378] 王秋实.中国苋属植物的经典分类学研究及其入侵风险评估[D].上海:华东师范大学,2015.

[379] 王瑞,万方浩.入侵植物银毛龙葵在中国的适生区预测与早期监测预警[J].生态学杂志,2016,35(7):1697-1703.

[380] 王瑞.我国严重威胁性外来入侵植物入侵与扩散历史过程重建及其潜在分布区的预测[D].北京:中国科学院研究生院(植物研究所),2006.

[381] 王森林.鹅肠菜的利用与栽培[J].特种经济动植物,2003(8):39.

[382] 王桃云,刘佳,郭伟强,等.灰绿藜叶总黄酮提取及抗氧化活性[J].精细化工,2013,30(5):518-523,560.

[383] 王伟,代光明,李书明,等.假臭草总黄酮超声波辅助提取工艺优化及抑菌活性[J].天然产物研究与开发,2017,29(8):1343-1348,1361.

[384] 王显红.LED植物生长灯对冬春茬菜瓜产量的影响[J].现代农业科技,2018(10):53-55.

[385] 王晓,江婷,刘建华,等.虞美人色素的提取及其稳定性的研究[J].化学世界,2000(2):95-98.

[386] 王新生.北海道黄杨的特性和用途[J].中国林业,2008(10):44.

[387] 王亚军,李荣华,李宪友,等.郁金香的栽培与研究[J].现代园艺,2018(22):30-31.

[388] 王彦靖,刘鹏,高海,刘海燕,等.吉林省能源植物菊芋的综合利用现状及前景展望[J].安徽农业科学,2017,45(21):75-76,112.

[389] 王彦利.矮牵牛栽培管理技术[J].现代园艺,2017(18):42.

[390] 王艳芳,邢耀国,于占国.药用鸡冠花栽培管理[J].特种经济动植物,2018,21(11):37-38.

[391] 王意成.大花马齿苋[J].花木盆景(花卉园艺),2016(7):33.

[392] 王宇涛,李春妹,李韶山.华南地区3种具有不同入侵性的近缘植物对低温胁迫的敏感性[J].生态学报,2013,33(18):5509-5515.

[393] 王玉富,邱财生,龙松华,等.亚麻的经济价值及开发利用前景[J].江西农业学报,2011,23(9):66-68,75.

[394] 王玉林,韦美玉,赵洪.外来植物落葵薯生物特征及其控制[J].安徽农业科学,2008(13):5524-5526.

[395] 王玉梅,李雪峰.黑心菊的栽培与管理[J].吉林蔬菜,2010(5):78.

[396] 王樟华,严靖.苋属植物在园林中的应用与潜在危害[J].园林,2016(6):59-63.

[397] 王哲理.美国黑核桃[J].河南林业,1997(3):26.

[398] 王振苗,董丽荣,贾评,等.苦苣菜水提物对机体炎性反应相关通路的调节作用及其机制研究[J].世界中医药,2018,13(2):441-444.

[399] 王志刚,李青,王斌,等.中药老鹳草的成分和药理学研究进展[J].中兽医学杂志,2008(4):44-48.

[400] 韦春强,赵志国,丁莉,等.广西新记录入侵植物[J].广西植物,2013,33(2):275-278.

[401] 韦美玉,王玉林,刘丽萍.外来入侵植物粉花月见草生态学特征[J].黔南民族师范学院学报,2012,32(6):89-92,116.

[402] 卫强,李四聪,陈敏,等.红花酢浆草地上部分的化学成分研究[J].热带亚热带植物学报,2016,24(5):584-588.

[403] 魏青英,王小慧,赵莉君,等.茴香精油对不同产气荚膜梭菌的抑菌效果[J].河南农业大学学报,2018,52(5):770-778.

[404] 魏薇.中药王不留行的研究进展[J].中国医药指南,2014,12(16):87-88.

[405] 温馨,封莉,王辉,等.生活垃圾填埋场不同封场期场地植物抗氧化酶活性[J].生态学杂志,2010,29(8):1612-1617.

[406] 温亚娟,项丽玲,苗明三.薄荷的现代应用研究[J].中医学报,2016,31(12):1963-1965.

[407] 吴海荣.南京地区外来杂草调查及婆婆纳属外来杂草入侵性特征比较研究[D].南京:南京农业大学,2006.

[408] 吴江平,宋珍,刘艳丽,等.羌菱果化学成分的研究[J].中成药,2018,40(7):1543-1546.

[409] 吴锦华.盆栽佳材——凤尾兰[J].花木盆景(花卉园艺),1998(1):35.

[410] 吴美儒,牟迪,温灵敏,等.弯曲碎米荠耐硒能力的研究[J].江苏农业科学,2017,45(16):132-134.

[411] 吴庆华,唐小平,黄保成,等.不同品系何首乌嫩茎叶营养保健成分分析比较[J].现代中药研究与实践,2018,32(2):13-15.

[412] 吴文丹,梁琳,唐颖,等.青葙总皂苷对高血脂动物脂质代谢的影响[J].药学实践杂志,2018,36

(6):493-498.

[413] 吴小玲.欧美杨扦插育苗技术的研究[J].林业勘察设计,2003(2):20-22.

[414] 吴晓蕾,王松,王素玲.飞燕草的繁育技术及养护管理[J].才智,2011(32):196.

[415] 吴赵云,金澜.女贞属3种药用植物叶的性状和显微鉴别研究[J].药物分析杂志,2007(5):657-660.

[416] 吴哲,黄明军,张珉,等.娜塔栎容器苗基质配方及富根苗培育研究[J].湖北林业科技,2017(4):20-22.

[417] 吴志瑰,付小梅,胡生福,等.苋属2种植物的形态与显微鉴别比较研究[J].中药材,2016,39(11):2486-2489.

[418] 吴志平,陈雨,王鸣,等.葱莲的化学成分研究[J].中药材,2008(10):1508-1510.

[419] 吴志平.葱莲化学成分及其药理活性的研究[D].南京:南京农业大学,2008.

[420] 武丽娜.园林景观中牧草的应用与栽培——以聚合草为例[J].现代园艺,2017(14):129.

[421] 武芸,马世荣,王春林,等.大叶藜叶中总黄酮含量的测定[J].安徽农业科学,2015,43(34):164-165.

[422] 肖凌,陈莹,张飞,等.翠云草双黄酮类化学成分研究[J].药物分析杂志,2018,38(12):2093-2103.

[423] 肖珊珊,金郁,孙毓庆.板蓝根化学成分、药理及质量控制研究进展[J].沈阳药科大学学报,2003(6):455-459.

[424] 肖宋高,李娟,张卓文,等.草坪杂草入侵及其竞争效应[J].草业科学,2009,26(1):111-118.

[425] 谢上龄.苏丹凤仙[J].广东园林,1994(2):47.

[426] 谢勇,王鹏,施伽,等.不同储藏温度对土人参叶品质特性的影响[J].食品安全质量检测学报,2016,7(12):4908-4912.

[427] 辛晓伟,步瑞兰,高德民.山东省野生及归化植物新记录[J].山东科学,2015,28(4):79-82.

[428] 辛晓伟,程丹丹,高德民.山东野生植物新记录[J].植物资源与环境学报,2014(4):114-115.

[429] 辛艳,阎富英.王不留行栽培技术[J].现代种业,2003(5):29.

[430] 辛永洁,孙雯,龙凯花,等.飞扬草毒性及用法用量浅析[J].河南中医,2014,34(11):2270-2271.

[431] 邢维贺,阮成江,李贺.5种能源植物种子含油量与脂肪酸组成[J].可再生能源,2010,28(2):62-66.

[432] 熊济华.大花酢浆草[J].花木盆景(花卉园艺),2001(1):17.

[433] 徐碧珍,沈文杰,李育军,等.黄秋葵育种及其研究前景[J].长江蔬菜,2018(20):41-46.

[434] 徐虎智,夏治军,马晓君,等.美国黑樱桃在豫西地区的引种栽培试验[J].林业科技开发,2003(6):47-48.

[435] 徐嘉咛.松嫩平原碱化草地虎尾草种子萌发的模拟实验研究[D].长春:东北师范大学,2015.

[436] 徐金彪.棚室蔬菜恶性杂草繁缕的发生与防除[J].农业工程技术(温室园艺),2007(11):44.

[437] 徐力,刘彦季.飞燕草总黄酮提取物对小鼠炎症抑制作用的研究[J].中国当代医药,2011,18(32):14,59.

[438] 徐维杰,杨寅桂,霍光华,等.佛手瓜嫩蔓营养成分测定及研究[J].江西农业大学学报,1996(3):321-327.

[439] 徐晓波.新优树种纳塔栎秋色叶变化及其对环境的适应性[J].中国农学通报,2015(16):14-18.

[440] 徐晔春.绚丽多彩的多花紫藤[J].花木盆景(花卉园艺),2009(12):1-2.

［441］徐瑛,张建成,陈先锋,等.白苞猩猩草鉴定及其检疫意义［J］.植物检疫,2006(4):223-225.

［442］许桂芳,简在友.河南新乡外来植物分布动态调查及其危害性评估［J］.植物保护,2011,37(2):127-132.

［443］许桂芳,刘明久,李雨雷.紫茉莉入侵特性及其入侵风险评估［J］.西北植物学报,2008(4):4765-4770.

［444］许宏刚,吴永华,张建旗,等.8种缀花地被植物水分状况与抗旱性的关系［J］.甘肃林业科技,2013,38(2):14-16,46.

［445］许家春,赵开兵,李明.阔草清80% WG与Surpass 90 EC防除大豆田杂草的研究［J］.安徽农业科学,2003(3):475-477.

［446］许薇,杨磊.三种除草剂防除大麦田藕草药效试验［J］.农业开发与装备,2016(6):69.

［447］许再文,曾彦学.台湾新归化的茄科有害植物——银叶茄［J］.特有生物研究,2003,5(1):49-51.

［448］闫冬,丁库克,何映雪,等.3种植物在水培方式下对锶的富集和迁移实验研究［J］.癌变·畸变·突变,2019,31(1):64-68.

［449］严靖.黑麦草属在草坪中的应用及其入侵性［J］.园林,2016(11):58-62.

［450］颜添文.落葵蛇眼病的发生与防治［J］.农药市场信息,2010(7):43.

［451］杨爱银.15年生火炬松家系引种试验研究［J］.绿色科技,2013(7):64-65.

［452］杨炳友,李晓毛,刘艳,等.毛酸浆的研究进展［J］.中草药,2017,48(14):2979-2987.

［453］杨炳友,卢震坤,刘艳,等.洋金花茎化学成分的分离鉴定［J］.中国实验方剂学杂志,2017,23(17):34-40.

［454］杨光忠,石宽,甘飞,等.飞扬草中酚类成分的分离与鉴定［J］.中南民族大学学报(自然科学版),2017,36(1):43-46.

［455］杨华,宋绪忠,金有明.大花四照花容器育苗基质配方筛选试验［J］.广东林业科技,2015(1):14-18.

［456］杨华.一串红花卉的栽培及病虫害防治技术［J］.现代园艺,2014(19):57-58.

［457］杨佳明,张晓菲,商旭文,等.多年生菊科花卉引种栽培及应用初探［J］.园艺与种苗,2017(11):35-38.

［458］杨简赛,冯煦,陈雨,等.葱莲鳞茎化学成分研究［J］.中药材,2010,33(11):1730-1732.

［459］杨杰,陈晓云,郭玉茹,等.苘麻叶总鞣质的提取工艺及抗氧化活性研究［J］.动物营养学报,2018,30(6):2377-2384.

［460］杨静美,李宽源,郑奕雄,等.地膜闷地处理对蔬菜生长的影响［J］.青海农技推广,2018(4):29-31.

［461］杨丽莹.落葵薯的生药学研究［D］.广州:广东药科大学,2016.

［462］杨丽云,隗军锋,戚拥军,等.新优树种推荐苏格兰金链树［J］.园林,2003(7):60-61.

［463］杨琳琳.黑心菊花瓣中黄酮类化合物的提取及抗氧化活性研究［D］.长春:吉林农业大学,2013.

［464］杨敏,杨立轩,韦妮,等.红薯叶总黄酮对小鼠脑缺血缺氧保护作用的研究［J］.右江医学,2018,46(6):628-632.

［465］杨明彬,邵革贤,黄碧芬.保山市奇异藕草危害调查试验［J］.农业开发与装备,2016(9):110-112.

［466］杨倩,詹志来,欧阳臻,等.薄荷的本草考证［J］.中国野生植物资源,2018,37(4):60-64,79.

［467］杨申明,王振吉,范树国,等.正交实验法优化野胡萝卜总黄酮提取工艺及其抗氧化活性［J］.北方园艺,2016(23):134-138.

［468］杨申明,徐文博,王振吉,等.超声波辅助提取野胡萝卜多糖工艺优化及其体外抗氧化性［J］.食品科学,2016,41(12):142-148.

［469］杨世红.炮制对牵牛子有效成分及药效的影响研究［J］.当代医学,2016,22(9):27-28.

［470］杨星星,伏建国,廖芳,等.高温处理对几种苋属杂草种子萌发的影响［J］.植物检疫,2015,29(3):45-47.

［471］杨燕军,陈梅果,胡玲,等.苦蘵的化学成分研究［J］.中国药学杂志,2013,48(20):1715-1718.

［472］杨银娟,王伟群,施颖红,等.珍稀蔬菜——芝麻菜的栽培技术及营养价值［J］.上海蔬菜,2011(3):76-77.

［473］杨莹莹,张广晶,徐雅娟,等.长春花化学成分研究进展［J］.世界中医药,2014,9(7):955-957,960.

［474］杨莹莹,张广晶,张舒媛,等.长春花药理作用研究进展［J］.西部中医药,2014,27(10):170-172.

［475］杨玉锐,郭建洲.野燕麦危害现状及防治对策［J］.现代农村科技,2015(14):24-25.

［476］杨昱,李兴国,于泽源.甜瓜果实香气成分研究进展［J］.安徽农业科学,2011,39(6):3213-3215.

［477］杨再军.不同磷浓度处理对粉花月见草生长的影响［J］.凯里学院学报,2015,33(6):56-59.

［478］杨兆祥,刘艳华,王丽芳,等.药食兼用植物番杏的栽培技术［J］.农村实用科技信息,2011(6):24.

［479］杨贞.恶性杂草香附子的防治技术［J］.农家参谋(种业大观),2012(5):41.

［480］姚和金,陈志军,蓝卸云,等.外来入侵种对我国园林绿地的危害及防治措施［J］.世界林业研究,2009,22(3):76-80.

［481］姚静.入侵植物小花月见草对干旱胁迫的生理响应［D］.沈阳:沈阳大学,2016.

［482］叶安琪,吴铁明.长沙城市园林绿化草本花卉应用现状调查及分析［J］.安徽农业科学,2015,43(18):210-212.

［483］叶里努尔.丰花月季的扦插及病虫害防治［J］.农村科技,2009(11):44-45.

［484］易吉林.新优观花植物——日本海棠［J］.南方农业,2008(5):32-33.

［485］尹洪明,赵金,吕威.香花槐繁育技术［J］.新农业,2014(9):48-49.

［486］尹娟,蔡秀珍,刘蕴哲,等.基于AHP的凤仙花属石山组植物观赏价值评价［J］.北方园艺,2018(22):93-97.

［487］尹琳琳,陈银玲,刘萍.苋菜红色素的超高压提取工艺及稳定性研究［J］.食品科技,2018,43(9):314-320.

［488］尹亚梅,吐逊娜依.留兰香特征特性及栽培技术要点［J］.新疆农业科技,2011(6):41.

［489］于海燕,李香菊.节节麦在我国的分布及其研究概况［J］.杂草学报,2018,36(1):1-7.

［490］余钢,坤清海,陈峰.浅谈四川高海拔地区欧洲甜樱桃栽培技术［J］.林业科技情报,2016(4):38-40.

［491］余红梅.千日红叶斑病防治研究［J］.广东园林,1999(3):43-44.

［492］余有祥.北美冬青引种栽培［J］.中国花卉园艺,2009(10):40-41.

［493］余忠保,梅芳,刘运成.果园恶性杂草香附子化学防除试验［J］.农药,1999(2):37.

［494］俞治家,俞杨春,杨敏,等.克罗拉多蓝杉引种试验报告［J］.陕西农业科学,2008(6):29-30.

［495］予茜.入侵杂草的物种分化与局域适应研究［D］.武汉:武汉大学,2011.

［496］袁桂芳.白龙江流域油橄榄栽培技术［J］.种业导刊,2015(1):15-17.

［497］袁瑾.野生植物孔雀草营养成分的分析［J］.氨基酸和生物资源,2010,32(3):43-44.

［498］袁晓红,尹跃兵,曹可仁.复方繁缕降压汤治疗原发性高血压病50例总结［J］.湖南中医杂志,

2010,26(3):12-13.

[499] 袁着耕,刘影,邵华,等.外来入侵植物刺苍耳种子各萃取相化感作用比较[J].江苏农业科学,
2017,45(20):126-129.

[500] 袁着耕.刺苍耳化感作用及活性成分研究[D].伊宁:伊犁师范学院,2018.

[501] 原国辉,高一凤,周永玲,等.2001年莱州市麦田扁穗雀麦大面积发生[J].植保技术与推广,2002
(1):39.

[502] 原海燕,张永侠,刘清泉,等.不同季节部分鸢尾属植物对富营养化水体的净化研究[J].西南农业
学报,2018,31(1):165-170.

[503] 臧占稳.北美香柏的引种与实验研究[J].农业与技术,2015,35(12):154,166.

[504] 翟金凤,张军,王强,等.科罗拉多蓝杉繁殖技术[J].吉林林业科技,2017,46(4):45-46.

[505] 詹冠群.葱莲、韭莲和长叶野桐的化学成分及生物活性研究[D].武汉:华中科技大学,2017.

[506] 张宝莲.四季秋海棠繁殖及养护方法[J].农村科技,2014(6):52-53.

[507] 张变莉.柽树繁育技术研究进展[J].中国园艺文摘,2015(10):144-145,158.

[508] 张丹宇,季宇彬,许旭东,等.牵牛子的化学成分和药理作用研究进展[J].科学技术创新,2018
(30):13-14.

[509] 张洪宾,李亮.金荞麦片联合头孢地尼治疗急性细菌性痢疾的临床研究[J].现代药物与临床,
2019,34(2):499-503.

[510] 张鸿燕.恶性杂草——毒麦[J].农村百事通,2011(11):41,81.

[511] 张幻诗,杨建宇.蒲公英药用研究进展[J].云南中医中药杂志,2013,34(9):69-71.

[512] 张建辉.北美红栎育苗及造林技术探析[J].中国林业产业,2016(10):154.

[513] 张杰,张旸,李敏,等.3种茄科入侵植物在我国的潜在地理分布及气候适生性分析[J].南方农业
学报,2019,50(1):81-89.

[514] 张军,赵丽华,张洁,等.四川省辣椒种质资源的辣椒素含量评价[J].中国农学通报,2018,34
(28):43-49.

[515] 张俊生.节节草活性成分的提取分离及抗氧化、抑菌研究[D].吉首:吉首大学,2012.

[516] 张雷.辣椒素提取工艺研究[J].黑龙江科技信息,2015(24):68.

[517] 张玲玲,石焱芳,郭幼红.药用万寿菊叶黄素酯提取工艺研究[J].海峡药学,2018,30(7):33-36.

[518] 张萌,王俊丽.酢浆草研究进展[J].黑龙江农业科学,2012(8):150-155.

[519] 张娜,韩永军,禹桂卿,等.河南省二代火炬松母树林营造技术[J].现代农业科技,2013(7):
188-190.

[520] 张璞,李克思,马小琦.河南槭树科植物资源及景观价值[J].河南林业科技,2014,34(4):31-
32,56.

[521] 张秋妍,赵静,孙晶晶,等.疏毛罗勒多糖对小鼠腹腔巨噬细胞吞噬活力的影响[J].阜阳师范学院
学报(自然科学版),2018,35(4):49-51,62.

[522] 张仁侠,张炳盛,孙永庆,等.斑地锦降压作用的初步研究[J].中国医药导报,2009,6(34):
114-115.

[523] 张瑞,邢军.孔雀草中黄酮类色素最佳提取工艺条件及光、热稳定性的研究[J].食品研究与开发,
2008(11):38-41.

[524] 张树军,刘焕,李军,等.蒙古苍耳全草化学成分研究[J].中草药,2015,46(3):329-333.

[525] 张天丽.芫荽化学成分的抗菌活性及其复方挥发油稳定性研究[D].延吉:延边大学,2017.

［526］张天鹏,杨兴洪.番茄果实早期发育的分子生理机制研究进展[J].植物学报,2018,53(6):856-866.

［527］张婷,刘慧琴,章心惠,等.辣椒果实主要营养成分及测定方法评价[J].浙江农业科学,2016,57(9):1506-1510,1517.

［528］张维成,韩强,王娜.西北地区长春花栽培管理技术[J].中国园艺文摘,2017,33(8):170-174.

［529］张伟,范晓虹,赵宏.外来入侵杂草——银毛龙葵[J],2013,27(4):72-76.

［530］张卫红.加拿大紫荆[J].农村百事通,2004(1):33.

［531］张卫华,陈超,孙寅.斑地锦(Euphorbia maculata)入侵特征、地理分布和风险评估[J].杂草学报,2017,35(1):42-47.

［532］张贤萍.曼地亚红豆杉快繁技术研究[J].安徽林业科技,2017(2):19-21.

［533］张小伟,谢文远,张芬耀.浙江新外来入侵植物——合被苋[J].亚热带植物科学,2015,44(3):244-246.

［534］张雪,徐立群,王庆峰,等.不同用途亚麻的研究进展[J].东北农业科学,2018,43(5):16-20.

［535］张雪佳.郁金香的特性及其盆栽管理技术[J].现代农村科技,2018(7):33-34.

［536］张雅凤.免耕田除草剂茎叶处理的喷雾质量及药效的优化研究[J].世界农药,2002(1):31-36.

［537］张亚楠,王玲玲,吕燕,等.盐生小藜对碱性土壤的修复作用研究[J].资源开发与市场,2011,27(1):64-66.

［538］张亚如.短序落葵薯化学成分及生物活性研究[D].保定:河北大学,2013.

［539］张翼.精致秀丽的日本红枫[J].花木盆景(花卉园艺),2011(11):26-27.

［540］张英奎.小麦杂草秋治技术[J].现代农村科技,2018(11):21.

［541］张颖.基于Gls的生态位模型预测源自北美的菊科入侵物种的潜在适生区[D].南京:南京林业大学,2015.

［542］张永禄,李长河.北美短叶松在大兴安岭南部地区引种栽培技术研究[J].中国林副产业,2013(2):27-33.

［543］张玉武.梵净山的固氮满江红[J].贵州科学,1994(1):58-60.

［544］张允菲,顾媛媛,赵润琴,等.鸡冠花正丁醇提取物的抗炎作用[J].长春中医药大学学报,2017,33(5):706-708.

［545］张志勇,徐寸发,严少华,等.凤眼莲生态修复工程改善滇池水质及湖体氮磷收支平衡[J].农业工程学报,2017,33(13):235-242.

［546］章茂林,左静,肖湘黔.长芒苋入侵长沙地区风险防控研究[J].现代农业科技,2019(5):193-195.

［547］赵斌,付乃峰,向言词,等.四季秋海棠无土栽培优良基质的筛选[J].北方园艺,2017(9):79-84.

［548］赵光伟,徐志红,孔维虎,等.3个甜瓜品种果实香气成分的HS-SPEM/GC-MS比较分析[J].果树学报,2015,32(2):259-266.

［549］赵赫南,刘永志,王凤昭,等.紫茉莉化学成分与生物应用研究进展[J].畜牧与饲料科学,2016,37(9):25-27,103.

［550］赵金莉,张亚如,顾晓阳,等.短序落葵薯根多糖提取工艺及其生物活性[J].河南师范大学学报(自然科学版),2013,41(2):131-135.

［551］赵金莉,张亚如,宋娟.短序落葵薯多糖含量测定及体外抗氧化活性研究[J].江西农业学报,2011,23(10):65-67.

［552］赵孟良.菊芋块茎果聚糖研究进展[J].分子植物育种,2019,17(2):650-654.

［553］赵敏,梁伟玲,陈翠果,等.蒲公英的价值及林下高产栽培技术［J］.现代农业科技,2016(10):72-78.

［554］赵锐,郭安军,李新路,等.老鹳草的化学成分研究［J］.中国现代中药,2018,20(3):262-264,277.

［555］赵伟.黑松耐寒性研究［J］.辽宁林业科技,2006(2):16-19.

［556］赵卫芳.水飞蓟高产栽培技术措施［J］.新疆农业科技,2017(5):6-7.

［557］赵文燕,赵春建,李春英,等.苘麻提取物的抗氧化活性研究［J］.黑龙江医药,2018,31(6):1187-1189.

［558］赵秀军,王艳春.城市垂直绿化的类型与设计［J］.河北林业,2009(3):27.

［559］赵秀梅,杨静.欧洲花楸的种子繁育技术［J］.国土绿化,2013(3):39.

［560］赵秀英,张宏利.虞美人花粉的化学成分［J］.西北药学杂志,1990(4):22-23.

［561］赵迅霞.月见草花浸液对豚鼠肠道平滑肌收缩活动机制的初探［J］.科技信息,2013(24):7.

［562］赵一之,王光辉,赵利清.鹅肠菜——属内蒙古石竹科一新记录属［J］.内蒙古大学学报(自然科学版),2005(1):75.

［563］赵昱,刘衡,张成桂,等.药用蒲公英产品的开发进展［J］.国际药学研究杂志,2012,39(4):311-314,344.

［564］赵榛榛,赵松松,郭斌.苦苣菜化学成分的研究［J］.中成药,2017,39(7):1423-1426.

［565］赵正楠,刘倩,夏菲,等.一串红种子活力鉴定及对观赏性状的影响［J］.上海农业学报,2018,34(5):91-95.

［566］郑庆伟.大麦田蘮草防控现场观摩暨技术培训在滇举行［J］.农药市场信息,2014(9):50.

［567］郑庆伟.虎尾草的识别与化学防控［J］.农药市场信息,2014(27):50.

［568］郑作文,周芳,李燕.刺苋根皂苷镇痛抗炎作用的实验研究［J］.广西中医药,2004(3):54-55.

［569］中国科学院中国植物志编辑委员会.中国植物志［M］.北京:科学出版社,1993.

［570］钟丽姣,沈鸿洁.苏南地区丰花月季的栽培与管理技术［J］.现代园艺,2014(20):39.

［571］周丹,宿宗艳,李文娟,等.欧洲花楸应用价值的探讨［J］.中国林副产品,2007(5):83-85,104.

［572］周改.匍匐大戟抗肿瘤抗血管生成作用及其化学成分初步研究［D］.昆明:云南中医学院,2016.

［573］周佳玉,赵康银.欧洲荚蒾的繁殖技术及其在城市绿化中的应用［J］.农技服务,2008(6):84.

［574］周静,胡冠芳,刘敏艳,等.4种曼陀罗对粘虫和菜青虫的触杀和拒食作用研究［J］.甘肃农业大学学报,2008(3):102-106.

［575］周良,李振宙,王炎,等.豆瓣菜的栽培技术及其应用前景［J］.长江蔬菜,2018(23):24-27.

［576］周米生,肖正东,季琳琳,等.长山核桃优株坚果性状主成分分析及综合评价［J］.安徽林业科技,2016,42(6):9-12.

［577］周明冬,秦晓辉.有害入侵生物刺苍耳的危害与控制［J］.新疆农业科技,2014(3):47-48.

［578］周守标,孟娜,蒋继宏.安徽产大戟属植物叶表皮微形态［J］.云南植物研究,2005(5):71-78.

［579］周淑荣,郭文场.落葵食疗价值及栽培管理要点［J］.特种经济动植物,2019,22(1):46-49.

［580］周树榕.野牛草的园林优势及其栽培［J］.花木盆景(花卉园艺),1997(6):19.

［581］周潇,王巧,陈刚.扁穗雀麦研究进展［J］.草业与畜牧,2014(4):54-56.

［582］周小刚,赵浩宇,刘胜男,等.小子蘮草的危害及防控对策［J］.四川农业与农机,2018(3):40-51.

［583］周羽,叶莉婷,蒋陈添,等.亚麻籽全营养成分的综合利用［J］.粮食与油脂,2019,32(1):63-66.

［584］周玉玲.外来入侵生物——毒莴苣的识别与防治［J］.植物保护,2016(2):19-20.

［585］周芝昕,杨明海,陈晋国,等.苇状羊茅引种试验报告［J］.草业科学,1989(1):33-35.

[586] 朱会玲.高寒地区油菜田杂草综合防除技术[J].北京农业,2012(18):198-199.

[587] 朱慧,吴双桃.华南地区入侵杂草藿香蓟叶挥发油的成分鉴定[J].西北林学院学报,2011,26(6):101.

[588] 朱树国,李梅.苦荞麦的栽培技术及其开发利用[J].种子科技,2019,37(2):55-57.

[589] 朱英葛.大花马齿苋的扦插繁殖技术研究[J].现代园艺,2016(9):5-6.

[590] 朱园园,陈娜,赵金盘.四季秋海棠的繁殖和栽培[J].现代园艺,2012(3):58.

[591] 朱长山,李纪红,田朝阳,等.《河南植物志》禾本科增补与订正[J].河南师范大学学报(自然科学版),2005(4):169-171.

[592] 朱长山,田朝阳,吕书凡,等.河南外来入侵植物调查研究及统计分析[J].河南农业大学学报,2007(2):183-187.

[593] 朱长山,杨好伟.河南种子植物检索表[M].兰州:兰州大学出版社,1994.

[594] 朱忠华,肖梦媛,王波,等.球序卷耳的生药学研究[J].现代中药研究与实践,2016,30(5):14-16.

[595] 庄武,曲智,曲波,等.警惕垂序商陆在辽宁蔓延[J].农业环境与发展,2009,26(4):72-73.

[596] 自晓秀.种凤仙花要防好三大病害[N].河北科技报,2014-03-04(B06).